Ai Kawazoe

川添 愛

オートマトン
自動人形の城
人工知能の意図理解を
めぐる物語

THE CASTLE OF AUTOMATA
A FANTASY NOVEL ON REAL AI ISSUES

東京大学出版会

The Castle of Automata:
A Fantasy Novel on Real AI Issues
Ai KAWAZOE
University of Tokyo Press, 2017
ISBN978-4-13-063368-0

目次

主な登場人物

ルーディメント王子

十一歳。クリオ城に住む、ハルヴァ王国の王子。勉強嫌いでわがまま。

パウリーノ

王子の教育係。王子に憎まれている。

ポーレット

王子のお気に入りの、美しく優秀な召使い。

カッテリーナ

不器用な召使いの少女。

アン＝マリー

中年の召使い。給仕班のリーダー格。

ガリアッツィ

国王の信頼の厚い、クリオ城の家令。

サザリア公

国王の実弟。王子の叔父にあたる。

グレア

サザリア公の密偵。

ベアーテ

カッテリーナの大伯母。かつてクリオ城の料理人だった。

副大主教

ハルヴァ王国と近隣の諸国に強い影響力を持つ、ソラッツィ主教会の実力者。

ドニエル

自らを「聖者」と称する、邪悪な魔法使い。

アトゥー

ドニエルを守護する邪神。

絶望と呪い

　面白くない、と王子は思った。王子を天蓋付きの柔らかいベッドに座らせたまま、女の召使い二人はせっせと王子を着替えさせる。

（朝っぱらから何で、こんなにも『面白くない』んだ？）

　女の一人——城へ来てまだ一年目、十五歳のカッテリーナは、そばかすだらけの顔をした痩せた少女で、ひどく要領が悪い。もう一人、太い腕をした年増のアン＝マリーは経験豊富な召使いだが、今日はカッテリーナを叱りつけることに気を取られているせいか、王子の腕を引っ張りすぎていることに気づかない。カッテリーナはアン＝マリーに叱られるたびに動揺して、ますます手元が狂いがちになる。たった今も、王子の頭に白い肌着を乱暴にかぶせたばかりだ。細い糸で丁寧に織られているとはいえ、亜麻の布をそんなふうにかぶせられたら痛いということぐらい、分からないのだろうか？

「カッテリーナ、何をぐずぐずしてんだい。早く、王子様の両手のボタンを留めるんだ。お袖のボタンだよ」

　アン＝マリーにせかされたカッテリーナは表情をひきつらせ、同じようにひきつった指で無造作に王子のシャツの袖口のボタンをつまむ。そして何を思ったか、左袖のボタンを右袖のボタン穴に留めた。王子が囚人のように両手首をつなげられたのを見て、アン＝マリーが驚く。

「ちょっとカッテリーナ！　何やってんだい！」

「え？　だって……両手のボタンを留める、って……」

「だーかーら！　右袖のボタンは右袖のボタン穴に、左袖のボタンは左袖の

ボタン穴に、別々に留めるんだよ！　そんなの、考えなくても分かるだろ！本っ当に、あんたって子は……」

　アン＝マリーは腹立たしげにカッテリーナを押しのけ、大急ぎでボタンを外し、王子の両手首を解放する。

「王子様、無礼をどうかお許しくださいまし」

　王子はうんざりしていた。朝からこんなにうるさいやりとりに巻き込まれるのは、実に不快だ。しかし、それ以上に王子にとって気に入らないことがある。ここ数日、朝一番に王子を世話する女の中に、ポーレットがいないことだ。これまではほぼ毎日、アン＝マリーとポーレットが王子の朝の支度を担当していたが、数日前からポーレットのかわりに、毎朝別の召使いが持ち回りで来るようになった。

　（なぜ、ポーレットを寄越さないんだ。目覚めの時に彼女の顔を見られないことで、僕がどんなに辛い思いをしているか、誰も気づいていないのか？）

　もしそうだとしたら、アン＝マリーを始め、この城の者は一人残らず無能だ。王子は唇をゆがめて舌打ちをする。

「ルーディメント王子。ご気分でもお悪いので？」

　美しい綴れ織りの施された王子の上衣のひだを整えながら、アン＝マリーが心配そうに言う。王子はこんなふうに勘ぐられるのが大嫌いだ。それなのに、アン＝マリーは中年女の遠慮のなさで、べらべらとしゃべり続ける。

「ここ数日、王子様のお目覚めがよくなさそうなので、みな心配しているのでございますよ。何かご不満があるのなら、言ってくださいまし」

　王子はますます不機嫌になる。言わないと分からないのか？　何も言わなくても僕の気持を理解するのが、お前たちの仕事だろうに。それなのに、「分からないから言え」と逆にこちらに命令するとは、なんと無礼なことだろうか。王子の中で怒りがますます大きくなる。彼はアン＝マリーを睨みつけるが、彼女は作業に夢中で気づかない。かわりにカッテリーナが王子の表情を見て動揺し、手に持った金の櫛を床に落とす。それに気づいたアン＝マリーが、またカッテリーナに雷を落とす。

　着替えが終わると、アン＝マリーは高い窓にかけられたカーテンを整え始めた。窓の外は、白っぽい曇り空だ。

「今日は、お天気があまりよろしくございませんわねえ。王子様も今日はお庭に出ずに、お部屋の中で遊ばれたらよろしいでしょうねえ」

そこまで勝手にしゃべった後、アン＝マリーは急に黙り、ぽつりとつぶやくように言った。

「ああ……でも、しばらく遊び時間は『なし』だって、パウリーノさんがおっしゃってましたわねえ」

　パウリーノ。よりによって、朝からそいつの名を僕の前で口にするとは。王子は両手が震えるほどの怒りを覚えた。気が収まらないので、その直後にカッテリーナが「王子様のご気分がよくなるように」と持ってきた飲み物を、王子は乱暴に突き返した。カッテリーナの手から盆が落ち、銀のポットが倒れ、王子の好物の珍しい飲み物――「茶」の琥珀色が床の上に広がっていく。それを見たアン＝マリーは驚き、「王子様！」と一言叫んだが、すぐに思い直してカッテリーナの方を怒鳴りつけた。カッテリーナは叱責されながら床にかがみ込み、彼女の「心遣い」の残骸を片づけ始める。カッテリーナの悲しそうな顔を見ていると、王子の胸はチクリと痛んだ。それでもすぐに、彼はこう思い直す。

　（かわいそうなものか。僕が何を求めているか、分からない方が悪いんだ。分からないどころか、下手に勘ぐって『分かったつもり』になるなんて、最悪だ。そんなことをされて、こっちが迷惑だということも分からないのか？　ふん、結局誰も、僕のことなんて何とも思っていないんだ。僕のことを本当に想ってくれている人間なんて、この世に一人もいやしない。僕はなんて、孤独なんだろう）

　やがて彼女ら二人は王子の部屋を後にした。扉を閉めた直後、もう王子には聞こえないと思ったのだろう、アン＝マリーがため息混じりにこう言った。

「カッテリーナ、許しておくれ。他のことはともかく、茶のことについては、あんたは少しも悪くなかった。それなのに怒鳴りつけたりして、すまなかったね」

「い、いえ、いいんです……」

「それにしても、王子様がもう少し、あたしたちにまともに口をきいてくれたらいいのにねえ！」

◈

　それから数十分後。大広間の大テーブルで一人食事をとる王子は、だいぶ機嫌が直っていた。テーブルにはいつもどおり、しみ一つない真っ白な布がかけられ、王子の好物が並んでいる。このクリオ城の料理のすばらしさは、ハル

ヴァ王国内はもちろん、近隣の国々にまで聞こえていた。ここを訪問する客はみな、こんなにおいしい料理は食べたことがないと絶賛するのだ。王子は生まれてからずっと食べているので、この料理が他と比べてどれほどすばらしいかは分からない。でも、おいしいのは間違いない。

王子の機嫌が直った理由は、食欲が満たされつつあることの他に、もう一つあった。給仕の中にポーレットがいることだ。彼女の姿を見ると、自然と顔がほころぶ。絹糸のような髪を美しくまとめ、背筋をぴんと伸ばし、てきぱきと、しかも優雅に動き回る彼女を、王子はずっと目で追っていた。ときおり目が合うと、彼女はにっこりと微笑んでくれる。王子は彼女に話しかけたかったが、近くにアン゠マリーの姿もあったので、ぐっとこらえた。笑顔で会話しているところをアン゠マリーに見られて、「あらあら、王子様、ご機嫌が直ってよろしゅうございましたわねえ！」などと大声で言われたりしたらたまらない。王子は無言を貫き、努めて不機嫌な顔を作る。

それでも王子の気持ちを察してくれるのが、ポーレットのすばらしいところだ。彼女は一品一品の給仕の「間の取り方」を完璧に心得ていて、王子が「そろそろ次の料理が欲しい」と思ったときに、ぴったりと持ってくるのだ。それも不思議なことに、王子の食欲に合わせて、いつもちょうどいい量を持ってくる。つまり彼女には、何も言う必要がないのだ。

なぜそのようなことができるのか。王子が以前本人に尋ねたとき、ポーレットはこう答えた。

「なんとなく、ですよ。王子様には、赤ちゃんのころからお仕えしておりますから」

ポーレットは、王子の母——つまり王妃が、生まれ故郷の大国フォルサから嫁入りしたときに連れてきた従者の娘だ。王子より七歳年上で、物心ついたときから王子はポーレットと一緒にいた。いつも彼女の後ろをついて歩き、彼女と遊んだ。彼女は幼い頃から美しかったが、年を経るごとにその魅力は増し、十八歳の今はただそこにいるだけで輝かんばかりに見える。

食事も終わりに近づいているが、王子はもう少し食べたい気分だった。しかし、どんなものが食べたいか分からない。甘いものがいいような気もするし、塩気のあるものがいいような気もする。そう思ったとき、ポーレットがやってきて、見たことのない料理を目の前に置いた。彼女は言う。

「お食事が少なかったのではと思いましたので、厨房と相談して、もう一品

作ってもらいましたの。簡単なものですけれど」

　見ると、白くて柔らかそうなチーズが盛られ、その上に色の濃い蜂蜜がかけられている。

「新鮮なチーズが手に入りまして。上にかけられているのは、栗の蜂蜜ですわ。『珈琲』にも合いますから、すぐにお持ちしますわね」

　王子は白いチーズをスプーンですくい、口に入れてみた。ふわりとしたチーズの軽い塩気と、濃厚なミルクの味、そして栗の蜂蜜のこっくりとした甘みが溶け合い、口の中いっぱいに広がる。そうだ、こういうものが食べたかったんだ。王子はこの上なく幸せな気分だった。すぐにポーレットが珈琲のポットを運んできた。これも茶と並ぶ貴重な飲み物で、王子の大好物だ。王子は毎日、日中の食事の終わりにこれを飲むと決めている。しかしポーレットは、これとは別に、ポットをもう一つテーブルに置く。

「今日は珈琲の他に、茶もお持ちしましたわ。チーズはこちらにも合いますから、お試しを」

　王子は驚いた。実は、さっきカッテリーナが運んできた茶を台無しにしたことを、少し悔やんでいたのだ。やっぱり茶を飲みたかった、あんなことをせずに飲めばよかったと思っていたところだった。王子の表情から判断したのか、ポーレットはまず茶のポットの方に白い手を伸ばし、美しい所作でカップに注ぐ。王子は心を弾ませながら茶を口にする。薔薇にも似た芳醇な香り、適度な渋み。それらが口の中に残ったチーズの後味と絡み合い、複雑さを増しながらも一つのまとまった「旨味」を生み出す。満足のあまり、王子は今日目覚めてから初めて言葉を発する。

「すばらしいよ、ポーレット。本当においしい。この茶は、君が淹れてくれたんだね？」

　ポーレットは首を振る。

「いいえ、違いますわ。茶も、珈琲も、カッテリーナが淹れましたのよ」

「あ……そう」

「カッテリーナは、茶と珈琲を淹れるのが本当に上手ですのよ。私が慌ただしくしているものですから、このところは毎日、飲み物の準備を彼女に頼んでおりますの」

　あの不器用なカッテリーナが？　王子の疑問を察したのか、ポーレットはこう続ける。

「カッテリーナは、一人でじっくり仕事をするのが得意ですの。人に見られたり、せかされたりすると落ち着かないみたいなので、最近厨房に彼女の専用の場所を用意したんです。そうしたら、本当にすばらしい仕事をするようになりまして」

そうなのか。人にはいろいろな面があるものだと王子は思ったが、カッテリーナの話にはそれ以上興味がなかった。

「それより、ポーレット。これから僕の部屋に来てくれない？　少し話したいんだ。最近、君とゆっくり話してないから」

彼女は申し訳なさそうな顔をする。

「あいにく、これから用事が詰まっておりますの。それに、王子様もお勉強の時間ではありませんこと？」

勉強の時間。王子の気分は一気に冷え込む。しかし、ポーレットは救いの一手を差し伸べるのも忘れない。

「王子様のお勉強が終わった後でよろしければ、お部屋に参りますわ」

◈

勉強の時間になっても、王子は部屋に戻らなかった。王子は二人の遊び相手——フラタナスとヴィッテリオと一緒に、中庭にいた。彼らはこの城の家令ガリアッツィの息子たちで、兄のフラタナスは九歳、弟のヴィッテリオは七歳だ。彼らもこれから勉強時間なのだが、王子から強引に遊びに誘われたのだった。王子と違って真面目な二人は弱った顔をしながら、王子の言うことを聞いている。

「さあ、これから宝探しをしよう」

王子がそう言うと、不安顔の二人の顔がぱっと輝く。真面目な二人も、「宝探し」という言葉の魅力には逆らえないようだ。王子はそれに気を良くする。

「実は昨日のうちに、この城に二つの宝物を隠しておいたんだ。僕の『冠』と『剣』だよ。どちらも、赤や緑や青の宝石がいっぱい付いてるんだ。それを、君たち二人で競争して探すんだ」

二人がそわそわし始める。早く探したくて仕方がないようだ。王子は言う。

「いいかい？　冠と剣を見つけたら、ここに戻ってきて僕に見せるんだ。そうしたら、今日一日、僕のかわりに王子にしてやるからね」

フラタナスが言う。

「でも王子様、もし僕が冠を見つけて、ヴィッテリオが剣を見つけたら、どうするのですか？」

「それはダメだ。一人で二つとも見つけないと、王子にはなれないよ。さあ、早く探しに行って！」

　二人の幼い兄弟は先を争うように走り始め、城の主塔に入ろうとする。しかしすぐに二人は立ち止まった。怪訝に思った王子が近寄ると、二人の前に、家令のガリアッツィが立ちはだかっていた。整えられた赤っぽい髪と髭、優雅ではあるが派手さはない、すっきりとした服の着こなし。ハルヴァ王家から絶大な信頼を受けている有能な家令が、両手を腰に当て、険しい顔で二人の息子を見下していたのだ。

「こら、お前たち！　勉強の時間だというのに、こんなところで何をしている！」

　父親に叱られて、二人の兄弟は同時に背中をびくつかせる。そして泣き出しそうな顔で、王子の方を振り返る。王子に気づいたガリアッツィは、背筋をまっすぐに伸ばし、丁寧に挨拶をする。

「ルーディメント王子。本日もご機嫌うるわしゅう」

　王子はがっかりした。この父親が出てきたら、遊びは終わりだ。落胆する王子に、ガリアッツィは言う。

「王子様、あいにく息子たちはこれから勉強時間ですので、また後でお誘いください。それに、王子様も今はお勉強の時間のはずでは？」

　いやなことを言う奴だ。王子が不満のあまり頬を膨らませると、その背後、頭の上の方から別の声が聞こえてきた。

「ガリアッツィ殿の言うとおり、今は勉強時間だ。それなのに、なぜこんなところにおられるのか、ご説明いただきたいものですな」

　王子の背中に激しい悪寒が走る。聞きたくもない、「あいつ」の声。とうとう今日も、一日のうちでもっとも忌まわしい時間が来てしまった。やがて、黒い衣をまとった若い男の姿が視界に入る。

「王子、お部屋へ参りましょう」

　王子は無視してそっぽを向いたが、相手は「そうすることは分かっていた」と言わんばかりに、一瞬早く王子の右手をつかむ。そして強引に、主塔の方へ引っ張っていく。王子は怒りと恥ずかしさのために、叫びながら暴れる。

「離せ！　離せよ！」

それでも「あいつ」の力は強く、王子は年下の友人たちとガリアッツィの前で無様な姿をさらしながら、勉強部屋へ引っ張られていく。「あいつ」は暴れる王子にかまわず、涼しい顔でガリアッツィに言う。

「ではガリアッツィ殿、例の件は、また後ほど」

◈

　勉強机の前に座る王子は、むっすりと膨れていた。「あいつ」が同じ空間にいるだけで、王子はいつもこうなる。

「まったく、いつになったら勉強時間ぴったりにお部屋に戻られるようになるのか……」

　よく響くその声は、親しみの感情をいっさい含まず、あくまで冷ややかに王子に投げかけられる。王子は耳をふさぎたくなる衝動を抑える。

　パウリーノ。王子がこの世でもっとも嫌っている男だ。憎んでいると言ってもいい。彼が一年前に王子の教育係になってからというもの、王子の生活は一変してしまった。こいつさえいなければ、と何度思ったことか。

「ルーディメント王子。作文はできているんでしょうな？」

　パウリーノが王子の顔をいぶかしげにのぞき込む。城じゅうの女たちが噂する「青い瞳」が、じろりとこちらに向けられる。

（こんな顔の、どこがいいんだ）

　パウリーノが城に来た頃の、女たちの熱狂ぶりはすさまじかった。アン＝マリーを始めとする中年以上の女たちも、若い女たちと一緒になってはしゃいだものだ。不器用なカッテリーナなどは、パウリーノの姿を目にするたびに物を落とした。さらに王子にとって気に入らなかったのは、召使いや女官たちだけでなく、王妃——つまり王子の母親までが、パウリーノを見てかすかに頬を赤らめたことだ。あんなの、少しばかり背が高くて、少しばかり目が青くて、少しばかり眉がまっすぐなだけじゃないか。まったく、女たちの考えることは分からない。王子にとってせめてもの救いとなったのは、あのポーレットが女たちの熱狂に加わらず、平然としていたことだ。ポーレットだけは普段と変わらないのを見て、王子は心の底から安心したのだった。

「王子！　何をぼんやりとしているのです。私は、作文を見せろと言っているのですよ！」

　パウリーノの語気が強くなると、王子は不本意ながら、体がびくりと震える

8

のを感じる。そして、そうならざるを得ない自分と、自分をこんなふうにしたパウリーノの両方に、激しい憤りを覚えるのだった。

　王子は勉強が大嫌いだ。幼い頃から何人もの教育係が付けられたが、みな短期間でやめてしまった。王子が言うことをまったく聞かず、あまりにもわがままに振る舞うので、どの教育係もあっという間に音を上げた。中には高名な学者もいたが、まともに授業ができた者は皆無だった。授業をする以前に、王子を机の前に座らせることができなかったのだ。

　そのせいで、王子は十歳になっても字を読むことすらできなかった。さすがに危機感を感じた父王は、王子を甘やかしすぎたことを反省し、より厳しい教育係を探した。そして白羽の矢が立ったのが、名門カディフ大学を優秀な成績で卒業したばかりの、若いパウリーノだった。パウリーノによる教育はめざましい効果を上げ、まもなく王子は机の前に座るようになった。そして最近ついに、簡単な読み書きができるようになったのだった。

　パウリーノは、それまでの教育係と何が違ったのか？　一つには、パウリーノの就任時に父王が、彼に王子の教育を全面的に委ねると決めたことがある。他の誰も、パウリーノの教育方針に意見したり、教育活動を妨害したりすることはできない。それを王自らが決定したのだった。その決定は忠実に守られ、この一年、王子がパウリーノにどんな目に遭わされようと、王も王妃も他の者たちもいっさい関わろうとしなかった。

　そしてそれをいいことに、パウリーノは王子から見れば実に「好き放題」やってくれた。パウリーノは容赦のない性格で、一度口に出したことは必ず実行する。初日の勉強時間を無視して部屋に寄りつかなかった王子に対し、パウリーノは「明日以降、勉強時間を無視したら、その日の夕食はなしにする」と警告した。まさか自分に対してそんなことができると思わなかった王子は、その警告を無視し、翌日も勉強時間に部屋に戻らず、中庭で遊んで過ごした。しかしその日、「夕食抜き」は実行に移された。王子は召使いたちに食ってかかり、厨房に怒鳴り込んで料理人たちに訴え、さらには地下の貯蔵庫にまで行って管理人に頼み込んだものだが、みな「パウリーノ様の言いつけですので」と申し訳なさそうにするだけで、食べ物をくれなかった。王子はそれでも意地を張って、次の日、その次の日も勉強部屋に行かなかったが、「夕食抜き」の方針がくつがえることはなかった。結局、育ち盛りの胃袋の方が先に屈服した。

　このように、父王の決定は王子に苦々しい影響を及ぼしたが、もう一つ、よ

り厄介な問題があった。パウリーノには、魔術の心得があったのだ。少年の頃から、とある魔術師のところに出入りして学んだという。王子がその恐ろしさを最初に知ったのは、パウリーノが来てまもなくのことだった。勉強時間内に部屋に戻るようになったのはいいが、与えられた本を見ようともしない王子に、パウリーノはさんざん「本こそは英知の泉だ」とか「遠い昔の賢者たちの言葉を『目でもって聞く』ことができるのを、すばらしいと思わないのか」などと説いた。王子が「賢者たちの言葉など見たくもない。そんなことをするぐらいなら、何も見えない方がましだ」と口答えすると、パウリーノはそれをひどく咎めた。冗談でもそのようなことを言ってはならないと注意するパウリーノに、王子は何度も、何も見えなくなったって結構だ、こんな本を見ないために自分は暗闇で暮らすんだ、と言い張った。それはパウリーノを本気で怒らせてしまい、まもなく部屋は闇に包まれた。ほんの少しの光も含まない本物の闇に、王子の精神は三秒と耐えられなかった。近くにパウリーノがいるのにもかまわず、王子は狂わんばかりに泣き叫んだ。あの「暗闇の魔術」を使われたのは後にも先にもそのときだけだが、王子の心に決定的な恐怖と憎悪を植え付けた出来事だった。

　その後も王子はたびたび抵抗を試みたが、パウリーノの「権限」と「魔力」の前に屈服した。腹立ちのあまり、暴力に訴えたこともある。何度か、パウリーノが隙を見せた瞬間に飛びかかっていったが、毎回彼の黒い服にすら触れることができないまま、得体の知れない力に弾き返された。王子の憎しみは募っていったが、それに比例するように、勉強は進んだ。そしてパウリーノは今、王子に「文章を書くこと」を仕込もうとしている。手始めとして、身の回りで起こった出来事を王子に書かせている。王子が先日から書かされている作文は、数ヶ月前に行った「狩り」についてのものだ。王子が乱暴に机の上に投げ出した一枚の紙を、パウリーノは手に取って読み始める。

「『朝、出かけた。そして、昼、狩りをした。父上は、大人たちぜんいんに、鹿を二匹つかまえるように言った。それで、王弟サザリア公殿と家令ガリアッツィが鹿を一匹つかまえた。なので、父上はよろこんだ。父上は、わたしとフラタナスとヴィッテリオに、うさぎを一匹つかまえるように言った。わたしとヴィッテリオが、一匹つかまえたので、父上はよろこばなかった。それから、夕方、城にもどった。』」

　パウリーノは眉間にしわを寄せる。

「前回よりはましになっていますが、よく分からないところがありますな」

　前回王子が書いてきた作文は、「朝、出かけた。そして、昼、狩りをした。それから、夕方、城にもどった」で終わっていた。呆れたパウリーノは、狩りの成果が分かる部分を書き足すよう命じたのだった。

「まず、『父上は、大人たちぜんいんに、鹿を二匹つかまえるように言った。それで、王弟サザリア公殿と家令ガリアッツィが鹿を一匹つかまえた。なので、父上はよろこんだ』の箇所ですが、これはどういうことですか？」

　どういうことか、だって？　まさか、書かれていることが分からないのか？　パウリーノは馬鹿なんじゃないだろうか。王子は返事をせず軽く鼻を鳴らすが、パウリーノはかまわず話し続ける。

「ああ、もしかすると、こういうことでしょうか。国王陛下は狩りに同行した大人たちに、『彼ら全体で』二頭の鹿をしとめるように命令された。つまり、『一人あたり二頭』ではなくて、『全員分の成果を合わせて二頭』と言われた、と？」

　当たり前だ。そのまんま、書いてあるとおりじゃないか。

「他方、『王弟サザリア公殿と家令ガリアッツィが鹿を一匹つかまえた』というのは、サザリア公が一頭、ガリアッツィ殿が一頭しとめて、合わせて二頭になったということですな？　よって、陛下が喜ばれた、と」

　パウリーノは勝手に納得しているようだ。「確かに、一日の狩りで、一人あたり二頭も鹿をしとめるのは難しいだろう」などとつぶやいている。

「王子。そういうことでしたら、もう少し書き方を工夫しなくてはなりません。まず一文目の『父上は、大人たちぜんいんに、鹿を二匹つかまえるように言った』は、陛下が大人たち一人一人に対して、二頭しとめるよう言われたようにも読めてしまいます。そしてこの二文目の『王弟サザリア公殿と家令ガリアッツィが鹿を一匹つかまえた』には、サザリア公とガリアッツィ殿が『協力して』一頭しとめたという解釈もあります。どちらに解釈すればいいのか、読んでいる方は分からなくなりますよ」

　そんなこと、知ったことか。分からない方が悪いんだ、と王子は心の中でつぶやく。パウリーノは続きを読み上げる。

「『父上は、わたしとフラタナスとヴィッテリオに、うさぎを一匹つかまえるように言った。わたしとヴィッテリオが、一匹つかまえたので、父上はよろこばなかった。』……うーむ。これもよく分かりませんが、もしかして国王陛下は、

王子とフラタナス殿とヴィッテリオ殿に『一人あたり一羽』うさぎを捕まえるように言われたのですか？　陛下の要望どおりになった場合、うさぎは三羽手に入る。しかし実際は、王子とヴィッテリオ殿が……ここも、『二人別々に』なのか、『二人で協力して』なのか分かりませんが……一羽手に入れただけで、フラタナス殿は捕まえられなかった。だから、陛下は喜ばれなかった、と？」

　だんだんと、心の中でパウリーノに悪態をつくのにも飽きてきた。王子はパウリーノの言葉を半分以上聞き流しながら、窓の外の雲を眺め始める。

「王子。あなたは実際に狩りに行かれて、何が起こったかをその目で見ているのですから、このような書き方でも分かると思っていらっしゃるのでしょう。しかし、事実を直接知らず、言葉のみから知ろうとする者に理解させることを考えると、この書き方には問題が多すぎる。これでは、うまく伝わらないでしょう。もう少し工夫をする必要がありますね。たとえば、『それぞれ』『別々に』『合わせて』『協力して』などの言葉を補足するとか。とにかく、何かを言葉にするときは、細かい注意を払わなくてはなりません。言葉には、思いがけない曖昧性が潜んでいるものです。……王子、聞いているのですか？　王子！」

　明らかに注意を向けていない王子に、パウリーノは苛立ち始める。これはいつものことだ。この程度の小さな反抗にはパウリーノが「実力行使」に出ないことを、王子は経験から知っていた。パウリーノの力は恐ろしいが、完全に服従するのは絶対にいやだ。パウリーノは王子の注意を向けようとするが、王子はいつものように、パウリーノの「沸点」ぎりぎりまで反抗しようとする。しかし、パウリーノも負けてはいない。

「ふん、返事をされないなら結構。作文の話に戻りましょう。さきほど、『この文章では伝えたいことが伝わらない』ということを言いましたが……その一方で、この文章からは、王子が『伝えたくないこと』が伝わってきますぞ」

　王子の耳がぴくりと反応する。僕が「伝えたくないこと」って何だ？　王子が注意を向けたと見るや、パウリーノはこう言い放った。

「それは、王子が愚か者だということです」

「何だと！」

　王子は立ち上がり、自分の頭よりもはるかに上にあるパウリーノの顔を睨みつける。パウリーノは冷たく目線を下げる。

「私は真実を言っているだけです。学びたくても学ぶ機会のない庶民ならともかく、いずれ国王になる十一歳の王子が書くものがこんなものだということが

広まってしまったら、臣下からも他国の王家からも、またソラッツィ主教会の聖職者たちからも見下されるでしょうな。この文章からは、書き手がものを知らないだけでなく、注意力も想像力もなく、他人への配慮もできない自己中心的な人間であることが『見えて』しまっています」

「うるさい、黙れ！　馬鹿はお前の方だ！　だって、その文章は、僕が書いたんじゃないんだからな！」

　気がついたときにはもう遅かった。王子は怒りのあまり、隠しておくべきことを口走ってしまったのだ。

「書いていない、だと？」

　パウリーノの声色が変わり、その表情はみるみるうちに曇っていく。

（まずい、『暗闇』がくる）

　王子は目をきゅっとつぶり、床にしゃがみこむ。手で顔を覆って自分で暗闇を作り、来るべき暗闇に耐えようとする。考えているわけではなく、本能的にそうしてしまうのだ。それでも、いつ本物の暗闇が自分を襲うかを考えただけで、王子はぶるぶると震えてしまう。

「……王子。王子！」

　パウリーノはかがみ込み、震える王子の肘のあたりをつかむ。パウリーノにつかまれた瞬間、王子は「ひっ！」と声を上げる。

「王子。きちんと座ってください。そして、事情を説明するのです」

　パウリーノの口調には呆れと苛立ちが混じっているが、怒りは読みとれない。王子は立ち上がりながら、おそるおそる目を開ける。よかった、暗くなっていない。王子は一度息をつく。そして安心すると、またパウリーノへの反抗心がむくむくとわき上がってくる。

　パウリーノは、王子が誰にこの文章を書かせたのか言わせようとしたが、王子は言おうとしなかった。王子がこういうことを頼む相手といえば、家令ガリアッツィの二人の息子のどちらかしかいない。彼らは王子より幼いものの、早くから父親に厳しく教育されていたので、勉強は王子よりもはるか先に進んでいた。そして実際、王子が作文をさせたのは、弟の方のヴィッテリオだった。本当は兄の方の、九歳のフラタナスに頼みたかったのだが、そのときちょうど熱を出して寝込んでいた。それで仕方なく、七歳のヴィッテリオに頼んだのだった。パウリーノもだいたいの予想がついているからか、あまり追及しなかった。かわりに、諭すように言う。

「王子。こんなことをするのは、あなた本人のためにならない。前から何度も言っていますが、あなたは言葉というものを軽く見過ぎている。いずれ国王になる人間がそうであっては困ります。国王の言葉は、多くの人々に影響を与える。人々を生かしもするし、殺しもする。国王たるもの、言葉を慎重に使えなくてはなりません」

王子は口答えしたくなる。

「うるさいな。そんな面倒なこと、他の奴らがすればいいんだ。父上だって、何でもガリアッツィに書かせているじゃないか」

それを聞いたパウリーノは懐に手を入れ、紙切れを取り出す。パウリーノに王子の教育に関する全権限を委ねることを明記した、父王の委任状だ。彼はそれを開いて見せる。

「あなたの言うとおり、陛下はガリアッツィ殿に命じて多くの文書を書かせています。そしてこの文書も、実際に手を動かして書いたのはガリアッツィ殿です。しかし、これはあくまで陛下の言葉だ。ガリアッツィ殿の言葉ではなく、陛下ご本人の言葉だからこそ、みながこの内容に従っているのです。そしてこの『陛下の言葉』が、あなたの生活を変えたのは言うまでもない。私という、気に入らない人間の言うことを聞かざるを得なくなったのですからね。それほど、言葉というものは重いものなのです。

それに、今、両陛下――あなたのご両親がなぜフォルサ帝国に向かっておられるか、ご存じですか？　なぜ、険しい山脈を越えてまで、旅をしなければならないか。それも、『言葉』のためです。フォルサ帝国皇帝テネー二世と同盟の約束、つまり言葉を交わすため。そしてその言葉をソラッツィ主教会の長――大主教ピアトポス八世のもとで確かなものにするために、遠くまで行かなくてはならないのです」

王子は委任状を恨めしく眺める。そうだ、何もかも、これのせいなんだ。父上が、こんなものを作ったから。

「ふん、父上なんて、馬から落ちてけがをすればいい」

王子がそう言い放つと、パウリーノは片手で机を激しく叩いた。その音の大きさに、王子は驚く。

「王子、なんということを言うのです！　そんなこと、本気で思っているわけではないでしょう？　心にもないことを口にするものではありません！　王族の言葉には、魔力が宿ると言われています。へたなことを言うと、現実になっ

てしまいますよ！」

　そう叱責されて王子は少しひるんだが、それでも反省することはなかった。王子は思う。もし僕の言葉に力があるんだったら、もう少し思いどおりになってもいいじゃないか。それなのに、実際は思いどおりにならないことだらけだ。パウリーノが言っていることは、ただの脅しなのだ。

　パウリーノは一度ため息をつき、近くにある椅子を引っ張ってきて座る。王子と目線の高さを合わせた彼は、王子に語りかける。

「ルーディメント王子。私があなたの教育係を仰せつかってから、おおよそ一年が経とうとしています。この一年、あなたを勉強に向かわせるために、私はかなり無茶をした。私の未熟さゆえに、教育者として至らない部分があったことを認めましょう。そしてそれらの部分のために、あなたが私を疎ましく思っていることは分かっている。あなたは、私がいなくなってしまえばいいと思っているのでしょうな。

　しかし、王子。もし私があなたの前から消えたとしても、何も変わりませんぞ。私ではない別の人間があなたを押さえつけようとするでしょうし、あるいはもっと別の形で、あなたの望む自由が阻まれるかもしれない。つまり、今あなたの目の前にいる私は、あなたの抱える『問題』の一つの現れに過ぎないのです。あなたが自分でその問題をどうにかしようとしないかぎり、何も変わらないでしょうし、より悪いことが起こる可能性がある。実際のところ、最近不穏な動きが……」

　パウリーノがそこまで言いかけたとき、部屋の扉を叩く者があった。訪れたのは家令ガリアッツィだった。

「ルーディメント王子、お勉強中申し訳ございませんが、急用にてパウリーノ殿をお借りしたく」

　この城のいっさいを取り仕切るガリアッツィも、パウリーノが来てからというもの、たびたび相談を持ちかけては知恵を借りている。国王と王妃が旅に出てからは、その頻度がさらに増していた。パウリーノは王子に「勉強時間が終わったわけではありませんから、そのまま待っているように」と言い残して、ガリアッツィと共に部屋を出た。

　一人になった王子は、大きく息をついて、椅子の上で伸びをする。パウリーノのいなくなった部屋の空気を、王子は全身で味わっていた。せっかく自由になったんだ、何をしようか。あれこれ考えるが、どうもいい考えが浮かばな

い。何かを食べようにもお腹はまだ減っていないし、遊び相手のフラタナスと
ヴィッテリオはまだ勉強をしているだろう。考えているうちに、王子はだんだ
んとつまらなくなってきた。浮わついた気持ちが下がるにつれ、さっきのパウ
リーノの言葉の断片が浮き上がってくる。

　——もし私があなたの前から消えたとしても……あなたが自分でその問題を
どうにかしようとしないかぎり、何も変わらないでしょうし、より悪いことが
起こる可能性がある——

　王子はそれらの不吉な言葉を振り払うように、目を閉じて首を振る。そんな
こと、知ったことか。だいたい、僕の問題って、何だ？　作文ができないって
ことか？　言葉をうまく使えないってことか？　それのどこが悪いんだ？　世
の中の奴らがみんな、僕のことをきちんと分かれば問題ないんだ。問題は、僕
を分かろうとしない、みんなの方にあるんじゃないか。みんなが僕の気持ちを
くみ取ってくれさえすればいいのに、そうしようとしないのが悪いんだ。

　部屋の扉の向こうから足音が聞こえてきた。パウリーノが戻ってきたのだろ
うか。王子の気持ちはさらに沈んだが、まもなく聞こえてきたのは、ポーレッ
トの声だった。王子は椅子から飛び上がり、喜び勇んで扉を開けた。

◆

　王子はポーレットを長椅子に座らせ、自分は猫のように体を丸めて、彼女の
膝に顔をうずめた。昔から、ポーレットと二人だけのときはいつもこうするの
だ。ポーレットの膝の柔らかさ、彼女のよい香りに、王子はうっとりとする。
しかし今日は、パウリーノから不吉なことを言われたせいか、完全に幸せに浸
りきれないでいる自分がいる。

「王子様。何か悩んでいらっしゃいますの？」

　ああ、ポーレットには分かるのだ。たとえ、言葉を使わなくても。王子はつ
ぶやく。

「みんな、ポーレットみたいだったらいいのに」

「え？」

「世の中のみんながポーレットみたいに、僕のことを分かってくれて、僕に優
しくしてくれたらいいのに」

　ポーレットは優しい声で言う。

「みんながそうだったら、私は要らなくなりますわね」

「そんなことないよ！」

　王子は強く否定するが、ポーレットはこう続ける。

「王子様に快適に過ごしていただけるよう配慮するのは、私たち召使いの役割ですわ。そして他の者たちには、他の役割がある。どの役割の人間も、王子様にとって必要なのだと思います」

「そうかなあ」

　「他の役割」っていうのは、必要なのか？　いや、要らない。パウリーノみたいに僕を抑えつける役割の人間が要らないのはもちろん、他の人間も、きっと要らない。ポーレットさえいてくれればいいのだ。王子はさらに強く、ポーレットの膝にしがみつく。するとポーレットは、王子の頭を優しく撫で始める。そうしてほしいと一言も言っていないのに、彼女は分かってくれるのだ。王子は自分の胸から、ポーレットに対する愛情があふれ出してくるのを感じた。ふと、王子の頭にひらめくものがあった。

（そうだ、結婚を申し込もう、今）

　ポーレットと結婚する。それはずっと前から考えていたことだった。ポーレット以外に、自分の妻にふさわしい人間は考えられない。世の中のみんながポーレットみたいになれないのは、仕方がないことかもしれない。しかしそれならなおさら、ポーレットにはずっと一緒にいてもらわなければならない。王子は心を決めて、口を開こうとした。

　そのときだった。ノックもなしに部屋の扉が開き、誰かが入ってくる音がした。王子の頭を撫でていたポーレットの手が止まる。流れる沈黙。何だ？　王子はポーレットの膝から頭を起こす。部屋に入ってきたのは、パウリーノだった。パウリーノは実に不機嫌そうな顔で、王子とポーレットを見つめていた。

「勉強時間はまだ終わっていないと言っておいたはずだが、そんなことをしているとは。王子、あなたはもう十一歳だ。そういう赤ん坊のような行為は慎むべきです」

「ふん、そんなこと、お前に言われる筋合いはないぞ！」

　よりによって、こいつにじゃまをされるとは。王子はパウリーノを睨みつける。

「ごめんなさい、パウリーノさん。私、すぐに出て行きます」

　そう言って立ち上がるポーレットに、パウリーノは言った。

「ポーレット。前から言おうと思っていたんだが、王子をいつまでも甘やかす

のはよくない。君が王子のことを弟のように可愛く思っているのは分かるが、王子のためにならないこともある」

　そう言われたポーレットは、少し悲しそうな顔をした。そして王子に「失礼します」とだけ言って、うつむき加減に部屋を出て行く。王子は、自分の見たものが信じられなかった。ポーレットの、あんな沈んだ表情は見たことがなかったのだ。王子はパウリーノに食ってかかる。

「ポーレットに、なんてことを言うんだ！」

「は？　私は、自分が正しいと思うことを言っただけです」

「ポーレットに、あんな顔をさせるなんて！」

　許せない。王子は魔法が怖いことも忘れて、怒りに震える片手を振り上げ、パウリーノに飛びかかろうとした。そのとき、半端に開いた扉から、アン＝マリーが顔を出した。手には、水差しを持っている。彼女は怪訝な顔で二人を眺める。

「汲んだばかりの水をお持ちしたんですけど……お取り込み中？」

　パウリーノが平然と答える。

「いいえ、全然」

　王子は完全に出鼻をくじかれてしまった。振り上げた手のやり場がなくなり、仕方なく下におろす。アン＝マリーは遠慮なく部屋に入り、机の上に水差しを置く。

「そうそう、パウリーノさん。さっきそこでポーレットとすれ違ったんですけどね。珍しく暗い顔をしていましたよ。何かあったので？」

「大したことはない。彼女に、王子をあまり甘やかすなと言っただけです」

　パウリーノの答えに、アン＝マリーは安堵したように笑う。

「なあんだ、そうですか。『未来の旦那様』にちょっと厳しいことを言われただけなんですわね。あの子があんな顔をしてるなんて、あたしゃーてっきり、婚約が破談にでもなったのかと心配しましたよ」

「婚約？」

　王子は思わず聞き返した。何のことだ？

「ああ、王子様はまだご存じないので？　ポーレットはもうすぐ、このパウリーノさんと結婚するんですよ」

「え……」

　王子は絶句した。目の前のものすべてが、止まって見える。結婚？　ポー

レットが、パウリーノと？　嘘だ。まさか、そんなことがあるはずがない。それでも、アン＝マリーは遠慮なく話し続ける。

「パウリーノさん、どうかポーレットを大事にしてやってくださいましね。あの子は本当にいい子ですから。他の若い娘たちもねえ、パウリーノさんが結婚されるって聞いたときは本当に残念がってましたけど、相手があのポーレットだから、心から祝福しているんでございますよ……」

アン＝マリーの声が徐々に遠くなる。その理由が、自分が部屋を出たからだということに、王子はしばらく気がつかなかった。

王子はいつのまにか、大広間に来ていた。広間には、先ほどの食事どきの華麗さはなく、すでにテーブルは片づけられていた。男女の召使いたちが井戸から汲み上げた水を持って、慌ただしく行ったり来たりしている。彼らは、上の階の貯水槽に水を運んでいるのだ。彼らは重い水瓶を運ぶのに忙しく、王子がいるのになかなか気がつかない。しばらくして、王子と同じ年頃の少年の召使い、サンギオが王子に気づく。

「ルーディメント王子。どうかなさいましたか？」

王子は我に返り、彼に尋ねる。

「ポーレットは？　ポーレットはどこ？」

「え？　ポーレットさんなら、仕立て部屋に行きましたが」

聞くやいなや、王子は仕立て部屋へ向かって走り出した。大広間を出て、狭い通路の一角にある扉を開く。すぐに目に入ったのは、作業台で布を畳んでいるカッテリーナの後ろ姿だった。王子が入ってきた気配に驚いたのか、カッテリーナは背中をびくりとさせて振り返る。

「カッテリーナ、ポーレットは？」

「お、王子様、その……」

カッテリーナの要領を得ない返事を待たずに、王子は部屋の奥へ目をやる。部屋を仕切るカーテンの向こうで、人の気配がした。王子はそちらへ行く。

「王子様、お、お待ちを！」

カッテリーナが止めるのも聞かず、王子はカーテンを乱暴に引いた。

「……！」

王子の目に飛び込んできたもの。それは、純白の布を身にまとったポーレットの姿だった。彼女の両側で、衣装係の二人の女が布の長さを測ったり、服の形につまみ上げたりしている。ポーレットの目が王子の姿を捉える。

「まあ、王子様、どうなさいましたの？」

どうなさいましたの、だって？

王子は何も言えず、ただその場に立ち尽くしていた。硬直した王子の背中に向かって、カッテリーナが遠慮がちに言う。

「あの、その、ポーレットさんは、婚礼の衣装の準備を……」

カッテリーナがすべて言い終わらないうちに、王子は部屋の外へ向かって走り出す。通路を抜け、大広間へ戻る。水の運搬を終えた召使いたちが掃除をしているところを抜け、給仕室から下へ降りる。一階の小広間、そこの裏口から主塔の外へ出て、別棟になった厨房との間をすり抜ける。厨房では料理人たちが、召使いたち、衛兵たち、そして自分たちの食事の片づけを終えようとしているが、王子は見向きもしない。王子はただめちゃくちゃに走って、厩舎の脇を通り、表門の方へ向かう。

表門周囲では、鎧をきらめかせた衛兵たちが行ったり来たりしていた。城の東側にあるこの表門は城の守りの要で、門の前には槍を持った衛兵が立ち、門の上には弓兵が配備されている。クリオ城の他の部分——北側はユノー川に面した切り立った崖で、南側は急勾配の斜面。人が登ってくることはほぼ不可能だ。西側には裏門があるが、そこへ至る山道は非常に狭く険しいため、下のフェーン村の人々にしか使われていない。それでも衛兵たちはこういった地の利に甘んじることなく、責任者であるセヴェリ衛兵隊長のもと、毎日城壁の外へ目を光らせている。

衛兵たちは王子に気づくと、背筋を伸ばして敬礼する。彼らのうちの一人が報告したのか、すぐにセヴェリ隊長がやってくる。

「王子様、どうかなさいましたか？」

王子は返事をしない。セヴェリ隊長が怪訝な顔で再度口を開きかけたとき、王子は唐突にこう言った。

「外へ出たい」

「何ですと？　何のご用で？」

「用なんかない。とにかく出たいんだ」

「しかし、お供の者が見あたりませんが」

「一人でいい。出してくれ」

隊長は弱った顔をする。

「王子様、申し訳ございませんが、今は警備を強化している最中です。両陛下

のご旅行のお供で、兵士の半数は出払っておりますし、その上、数日前からはガリアッツィ様の言いつけで、外部への警戒を怠らぬようにしております。また、とくに必要のない出入りは制限している最中でして……」

　隊長がまだ説明を続けているのに、王子は背を向けて歩き出し、反対側の裏門の方向へ歩いていく。隊長はやや呆れた顔をしながら、安堵の息をつく。近くにいた若い兵士が隊長に言う。

「王子様が外に出たいと言われるなんて、珍しいですね。外に出ることを怖がっていらっしゃると思っていましたが」

「この前の狩りのときも、お出かけになるのを相当渋っていらっしゃったしな。さっきのも、本気で言っていたわけではないだろう。さあ、とにかく仕事に戻ろう」

　セヴェリ隊長が言ったとおり、王子は本気で外に出たいとは思っていなかった。何しろ、生まれてから今まで、ほとんど外に出たことがないのだ。外の世界と言えば、すぐ下のフェーン村と、いつも狩りに行く近くの森しか知らない。王子にとって、それ以外の場所は恐ろしい暗闇も同然だった。

　王子はただ、誰の目にも付かないところへ行きたかったのだ。彼は裏門の近くへ行ったが、ちょうどフェーン村から食料を届けに来た村人たちが帰るところで、大勢の人々がいた。貯蔵庫管理人のナモーリオ、料理長のロカッティが食料の状態を見てあれこれ話し合っている。ここにも王子の居場所はない。王子はまた引き返し、鍛冶場や果樹園、畑を抜けていく。ちょうど休憩時間らしく、鍛冶職人も菜園の働き手たちの姿も見えない。王子は走り、主塔と北側の城壁の間の狭い「くぼみ」に座り込んだ。背中に冷え切った石壁を感じ、王子は身震いする。でも、王子は動こうとしない。

（ここなら、誰にも見つかるまい）

　そう思ったとたん、王子の眼から涙があふれ始めた。自分が泣いているという自覚が、王子の感情をさらに増幅させた。生まれてから今まで、これほどみじめな気持ちになったことはない。王子をもっとも傷つけたのは、ポーレットの「裏切り」だった。

（ポーレットは僕の気持ちなんて、少しも分かっていなかったんだ。分かっていたら、僕の大嫌いなパウリーノなんかと結婚するはずがない。僕の想いを、こんなにまでひどく踏みにじることはしなかったはずだ）

　彼女だけは、僕を分かってくれると信じていたのに。もう大嫌いだ、ポー

レットも、誰も彼も。王子はもう二度と、城の者たちの顔を見たくないと思った。父にも母にも、もう会えなくていい。自分はもっと、「いい人たち」に囲まれて暮らしたい。でも、どうすれば？　考えれば考えるほど、王子は何もできないことに思い至り、みじめな気持ちになった。この世のどこにも居場所を持たない、あまりにも不幸な自分を哀れみ、王子は膝に顔を押しつけて泣いた。

（ああ、誰か、僕を助けてくれたらいいのに）

どれほど泣き続けていただろうか。ふと、背中から石壁の感触が消え、かすかに風が当たるのを感じて、王子は顔を上げた。涙でぼやけて見える光景に、王子は違和感を覚えた。

「え？　ここ、どこ？」

王子はいつの間にか、木立の中にいた。明らかに、城の中ではない。見上げると、鬱蒼とした木々の隙間に、青い空が見えた。しかし、何かがおかしい。

（太陽が、二つある）

背後で大きな音がした。思わず立ち上がって振り向くと、見たこともない大きな動物が、遠くを四つ足で歩いているのが見えた。それの発する鳴き声が、まるで大勢の兵士が吹く角笛のように響いているのだ。

何だ、あれは。しばらくその動物を眺めていると、頭上でブーンという音がした。蜂かと思って王子は後ずさるが、よく見るとそれは、小さな小さな鳥だった。そしてその向こうでは、耳がなく、全身黒い毛に覆われ、呪術用の仮面のような顔をした動物が、木から木へと渡っていく。足下に気配を感じて見下ろすと、小さいイタチが、黒い山猫に追われて横切っていく。

王子はにわかに恐ろしくなって、転がるように走り出した。無意識に、明るい方へ、明るい方へと走る。暗い方はダメだ、絶対に行ってはいけない。王子の中から、誰かがそう言っているように思えた。息が上がりかけたころ、前方から何かが聞こえてきた。

（誰か、歌っているのか？）

王子は音を立てないように気をつけながら、歌が聞こえてくる方へ近づいてゆく。聞き慣れない旋律だ。歌声がはっきりしてくるにつれ、木々の間から光が射し込み、目の前が明るくなってくる。光は、涙が乾ききらないまつげに反射して、風景を白く浮かび上がらせる。王子は我を忘れて、誘われるように歩いた。

やがて目の前に、短い草の生い茂った美しい野が開けた。中央には背の高い

大木が一本、取り残されたように立っており、そのすぐそばに大勢の人間が集っていた。王子は彼らに目を奪われた。男も女も、みな若く、そして信じられないほどに美しかった。ある者たちは美しい声をそろえて歌い、別の者たちはそれに合わせてしなやかに踊っていた。また別の者たちは曲芸を披露し、別の者たちはじゃれ合うようにして何らかの遊び——目隠し鬼だろうか——に興じていた。

　彼らがこのあたりの人間でないことは明らかだった。彼らが身につけているのは、城の者たちや近隣の村人たちが着るような、目の粗い厚い布で仕立てられた服ではなく、薄く光沢のある布でできた軽やかな衣だった。それらは彼らの美しい体の上で、流れるようなひだを形作っていた。その様子は王子に、城に飾られている絵画の神々を思わせた。

　彼らの中央あたり、大木の下のあたりには、巨人の椅子と見まがうほど大きな玉座が置かれていた。深紅の金襴が張られたその柔らかそうな座面の上で、奇妙な格好をした老人が一人、片肘をついて横になっていた。数人の男女が玉座のそばで色とりどりの果物や食べ物の載った大皿を掲げ、老人の前に差し出している。老人は眠そうに目を細めながら、ときおり大皿に手を伸ばしては、横になったまま無造作に果物を頬張る。

（道化師だ）

　老人の服装から、そうであることは明らかだった。彼の上着の右半分は金色、左半分は黒で、帽子は左が金色、右が黒だった。帽子には動物の耳をかたどった突起があり、その先端には鈴が付いていた。ふと、道化師が王子の方を見た。彼は、すぐそばにいる二人の女に何か言う。すると女たちは、服をひらひらと風になびかせながら王子の方へやってくる。

「え？　何？」

　二人の女は王子のそばまで来ると、彼に向かってにっこりと笑いかけた。近くで見ても、その美しさはこの世のものとは思えないほどだった。一人の女が彼の左手を、もう一人の女が彼の右手をとる。王子の背筋にぞくりと寒気が走った。

（人間じゃない）

　その手はひんやりと冷たく、そして明らかに人間の肌とは違う質感を持っていた。見た目はそっくりだが、しわもなく、しみもなく、血管も浮き出ておらず、手触りは布とも石ともつかないものだった。王子の戸惑いをよそに、二人

の女は笑顔のまま、王子の両手を引いて広場の方へ連れ出す。彼女たちが王子を玉座の前まで連れていくと、道化師は座面に立ち上がり、その高さをものともせずにひらりと地面に飛び降りた。彼はひざまずいたまま言う。

「これはこれは。ハルヴァ王国国王陛下の嫡男、偉大なるルーディメント王子とお見受けいたします」

王子は尋ねる。

「僕のこと、知ってるの？」

「もちろんでございます」

「お前はいったい、何者だ？　そして、この者たちは？」

「私めは、名も無き道化者にございます。そしてこの者たちは、私めの忠実なる僕。私めの所有する人形どもにございます」

「人形？」

「そうでございます。そら、みなの者、この方はルーディメント王子だ。みな、このルーディメント王子に向かってひざまずけ」

彼が王子を指さしながら声をかけると、遊んでいた者も、歌っていた者も、みな王子の方を向き、ひざまずいた。

「人形、だと？」

「ここにいる者たちは、私めを除き、すべて人形でございます。しかし、ただの人形ではございません。人の言葉を理解し、人と同じように動くことができるのです。そして、何でも言うことを聞かせることができる」

「何でも？」

「そうです。おい、ピラーとキエロ、二人でルーディメント王子を抱え上げ、玉座の上にお載せしろ」

道化師がそう言うと、王子は屈強な男二人――正しくはそのような姿をした人形二体に体を抱えられ、玉座の上に上げられた。道化師は自分の背丈よりも高い玉座に、ひらりと飛び乗る。王子が玉座の柔らかな座面に腰掛けると、道化師はその隣に立ち、人形たちに向かって合図をする。それにあわせて、人形たちは踊り始めた。服の色ごとにまとまって踊る彼らは、野原に広げられた一枚の布のように見えた。彼らが見せる模様は、彼らの移動に伴って変化する。格子柄から縞模様になり、それが丸く渦巻いたかと思うと、七色の花びらを持つ大輪の花が浮かび上がった。王子は感激のあまり、思わず手を叩いた。

「ねえ、もしかしてここは、君の国なの？」

「よくお分かりで。まさしくここは私の国でございます。二つの太陽に照らされたこの地では、ありとあらゆる動物たちが暮らし、珍しい食べ物も豊富にあります。王子様も、ぜひご賞味あれ」

　王子の目の前に、さまざまな食べ物の載った大皿が差し出される。王子はそこから、赤みがかった黄色の果物を手にとって、一口かじってみた。

「おいしい！」

「それは『聖なる実』と呼ばれる果物です。万物を支配する神の化身だとか。いずれハルヴァ王国を支配されるお方にふさわしい果物です。真っ先にそれを手に取られるとは、さすがは王子様」

　そのように言われて、王子の気分はさらに高揚した。確かに、今の目の前の光景は、彼に「万物を支配している」と思わせるに十分なものだった。しかし同時に、王子は現実を思い出して落胆する。自分を分かってくれない者ばかりに囲まれた、まったく思いどおりにならない現実を。王子は道化師に言う。

「君は、いつもこの人形たちに囲まれて暮らしているの？」

「ええ、そうです。恥ずかしながら、私めは人間が苦手なものでありますから」

「うらやましいな」

　王子の羨望のまなざしを遮るように、道化師は首を振る。

「何をおっしゃいますやら。王子様のお城に仕える者たちの優秀さは、他国にまで聞こえております。最高の兵士、最高の家令、最高の料理人、最高の召使い……うらやましいのは、私めの方でございますよ」

「ふん、あんな奴らのどこが『最高』なものか。君の人形の方がずっと優秀だ。取り替えたいぐらいだよ」

　道化師の目が光る。

「王子様、本気でそう言っていらっしゃるので？」

　そう言われて、王子は考えた。もし、城の者たちとこの人形たちを取り替えることができたら、王子は彼らと顔を合わせなくて済む。城を出て行くのはあの者たちの方で、王子は城にとどまることができるのだ。そして、何でも言うことを聞く人形たちに囲まれながら暮らすことができる。その生活は、王子には夢のように思われた。王子は道化師に答える。

「ああ、本気だよ。僕の城の者たちを、君の人形たちに取り替えたい」

「それならば、そのお望み、叶えて差し上げることができます」

「本当？　本当に、できるの？」

「ええ。しかし、全員というわけにはいきませんな。噂では、王子様のお城には、強い魔力を持った者が一人いるとか。その者だけは、人形と交換できない」

　パウリーノのことだな、と王子は思う。しかし、他の誰よりも憎い、あの男がいなくならないと意味がない。

「そいつのこと、どうにかできない？　そいつが一番問題なんだ」

「さようですか。ならば、こういうのはどうでしょう。そいつを何か、人間以外のものに変えてしまうのは？」

「人間以外のものに？」

「私めもわずかながら魔術を心得ておりますが、普通の魔術では人を人以外のものに変えることなどできません。しかし、王子様のお言葉さえあれば、私はそれを我が守護神、アトゥーに伝えることができます。王族の言葉には魔力が宿っていますから、その力でアトゥーを動かし、お望みどおりの結果を出すことができます」

　王子の胸が高鳴る。ずっと自分を抑えつけてきたあの男。自分からポーレットを奪ったあの男に、復讐ができるかもしれないのだ。王子は考える。あいつを、何に変えてやったらいいだろう？　できるだけちっぽけな、弱いものに変えてやりたい。

　人形たちの踊りの向こう、木立の近くで、何か小さなものが動いた。それを見た王子は、突然ひらめきを得た。彼はそれを指さし、道化師に言う。

「僕、決めたよ。僕の望みはこうだ。パウリーノの奴を、ああいうふうにしてほしい。そして、城にいる他の者たちを、人形と交換してほしい」

　こうして王子は、ついに呪いの言葉を口にした。

人形と猫

　寒いな。ここはどこだ？　それに、何か変な音がする。

　王子が目を覚ますと、あたりの空気は冷え切っていた。すでに夜は明けている。王子が寝ているのは間違いなく彼のベッドの上だったが、いつもの朝と違って、何かがおかしかった。彼は、シーツこそ被っていたが、昨日の服を着たまま寝ていたのだ。

　王子の頭は朦朧としていた。何か長い夢を見ていたような気がするが、よく思い出せない。それに、服を着たまま寝ていたのはどういうわけだ？　召使いたちはまだ来る気配がないが、呼びに行くべきだろうか？

　扉の方から物音がした。アン＝マリーだろうか。奇妙なことに、その音は、扉の下の方から聞こえていた。王子はベッドを降り、扉へ近づく。軽く叩くような音と、引っかくような音が、交互に聞こえてくる。王子は何が起こっているのか見ようと扉を開けた。

「うわっ！」

　一瞬のことだった。視界の下の方に何か黒いものが映ったかと思うと、それは勢いよく飛び上がり、王子の胸のあたりにへばりついた。王子は「それ」の重みでよろけ、後ろに二歩ほど下がったあと尻餅をついた。

「いててて……」

　いったい、何なんだ。王子は、転んだ瞬間に閉じた目を再び開く。真っ黒い、毛だらけの丸っこいものが目に入った。

「……猫？」

それは、ちっぽけな黒猫だった。猫は王子の服に爪を食い込ませ、前足と後ろ足を硬直させて、ぶるぶると震えていた。しっぽは太く、真上に伸びている。興奮しているのだろうか。王子の顎のあたりに、しきりに小さな短い息がかかる。

「どこから入ってきたんだ、お前」

　そう言うと、そいつは王子の鼻先に丸い顔を近づけ、大きく目を見開いた。そして顔が横に裂けるかと思うほどに口を大きく開き、王子を威嚇した。

「ちょっと、何だよ！」

　王子は猫を払いのけようとするが、猫は王子にしがみついたまま離れない。挙げ句の果てに、猫はシャーという声を発しながら前足を伸ばし、王子の左頬を引っかいた。

「痛っ！　こいつ！」

　怒った王子が猫をつかもうとすると、猫は王子の左肩を踏み台にしてひらりと飛び上がり、王子の背後に着地した。王子はすぐに体勢を変えて猫に飛びつこうとするが、猫はそれもかわし、すぐそばの椅子、そして机の上に一瞬のうちに飛び上がる。引っかかれた左頬がひりひりと痛む。

「痛いじゃないか！　なんてことをしてくれたんだ！」

（それはこっちの台詞だ！　なんということをしてくれた！）

「え？」

　今、確かに人の声が聞こえた。それも、すぐ近くで。王子は部屋を見回すが、誰もいない。

（分からんのか？　この城じゅう、とんでもないことになっているというのに！）

　再び声が聞こえる。それは明らかに、猫の方から聞こえている。猫は全身の毛を逆立てて王子を威嚇する。

「まさか、君がしゃべってるの？　猫なのに？」

　王子がそう言うと、猫のしっぽはますます太くなり、目に見えて震えだした。王子の言葉に反応していることは間違いない。

（私は猫ではない！　邪神にこの姿に変えられたんだ！　お前が、そうなることを望んだから！）

　僕が？　そうなることを望んだ？

　王子の頭におぼろげに、ある光景が浮かんだ。青空に浮かぶ、二つの太陽。

さまざまな動物たち。野原を彩る、色とりどりに着飾った美しい男女。そして道化師。道化師は、僕の望みを叶えてやるとかなんとか言っていた。それで僕は、何と言ったんだっけ？

王子は猫を見つめる。どこにでもいる何の変哲もない黒猫だが、黒い顔についた真っ青な二つの目が怪しい光を放っている。まさか……。

「……パウリーノ？」

王子がそう呼びかけると、猫は机の端から勢いよく跳ね、王子の体すれすれに飛んで着地したかと思うと、あっというまに扉から姿を消した。

王子はしばらく呆然と、その場に立ち尽くしていた。王子は考える。

（そんなことがあるはずがない。でも、もしかして、本当に？）

もしあの猫がパウリーノだとすれば——あの道化師が僕の願いを叶えたのだとすれば——まさか、「もう一つの願い」も現実になっているのか？

王子はおそるおそる、扉から外をのぞいてみた。誰もいないが、足音がする。それは、明らかにこちらへ向かっている。王子は緊張して身構えたが、廊下の角から姿を現したのは、カッテリーナだった。

（なんだ、カッテリーナか）

王子は胸をなで下ろした。もしかしたら、城の者があの人形たちに変えられてしまっているかもしれないと思ったのだ。王子は昨日自分がそれを本気で望んだことも忘れて、何も変わっていないことに安堵していた。

（あの道化師も、人形も、僕の夢だったんだろうな）

そしてさっきの猫も、外から迷い込んできた山猫だろう。しゃべったと思ったのは、きっと勘違いだったのだ。

安心すると、急にお腹がすいてきた。時間は早いが、食事の準備はしてあるだろうか？　王子はカッテリーナに尋ねようとして彼女の前に出るが、なぜか彼女は素通りしようとする。

「ちょっと、カッテリーナ！」

王子が呼び止めると、カッテリーナは振り向いた。そして、不自然なまでににっこりと笑う。

（何だ？　気持ち悪いな）

アン＝マリーに叱られすぎて、少しおかしくなってしまったのだろうか。

「カッテリーナ。僕、お腹がすいたんだけど」

すると、彼女は笑顔のまま、こう言った。

「私のお腹は、すいていませんわ」

「は？」

　何を言っているんだ？　そんなこと、誰も聞いてやしないのに。

「いや……だから僕、お腹がすいたの！」

　次のカッテリーナの答えも、不可解なものだった。

「あなたは何度も同じことを言いますね」

　そう言って、彼女は笑顔のまま立ち去ろうとする。王子は怒りがこみあげてくる。この僕を馬鹿にしているのか？　王子は腹立ちにまかせて、カッテリーナの後ろからその手首をつかんだ。

　王子の背筋に寒気が走る。カッテリーナの手首は、びっくりするほど冷たかったのだ。王子は思わず手を離したが、当のカッテリーナはそんなことをものともせず、平然と向こうへ歩いていく。記憶にある、あの手触り。

（そんな……）

　王子は居ても立ってもいられなくなり、大広間へ向かって駆け出す。

　大広間はなぜか暗く、ひんやりと冷え切っている。そんな中を、大勢の召使いたちがぞろぞろと歩き回っていた。

「アン＝マリー！」

　壁に向かって歩くその後ろ姿に呼びかけると、アン＝マリーは立ち止まり、王子の方を向いて笑顔を見せた。しかし、すぐにまた前を向いて歩く。そして、壁に鼻先が触れそうなところでようやく立ち止まり、回れ右をしてまた歩き出す。

　彼女を含めて全員が、何か目的を持って歩いているわけではないことは明らかだった。彼らはただ、歩いているのだ。異様な光景に王子は動揺し、思わず叫ぶ。

「ちょっと、みんな何やってるの？　ねえ！」

　その直後、大広間が大音響に包まれた。召使いたちが、いっせいに返事をしたのだ。返事の中身はばらばらで、王子はほとんど聞き取ることができなかった。いくつかの返答だけかろうじて理解できたが、どれも珍妙なものだった。「私は歩いています」「今、立ち止まりました」「私は召使いです」……

　彼らの的を射ない返事が、大広間に白々しくこだました。それがやむと、また元の静寂に戻る。聞こえてくるのは、再び彼らの足音だけになった。

（みんなして、僕に嫌がらせをしようとしているんだ、きっとそうだ）

王子は、そうであってほしいと願った。今見ている光景の示唆する「ある可能性」を打ち消してくれる何かを、王子は必死で探していた。

（そうだ、ポーレットはどこだ？）

　王子はポーレットを探す。彼女の後ろ姿は、大広間の左隣、配膳室の近くにあった。王子は彼女に呼びかける。

「ポーレット！」

　無表情で振り向いたポーレットは、彼を認めるとにっこり笑った。王子は一筋の光明を見た気がした。やっぱり、いつものポーレットじゃないか。しかし近づくにつれて、その笑顔がいつものそれと微妙に異なることに気がつく。しかも、王子が彼女に駆け寄る前に、彼女は再び向こうを向いてしまう。

「ポーレット！　君まで、何やってるんだよ？　ねえ！」

　そう言いながら王子はポーレットの左手をつかんだ。人の肌ではない、布とも石ともつかない、冷たい手触り。愕然とする王子の方をポーレットは振り向き、さっきと同じ笑顔を作りながらこう言った。

「あなたは何度も同じことを言いますね」

　王子は絶望と共に、ポーレットの冷たい手を離す。そのとき、彼に語りかける声があった。

（望みが叶って満足か？）

　王子は声のする方を見た。中途半端に開いた大広間の入り口から、さっきの黒猫がこちらを見ている。

（お前の望みどおり、私は猫に変えられ、城の者たちは私以外、すべて連れ去られた。ここにいる者たちは、城の者たちにそっくりな姿をした『人形』だ）

　王子は目を閉じた。きっとこれは悪い夢なのだ。夢なら早く醒めてほしい。しかし声は容赦なく語りかける。

（なぜ、目を閉じるのだ。これが、お前が望んだことだ。目を開けて見ろ！）

　王子は目を閉じたまま叫ぶ。

「うるさい！　僕はこんなこと、望んでないよ！」

（だったらなぜ、こうなることを望んでいるなどと言ったのだ！　それも、あの『聖者ドニエル』に！）

「聖者ドニエル？」

（自らを『聖者』と称している、恐ろしい力を持った魔術師だ。しかし、いくら奴でも、私を猫に変え、またあれほど多くの人間を連れ去ることなどできる

ものではない。それを……あいつはお前の『言葉の力』を利用し、邪神を動かして、まんまとやりとげたのだ！）

「僕の、言葉の力？」

（王族の言葉には力が宿っていると言ったはずだ！　私があれほど何度も、言葉を軽んじるなと言ったのに！）

王子は目を開けた。黒猫は扉の脇に立ったまま、怒りに体を震わせている。

「それじゃあ……やっぱり君は……」

王子の声は、自分でも驚くほど震えていた。王子が尋ね終わる前に、猫が答える。

（お前の想像どおりだ）

「そんな……」

やはり、猫はパウリーノなのだ。猫は王子に向かって言う。

（細かい話は後だ。とにかく来い！　もし、この状況が『望ましくない』のであれば！）

黒猫は廊下へ向かって駆け出す。王子も弾かれたように走り出す。あてもなく歩き続ける召使いたちをよけながら、広間の扉へ向かう。猫は速く、王子が大広間を出たときにはすでに通路の先にいた。王子は必死で追いかける。猫は一階へ降り、中庭へ出て、表門の方へ向かってゆく。王子が息を切らせながら緑の庭を横切ると、猫は門の前で待っていた。

（この門を開けるんだ。急げ！）

猫にせかされて、王子は表門の門扉に手をかけた。しかし、重い。全力で押しても、まったく動かない。猫は、「そうじゃない、これを右に回して開けるんだ」と言って、表門の左側、壁についた石の円盤のすぐ下に移動する。見ると、円盤には取っ手が付いている。王子はその取っ手に両手をかけて回すが、ほんの少ししか動かない。

「駄目だ、僕の力じゃ無理だよ」

（つべこべ言わずに開けろ！）

「何だよ、偉そうに！」

（お前の安全がかかってるから言ってるんだ）

「僕の？」

（門から出てみれば分かる）

王子はひどく不安になり、体全体で体重をかけるようにして円盤を回した。

すると、表門が10サンティグアほど開く。猫はすぐに隙間をすり抜けて出て行く。体を横にしながら、どうにか外に出た王子は、異常な事態に気がついた。表門の前に、誰もいないのだ。

　王子は、無人の空間を呆然として眺めた。見渡すかぎり、誰もいない。普段ならば、表門の外、そしてその脇の城壁の外まで、衛兵たちが槍を持って整然と並んでいる。それに、高い城壁の上、そして左右の塔には弓を持った見張りがつねに目を光らせている。それなのに、今そこにあるのは短い草の生えたゆるやかな斜面と、そこを吹き抜ける風だけだ。誰にも守られていない城壁は、朝日に照らされているのに濃い影を帯びていて、王子は廃墟を見ているような錯覚を覚えた。

「どうして、誰もいないんだよ！」

　黒猫は小さな鼻をヒクヒク動かし、門の右手を向いた。そして、「こっちだ」と言って走り出す。王子は猫を追って、城壁沿いに走った。角を曲がったところで王子の目に入ったのは、縦一列に並んで歩く衛兵たちの姿だった。

　彼らは王子に気がつくこともなく、無表情に歩いていた。一見統制が取れているようで、実際にそうでないのは明白だった。彼らは階級や役割に関係なく、ただ城壁に沿って歩いているのだ。そして最後尾にいるのは、衛兵たちの長であるはずのセヴェリ守備隊長だった。

「セヴェリ隊長！」

　そう呼ぶと、隊長は一度立ち止まり、王子に笑顔を見せ、そしてまた前を向いて歩き出した。広間の召使いたちと同じだ。黒猫が言う。

（分かったか？　今、彼らはただ歩いているだけで、城を守ってはいない。つまり、城は無防備な状態だ。こんなことでは、侵入者を防げない。誰かがお前の命を狙って入ってきても、防ぐことができないのだ）

「誰かが、僕の命を狙う？　まさか」

（ありえないと思うか？　お前の想像力が貧困なのは十分承知しているが、残念ながら、現実はそうだ。誰もお前を守っていないということが分かったとたんに、お前を狙おうとする人間はごまんといる。たとえ殺さないとしても、人質にすれば陛下から金や権利をいくらでもむしり取れるからな）

「そんな……」

（それに、もっと恐ろしいのは、この状態を知られることによって、誰かにこの城を攻め落とす気を起こさせてしまうことだ）

「城を攻め落とす？」

（そうだ。この城は、この国の守りの要だ。だからこそ、優れた兵士たちが配備されてきたのだ。陛下が旅に出られて以来、我々はさらに警備を強化してきた。しかしそれが無防備になったとあれば、国外はもちろん、国内にもよからぬ考えを持つ者が出てくるはずだ）

王子は青ざめた。そんなこと、信じたくない。

「嘘だ……そんなことを言って、僕を脅そうとしているだけなんだろう？　そうだ、猫に変えられた腹いせに、そんな嘘を言って僕を苦しめようとしているんだ。今までだってそうだったもんな。いずれ悪いことが起こるとか言って、さんざん僕を脅してきたんだ。今だって、そうなんだろう？」

猫は青い目を大きく見開いて、王子に語りかける。

（私が、腹いせに嘘を？　そんなことをして何になる？　信じないのはお前の自由だが、この状況をどうにかしようとは思わないのか？）

「え？　どうにかできるの？」

（やってみなければ分からないが、聖者ドニエルはこう言っていた。この人形たちは、お前の言うことは何でも聞く、と）

猫の話では、昨日王子が城から姿を消してしばらく経ったころ、気を失った王子を抱えた聖者ドニエルが突然、城の大広間に現れたらしい。彼は「王子が私に与えた『言葉』を、我が守護神、アトゥーに届ける」と言い、短い呪文を唱え、邪神を呼び出したという。邪神はパウリーノを猫に変え、城の者たちにそっくりな人形を出現させた。それらの人形は城の者たちを追いかけ回し、人形に触れられた者はみな、姿を消した――つまり、ドニエルの居城に連れ去られたという。

（聖者ドニエルの噂は聞いていた。不死の力を持った邪悪な魔術師で、百年以上も昔に地上から追放されたが、三十年前にエトロ王国の王宮に突然現れ、召使いたちをさらい、人形と取り替えていったそうだ。それ以来、およそ五、六年ごとにあちこちの国に出没しては、優秀な料理人や召使いたちを数人さらっている。時々、人形と取り替えるということもやっているらしい。噂によると、それらの人形たちはその姿形だけでなく、名前も『取り替えられた人たち』からそっくりそのまま借りるという話だ。

さっき、お前がセヴェリ隊長を呼んだとき、隊長の姿をした人形が振り向いた。どうやらお前の言葉には反応するようだ。だから、お前が彼らに城を守るよう命令すれば、そのとおりにするのではないかと思う）

「本当？　それじゃあ、城を守るように言えばいいの？」

　王子はさっそく、歩き続けるセヴェリ隊長に追いつき、彼に話しかける。

「ねえ、セヴェリ隊長、城を守って！」

　セヴェリ隊長の姿をした人形は、王子の顔をまっすぐに見た。その目がかすかに白く光ったかと思うと、隊長は城壁の方を向き、両手両足を伸ばしてヤモリのように城壁にへばりついた。そしてそのまま、動かない。他の衛兵たちは、隊長を残して先へ歩いていく。王子はわけが分からず、黒猫に尋ねる。

「これ、何なの？　僕の言うこと、分かってないんじゃない？」

　猫はしばらく考え込んだ様子を見せた後、こう言った。

（もしかすると、『城を守ってくれ』というお前の命令を、こういうふうに解釈したのかもしれん）

「え？　どういうこと？」

（きっと、『守れ』という命令が抽象的すぎるのだ。何かを守るということは、具体的にはさまざまな行為によって実現される。たとえば、守る対象と敵の間に立つとか、守る対象をどこかへ移動させるとか、さまざまな『守り方』がある。この『隊長人形』がしているように、守る対象の表面を自分の体で覆うというのもその一つだ。この人形たちは、抽象的な行為を命じられたときには、具体的な行為の一つを選択し、実行に移すのかもしれないな）

　王子は、何を言われているのかさっぱり分からない。ただ、この「隊長人形」の行動では城を守ることにならない、ということは分かる。

「それで、どうやったら城を守ってもらえるんだよ？」

（私の考えが正しいとすれば、『城を守れ』という言い方はしない方がいい。もっと具体的な命令をするのだ。たとえば、『門の前に立て』と言ってみるのはどうだ？　ためしに、隊長人形に命令してみろ）

　王子は隊長人形に「門の前に立て」と言ってみた。すると隊長人形は壁にへばりつくのをやめ、目を白く光らせ、表門の方へ向かって歩いていく。

「今度は、僕の言うことがちゃんと分かったみたいだ」

　王子がかすかな期待を抱いたとき、隊長人形は歩みを止め、動かなくなった。見ると、そこは脇門の前だった。脇門はかつて表門だったところだが、何代も前の王が城を改築したときに閉鎖され、今では開かずの門となっている。

「何でここで止まるの？　僕は表門の前に立ってほしいのに」

（分からん。『門の前に立て』と言ったから、とりあえず一番近い門の前に立っ

たのだろうか）

「じゃあ、『表門の前に立て』って言えばいいのかな？」

　王子はそう言ってみたが、人形は止まったまま動こうとしない。

（もしかすると、『表門』というのがどこか、分からないのかもしれない）

「えー？　そんなことも分からないの？」

　王子はこのやりとりに疲れてきた。なんと愚かな人形どもだろうか。しかしパウリーノは言う。

（人間だって、よく知らない建物については、どこが正面でどこが裏なのか分からないことがあるだろう。それと同じだ。むしろ私は、人形たちが『門』というものを認識していることを、すばらしいと思う）

「そうかなあ」

（とりあえず、隊長人形を表門まで連れていこう。お前の後をついてくるように言えばいいだろう）

　王子が「セヴェリ隊長、僕の後についてきて」と言うと、隊長人形はまたかすかに目を光らせて、王子の後にぴったりとついた。そのまま、表門まで連れていく。無人の表門に来たところで、「ここに立っていろ」と言って隊長を立ち止まらせた。実際にそうしてみると、隊長が一人でぽつんと立っているのはいかにも不自然に見える。他の衛兵人形たちも連れてこなくてはならないと思ったところへ、衛兵人形たちが列をなしてやってきた。

「なんで来たんだろう。僕が来てほしいと思ってるのが分かったのかな」

（そうではないと思うぞ。おそらく、南側の急斜面の前まで行って、先に進めなくなったので、引き返してきたのだろう）

　パウリーノの言ったとおり、衛兵人形たちの列は王子の前を素通りしようとする。王子は慌てて彼らを追いかけ、一人一人の名前をパウリーノに聞きながら、それぞれに「ここに立っていろ」「あそこに立っていろ」と命令し、配置する。その面倒さに、王子はうんざりした。

（とりあえず、表門の見た目はいつもと変わらなくなったな。だが、重要なことがある。外部の者を城の中に入れないようにするのだ。無理に入ろうとする者がいたら、追い返すように言っておく必要がある）

「ねえ、君が言ってくれない？　面倒くさいんだけど」

（私の言葉は、お前以外には聞こえない。お前が命令するしかない）

　王子はため息をつきながら、衛兵の姿をした人形たちに向かって言った。

「門の中に、誰も入れるな。入ろうとする者はみな、追い返……」

　王子が言い終わらないうちに、猫が口を挟む。

（『追い返せ』と言うつもりなんだろうが、人形にはよく分からないんじゃないか？　もっと具体的にした方がいい）

「え？　そんなの、気にしすぎだよ。絶対分かるって！」

（『追い返し方』にもいろいろあるぞ。もし、来た奴に槍でも向けて、刺してしまったらどうする）

「それでも、追い返せるならいいじゃない」

（いいや、良くない。怪しい奴ばかりが来るとは限らないからな。下の村の人間などにそのようなことをしたら大変なことになる）

「分かったよ！　ああもう、面倒くさい。じゃあ、槍を持ってない方の手——左手で押し返せって言うよ！」

（まあ、それぐらいなら、大丈夫だろう）

　王子は再び衛兵人形たちに向かって命令する。

「門の中に、誰も入れるな。入ろうとする者はみな、左手で押し返せ」

　人形たちの目が白く光った。きっとこれが「命令を聞いた」という合図なのだろうと、王子は思った。

（よし。これと同じ作業を裏門でもやるぞ）

「え、まだやるの？」

（当然だ。お前の安全のためだ。さあ、早く城に入って、裏門へ行こう）

　王子はため息をつきながら、城の中に入ろうとした。そのとき、衛兵人形たちが王子の前に立ちはだかり、それぞれの左手で彼の体を押し返した。王子は後ろ向きに転がる。

「いててて……。何するんだよ！」

　人形たちはいっせいに、「私は、あなたの命令を実行しています」と返事をする。怒った王子は人形たちに向かっていったが、彼らは再び手のひらで王子を押し返す。今度も王子は草の上に転ぶ。

「こいつら、何やってんだ！」

（まあ待て。もしかすると、お前の命令を守ろうとしているだけかもしれん）

「はあ？」

（お前はさっきこう言ったな。『門の中に、誰も入れるな。入ろうとする者はみな、左手で押し返せ』。彼らはこれに従っているのだ。つまりお前が『誰も

入れるな』と言ったから、誰も入れようとしないのだ。お前も含めてな）

「そんな……。そんなの、僕は入れるに決まってるじゃないか！」

（残念ながら、人形には分からないらしい。しかし、よく考えたら、なぜ人間相手ならこういう問題が起こらないのか、実に興味深いな）

「感心してる場合じゃないだろ！　じゃあ、こう言えばいいのか？　おい、お前たち、『僕を門の中に入れろ』」

（ついでに、私も入れるようにしてほしい）

「分かったよ！　『僕とこの猫を門の中に入れろ』」

　衛兵たちの目が白く光る。王子は「理解された」と解釈して門に手をかけた。予想どおり、今度はじゃまされず中に入ることができた。王子と黒猫は広大な中庭を横切り、裏門へ行く。裏門の前でも、数人の兵士が列をなして行ったり来たりしているのを呼び止めて配置する。王子は彼らに「門の中に、誰も入れるな。入ろうとする者はみな、左手で押し返せ」と言った後、さっきの失敗を忘れて城に入ろうとし、さっきと同じように押し返された。表門の前と違い、裏門の前は狭く、すぐに石だらけの急な山道になっている。王子は危うく、ごつごつした山道を転がり落ちるところだった。王子はここでも再び「僕とこの猫を城に入れろ」と言わなければならなかった。

　裏門をくぐったとたん、王子は力が抜けてその場にへたりこんでしまった。疲れ切った王子に、パウリーノは容赦なく言う。

（休んでいいとは言っていないぞ。お前の仕事は、まだ山ほどある）

◆

　パウリーノの部屋は、ほぼすべての壁が本棚で埋め尽くされている。中央には作業台のような広い机があり、王子はその一角に座っている。王子の隣にはガリアッツィ——クリオ城が誇る優秀な家令にそっくりの人形が腰掛け、ペンを片手に書き物をする姿勢を取っている。王子の目の前には黒猫姿のパウリーノが四つ足で立ち、王子に向かって「手紙の文句」を語りかける。

（……聖者ドニエルなる魔術師は、邪神アトゥーを呼び出してパウリーノを猫の姿に変化せしめ、その他の従者をことごとく連れ去りけり。城内にいる人間はルーディメント王子のみとなり、きわめて危うき事態なれば、ただちに帰還されたし。陛下のご行幸の中止を請うはきわめて遺憾なれど、救援を送りたまいて、王子を救いたまわんことを）

「せいじゃドニエルなる……まじゅつしはじゃしんあとぅー……をよびだして、パウリーノをねこにへんげせ、せしめ……」

　王子がパウリーノの言葉をガリアッツィ人形に向かってぎこちなく復唱すると、人形は紙の上にさらさらとペンを走らせ、王子が言ったとおりの文句を美しい字で書き留める。しかし、王子が「この次、何だっけ」とパウリーノに聞き返すと、ガリアッツィ人形はそのまま「この次、何だっけ」と紙に書いてしまう。パウリーノが王子をなじる。

　（おい、さっきから何度、同じことをやってるんだ！　私に聞き返すときは、その前にしっかりガリアッツィに向き合って『ガリアッツィ、書くのをやめろ』と言えと言ってるのに！　やめさせないから、ガリアッツィはお前が言った余計なことまで書いてしまうんだ。ああ、また最初からやり直しだ！）

「何だよ、僕のせいだって言うのか？」

　ガリアッツィ人形はさらにペンを走らせ、「何だよ、僕のせいだって言うのか」という王子の言葉をそのまま、さらさらと書き留める。

　（そもそも、お前が手紙を書かないのが悪いんだ。それで仕方なく、人形に書かせているんじゃないか！　それなのに、私の言うことを満足に復唱することすらできないとは。お前が途中で忘れて変なことを言うせいで、何度書き直したと思ってるんだ！）

「うるさいな！　文句ばかり言ってないで、少しは僕のことも考えろよ！　起きてから飲まず食わずでこんなことをやらされてるんだぞ！」

　（あのな、これはお前のためにやってるんだぞ？　だが、私もだんだん馬鹿らしくなってきた。お前がわけも分からずに変な発音をして、人形が『ただちに期間されたし』とか『巣食いたまわんことを』とか書き間違えるのを見ていると、こんな役立たずのために必死になっている自分が情けなくなる）

「何だと？　役立たずはお前じゃないか！　何にもできないくせに！」

　（うるさい！　よりによって、私を猫に変えるのが悪いんだ！　どうせ人間以外のものに変えるなら、もう少し、手先が器用に使える動物にすればよかったものを！　気が利かないにもほどがある！）

「おい、それが王子に向かって言う言葉か？　この無礼者！」

　（はあ？　今の私は猫だ！　猫に、無礼も何もあるもんか！）

　怒った王子は黒猫を捕まえようとするが、猫はひらりとかわして机の反対側の角に着地する。王子が立ち上がってそちらへ突進しようとすると、黒猫はい

つのまにかガリアッツィ人形の頭の上に飛び乗っている。黒猫はさらにそこから本棚の上に飛び上がり、目と口を大きく開いて王子を威嚇する。すばしこさでは、どうやらかなわないようだ。黒猫とにらみ合いながら、王子はふと「あること」を思いついた。王子は部屋の窓がすべて閉まっているのを確認した後、黒猫に背を向けて部屋を飛び出し、すぐに扉を閉めた。まもなく、扉の向こうから引っかくような音と、ギャーというしわがれ気味の猫の鳴き声とに重なって、パウリーノの声が聞こえてきた。

（何をする！　開けろ！）

　猫の力でこの扉を開けられないことは明らかだ。王子は「しばらくそこにいろ、馬鹿猫！」と捨てぜりふを吐いて、ふらふらと自分の部屋へ向かった。

◈

　カーテンがかかったままの薄暗い自分の部屋に戻り、長椅子に腰掛けると、王子はそのまま動くことができなかった。ひどく疲れているので眠りたかったが、気持ちが高ぶっているせいか、眠ることができない。王子は急に、自分の服が窮屈に、しかも不快に思えてきた。よく考えたら昨日から着替えていない。カーテンで日の光が遮られているとはいえ、朝から一度も換気をしていない部屋にはいつのまにか熱がこもっていて、息苦しく感じる。

（着替えたいな）

　極上の羊毛で繊細に織られた美しい上衣は、王子のお気に入りの一つだ。しかし今の王子にとっては暑苦しく、狭い襟元は汗ばんで、首に貼りつくようだった。下の肌着も、汗で湿っていて気持ちが悪い。しかし困ったことに、王子は生まれてから一度も、自分で着替えをしたことがなかった。上衣の首元は背中側のボタンでしっかりと留められているのだが、王子はそのことすら認識していなかった。だから、首の後ろ側をさわっても、何がどうなっているのか分からない。王子は腕がつりそうになりながらしばらくあれこれやってみたが、結局脱ぎ方は分からずじまいだ。

（駄目だ、どうしよう）

　そのとき、近くで足音がした。人形だろうか。王子が部屋の扉を開くと、見慣れた中年女性——アン゠マリー人形が部屋の前を通り過ぎるところだった。「ああ、ちょうどよかった。アン゠マリー、こっちへ来て！」

　そう言うと、アン゠マリー人形は目を白く光らせて、王子の方へやってく

る。そのまま部屋の中へ誘導し、王子は長椅子に腰掛けて、再び人形に言う。

「アン＝マリー、お願いがあるんだ。この服を脱がせて」

　アン＝マリーは目を白く光らせる。僕の命令が分かったんだ、これで着替えさせてもらえる。そう思った直後、王子はひどい苦しみにもがくことになった。アン＝マリー人形は王子の上衣の襟をゆるめることもせず、両袖のボタンを外すこともなく、いきなりその両肩部分をむんずと握り、思い切り上に引っ張り上げたのだ。王子は襟で首をきつく締められた上、あやうく両肩が外れるところだった。王子はやっとの思いで「やめろ！」という言葉をのどから絞り出す。アン＝マリー人形が服から手を離した後、王子はしばらくせき込まなくてはならなかった。

「げほっ、げほっ！　ひどいな、痛いよ！」

「それぐらい、がまんしなさい」

「何言ってるんだ？」

「私は『それぐらい、がまんしなさい』と言いました」

　また、かみ合わない会話だ。王子は話すのをやめた。そのかわり、なぜアン＝マリーが急に服を引っ張り上げたのかを考えてみる。

　（さっき僕は、『この服を脱がせて』と言った。それが悪かったのか？）

　そういえばさっきも門の前で似たようなことがあった。それについてパウリーノがあれこれ言っていたが、王子にはよく思い出せない。ただ、言い方を変えてみてうまくいったことは覚えている。

　（また『脱がせて』と言ったら、さっきみたいに無理矢理引っ張られる。どう言えばいいんだろう。そうだ、とりあえず、『襟元をゆるめてくれ』と言ってみたらどうだ？）

　王子は早速、襟元を指さしながら言ってみる。

「アン＝マリー、この服の襟元をゆるめてくれ」

　人形は目を光らせて、王子の服の襟に手をかける。まもなく、ブチブチッという鈍い音が聞こえ、王子の襟元がゆるんだ。王子の不快感は軽減したが、何かが床にぽとりと落ちた。上衣と同じ布で作られ、金で装飾された美しい丸ボタン数個と、それらにへばりついた布きれ。王子はとっさに首の後ろに手をやる。不規則に飛び出した糸の感触。王子は、アン＝マリーが乱暴にも、襟を「破ってゆるめた」ことを悟った。

「ちょっと、何でこんなことをするんだよ！」

「私は自分の手で、こんなことをしました」

「は？」

　またしても、わけのわからない返答。王子はがっくりと肩を落とした。アン＝マリーに部屋を出て行くように言った後、王子は長い時間をかけて苦労して両袖のボタンを外し、もがきながら上衣を脱いだ。お気に入りの上衣の襟元は、無惨な見た目になっていた。

「まさか、力ずくで引っ張るなんて……」

　王子は着替えを探したが、部屋の中には見あたらない。服はいつも召使いたちが持ってくるのだ。普段はどこにあるのだろう。王子は肌着のまま部屋を出て、とりあえず仕立て部屋へ行ってみた。そこには仕立て人の一人であるシーラがいて、うろうろしていた。部屋には多くの新しい服があるが、自分の服が見あたらない。王子はシーラに尋ねてみる。

「ねえ、僕の服は？」

　シーラは立ち止まり、笑顔で王子を見ながらこう答える。

「あなたの服、とても素敵よ」

　そんなこと、聞いてないのに。王子はこう聞いてみる。

「だから、僕の服はどこ？」

　シーラは目を光らせ、王子が今着ている肌着を指さして言う。

「そこにあります」

「何言ってんだ？　ああ、もういいよ！」

　呆れた王子はシーラを無視して、衣服の山を探った。その中には、明らかに自分用の豪華な上衣があったが、頭からかぶっただけでは丈が長すぎるし、ぶかぶかして動きづらい。王子は毎朝の召使いたちの動作を懸命に思い返しながら、不器用にひだを作ったり、ベルトを締めたりしてみたが、まったく上手に着られない。王子は自分用の服を着るのをあきらめ、もっと単純なつくりで、着るのが簡単そうな肌着と上衣を選んだ。それは召使いの服で、おそらく自分と同じ年頃のサンギオかドゥーロの服だろうと王子は思った。こんなものを着るのはいやだったが、自分の服よりもずっと動きやすく、心地よく思えたので、しばらくこの格好でいることにした。

（次は、食事だな。何か食べないと）

　王子は大広間へ行く。ちょうど、サンギオ人形がうろついているのを見つけた。王子は言う。

「ねえ、サンギオ、食事の用意をしてよ」

　サンギオ人形は顔をこちらに向けるが、目を赤く光らせる。そしてすぐに王子から顔をそらして歩き出そうとする。

「ねえ！　ちょっと！」

　彼は勝手に王子から離れていく。王子は他の人形たちにも同じように言ってみたが、結果は同じだった。彼らは目を赤く光らせるだけで、すぐにそっぽを向いて歩きだしてしまうのだ。

「何だよ、もう！」

　王子のお腹が鳴った。こいつらにはもう何も期待するもんか。そう思った王子は、階段を下り、主塔とは別棟になった厨房へ入っていく。厨房ではロカッティ料理長を始め、料理人たちにそっくりな姿をした人形たちが歩き回っていた。王子は料理長人形に近づく。

「ロカッティ料理長、僕、お腹がすいたんだ。だから、何かちょうだい」

　そう言うと、料理長は目を白く光らせる。そして何を思ったか、すぐそこに置いてある皿を一枚手に取り、王子に差し出す。

「え？　何？」

　王子は反射的にそれを受け取る。この皿に食べ物を入れてくれるのだろうか？　王子はそれを待ったが、料理長人形はすぐに、王子のいる方とは反対側へ歩き出した。食べ物を取りに行くのか？　しかし人形の動きは明らかに、そういう目的を持っているようには見えない。そしてその直感は正しく、人形はその後もただうろつくばかりで、食べ物をくれそうにない。

　王子はがっかりして、手にした皿を棚に置いた。そしてあたりを見回す。厨房はきれいに片づけられていたが、かまどのそばに平たいパンが置かれているのが見えた。王子はそれをつかみ、立ったままかじりついた。いつも王子が食べている白くて柔らかいパンとは違う、茶色くてぼそぼそしたパンだ。それにもかまわず、空腹を満たすためだけに、王子はただ食べ続けた。

　パンを食べ終わると、王子は急に疲れを感じた。厨房を出て、主塔に戻る。早くも日は落ち始めている。

（ああ、こんなの、もういやだ。なんで僕が、こんな目に……）

　肩を落としながら自分の部屋へ続く通路をとぼとぼ歩く王子の前を、一体の人形が横切った。ポーレット人形だった。王子は人形に声をかけ、一緒に来てくれるように命令し、部屋に招き入れる。

「ポーレット、ここに座って」

　ポーレット人形は、長椅子に腰掛ける。いつもポーレットが座る位置だ。王子はその隣に座り、深くため息をついた後、人形の顔を見た。その横顔は、ポーレットそのものだ。王子はいつものようにうつぶせに寝そべって、人形の膝に頭を埋めた。人形の膝は、温かくはないものの、とても柔らかだ。こうしていると、王子にはすべてが夢であるかのように思えてきた。そうだ、やっぱりこれは夢なんだ。昨日、部屋に来たポーレットにこうして甘えているうちに、僕は眠ってしまったんだ。そしてそのままずっと、悪い夢を見ているのだ。現実の僕は、今もポーレットの膝の上で眠っているのだ。どうすれば、この悪夢から抜け出せる？　そうだ、ポーレットの優しい手を感じられたら、僕は目を覚まして、すべてが元どおりになっているのを見るはずだ。ポーレットがいつものように、優しく頭を撫でてくれれば……。

「ねえポーレット、頭を撫でて」

　王子はこれを、目覚めの儀式だと考えた。王子は目を閉じたまま、ポーレットの手が頭に触れるのを心静かに待つ。しかし、その気配は一向にない。

「ねえ、ポーレット、頭を……」

　なぜ撫でてくれないのか。王子は体を反転させ、顔を上に向ける。目に入ったのは、片手でしきりに自分の頭を撫でる、ポーレット人形の姿だった。

「だから、その、君の頭じゃなくて、僕の頭を……」

　王子はそれ以上言うのをやめた。王子の浸っていた甘く都合のいい空想が、あっという間に消え失せてしまったからだ。そして王子の胸に、言いようもない不安と絶望が押し寄せる。

（こっちの方が、現実なんだ）

　そして、逃げ道はない。現実を認識してしまった心はその負荷に耐えられず、王子はそのまま気を失った。

◆

　どれほど眠っていたのだろうか。王子は目を覚ましたが、何かがおかしい。目を開けたのに、何も見えないのだ。

「え？　何？」

　起き上がってあたりを見回すが、真っ暗で何も見えない。王子は目を開けたり閉じたりしたが、どうやっても真っ暗なままだ。

（まさか……そんな！）

　次の瞬間、王子は絶叫していた。目を閉じ、体を丸めて顔を隠しても、何の助けにもならない。自分が暗闇の中にいるという事実が、王子には耐えられなかった。痛くもかゆくもないはずの闇が、自分の襟元や袖口からじわじわと忍び込んでくるような気がして、王子はますます激しく叫んだ。

（誰か、誰か！）

　心の中で助けを求めるが、のどから出てくるのは獣のような叫びだけだ。絶叫しすぎてのどが詰まり、王子はひどくむせ返った。そのとき、自分の足元に何か生温かいものが触れた。王子はさらに悲鳴を上げる。それに呼応するように、ギャーともニャーともつかないしわがれた鳴き声が足元から聞こえた。王子は一瞬、我に返った。

「パウリーノ？」

（そうだ。まったく、お前のせいで、扉を開けるのに苦労したぞ。扉に寄りかかったり、頭で小突いたりして、やっと出られたんだ）

　王子の足元で、二つの青い目が輝いている。ああ、光だ、真っ暗闇じゃないんだ。そう思ったとたん、王子は安堵のあまり泣き出した。泣きすぎて、今度は呼吸が苦しくなってきた。パウリーノは王子の膝に飛び乗り、「落ち着け、ゆっくり呼吸するんだ」と言う。言うとおりにすると、だんだんと楽になり、動悸も収まってきた。王子は何度もつばを飲み込んで、ひりひりするのどをうるおした後、かすれた声で尋ねた。

「……ねえ、なんでこんなに暗いの？」

（単に日が暮れただけだ。カーテンを閉め切っているし、誰も明かりをつけていないから、暗いのは当然だ）

「本当？　まさか、『暗闇の魔法』じゃないよね？」

　冷静になると、パウリーノを疑う気持ちが出てくる。さっき部屋に閉じこめられた仕返しに、王子が一番嫌がる魔法を使ったのではないか？

（残念だが、猫の姿では魔術は行えない）

　本当なのだろうか。しかし、今はパウリーノの光る目だけが頼りだ。パウリーノが向こうを向いてしまうと、再び恐怖が頭をもたげてくる。

「お願いだから、できるだけ、僕の方を見ててよ」

（そんなことを言われても困る。こっちにも、することはたくさんあるんだ）

「でも……」

（まずは、カーテンを開けよう。今日は月が出ているから、それだけで少しは明るくなるはずだ）

パウリーノは王子の膝から飛び降り、「こっちだ」と言って王子を誘導しようとする。

「え、君が開けてくれるんじゃないの?」

（何を言っている。こんな体でそんなことができるか。お前がやるんだ）

「えー?」

王子は重い腰を上げて、パウリーノの誘導に従った。手を伸ばせと言われたところで手を伸ばすと、手のひらにカーテンの感触があった。それを引っ張ると、うっすらとした、白い光が王子を照らした。月は細めの半月だったが、それでも王子にはまぶしく感じられた。

（向こうの棚の隅の方にランプが置いてある。そのとなりに火口箱もあるから、両方持ってこい）

「火口箱って?」

（火をつける道具が入った箱だ。中を開けたら、消し炭と、火打石と、火打ち金が入っているはずだ）

王子は棚の方へ行き、ランプと、パウリーノの言う「箱」を持ってきた。箱を開けると、確かに黒っぽい炭のかけらがいくつかと、白っぽい石、平たい金属が入っている。パウリーノは、それらを使ってランプに火をつけろと言うが、王子はやり方が分からない。

（仕方ないな。それは後回しにして、まずは重要なことから片づけよう。私の部屋へ行く。ついでだから、ランプと火口箱も持ってくるんだ）

「君の部屋へ行って、何するの?」

（手紙を出すんだ。お前の助けが要る）

手紙というのは、昼間ガリアッツィ人形に書かせていたものだろうか? あれは明らかに旅先の父上に宛てたものだったが、どうやって出すのだろう? 王子は疑問に思ったまま、パウリーノの後について部屋を出た。廊下は暗かったが、前を行くパウリーノの軽い足音と、時々様子をうかがうようにこちらを向く二つの青い目に従って歩く。パウリーノの部屋に入ると、窓からの月明かりに照らされた部屋の様子が浮き上がるように見えた。

その部屋の様子は、昼間見た感じとどこか違っている。見回すと、部屋の左側に並んだ高い本棚の一つが斜めにずらされており、その隙間にぽっかりと暗

い出入り口があいていた。その向こう側には、薄暗い階段が見える。

　（隠し階段だ。陛下の命令で、ガリアッツィ殿と私が作った。私の部屋と、ガリアッツィ殿の部屋からのみ入ることができる）

　猫は、王子にそこを上るように促す。五十段ほど上っただろうか。やがて階段は終わり、突き当たりの左側の壁に、半開きの扉が見えた。扉をくぐると、窓のない円形の部屋が目に入った。中央の広い丸テーブルの上には大きな水晶の球があり、うっすらと光っていた。その近くには、二枚の紙が置かれている。奥の方の壁には、天井へ続く階段が見える。

「こんな部屋、何のために？」

　（説明はいずれする。とにかく、早く手紙を出そう）

　パウリーノはテーブルの上に飛び上がり、置いてあった紙束を口にくわえ、飛び降りて奥の階段の方へ行く。

　（階段を上るんだ。そうすれば、塔の上に出る）

　パウリーノが四つ足で階段を上り、天井近くに来ると、ひとりでに四角い穴が開いた。その向こうから星空がのぞく。外へ出るとそこは、主塔の上からさらに伸びた、小さな塔の上だった。中央に小さな祭壇が置かれ、周囲は低い石壁でぐるりと囲まれている。

　その高さに、王子は身震いした。不気味に静まりかえった城壁と、そのところどころにそびえ立つ塔。すぐ下にはユノー川の黒々とした水が見える。

　（危ないから、あまりそちらに寄るな。こっちに来い）

　パウリーノは王子の注意を、中央の祭壇の方へ促す。

　（ランプと火口箱はその辺に置いておくんだ。それから、ちょっとこれを持っていてくれ）

　パウリーノは祭壇に飛び乗り、口にくわえた二枚の紙を王子に示す。王子はそれを受け取り、何が書かれているか見てみた。一枚はガリアッツィ人形の筆跡で、昼間に書かせていたものの一つだと分かった。ところどころ、黒いインクで不器用に消された部分がある。

　（人形に書かせたものの中で、一番『まし』なものを選んだ。お前の失敗で書き込まれた余計な部分は、私がインクで消した。猫の前足でやったので見苦しいが、全体としてこちらの意図は伝わるだろう。その手紙は、陛下のご一行に従っているヴァランス親衛隊長に送る。そして陛下には、すぐにでもこちらへ引き返していただく）

ヴァランス親衛隊長は、国王と王妃の信頼の厚い軍人で、ポーレットの父親でもある。王子はもう一方の紙を見た。そちらには、白い丸と黒い丸が雑然と並んでいる。丸の大きさや形もまちまちで、パウリーノが前足を使って描いたのだろうと想像がつく。

　（そちらは、私の魔術の師、大ベルナルドに送るものだ。暗号で書いてある。我が師が求めに応じてくれるか分からないが、なんらかの形で力を貸してくれることを祈るしかない）

「で、どうやって送るの？」

　（魔術を使う。いいか、手紙を二枚とも、しっかり落とさずに持っていろよ）

　その直後、王子はかすかな風が顔に当たるのを感じて目を閉じた。再び目を開けると、そこには黒い人影があった。黒い長い服を着た、背の高い男。

「うわあ、戻った！」

　人の姿のパウリーノは振り向き、驚く王子を青い目で見下ろしながら言う。

「残念ながら、人間に戻れるのは一日に一度、しかもわずかな間だけだ。その間に、必要なことをすべて済ませなければならない。頼むから、しばらく邪魔しないでいてくれ」

　人間の姿をしたパウリーノから投げかけられる言葉に、王子はいつもの癖でつい反発しそうになる。しかし今はそういう場合ではないことを思い出し、王子はただこくりとうなずいた。パウリーノは王子から二枚の手紙を受け取り、石の祭壇の上に丁寧に置く。そして両手を夜空へ向かって突き出し、何かを唱えた。すると、またたいている星のうち、二つが動き出したように見えた。それらは徐々に大きくなり、二羽の美しい鳥の形となってこちらへ向かってくる。二羽の鳥はパウリーノの上を旋回しながら徐々に下降し、祭壇の上にふわりと降り立った。

　鳥たちの体は青白く光り輝き、この世のものとは思えないほど美しかった。パウリーノは二羽を交互に撫でながら、何かぼそぼそと語りかける。やがて彼が二通の手紙を手に取り、二羽の鳥の前に差し出しながら呪文を唱えると、手紙は浮き上がってひとりでにするすると丸まり、さらに複雑な結び目をなし、吸いつくように二羽の首に巻きついた。手紙を携えた鳥たちは羽を大きく動かして宙に浮き上がり、それぞれ別の方向へ飛び去った。鳥たちの姿はあっという間に見えなくなった。

「これで、一つ目の用事が終わった。これからもう一つ、魔術を行う」

パウリーノは王子にそう言った後、先ほど上ってきた階段に通じる穴が開いているのを確認し、祭壇の前で姿勢を正して何かを唱えた。すると、城の外壁、中庭、見張り塔、そしてこの主塔のあちこちから蛍のような光が浮き上がり、飛んできてパウリーノの周囲に集まった。パウリーノが隠し部屋の穴を指さすと、それらの光はその中へと吸い込まれていった。これは何の魔法だろう？　王子は尋ねようとしたが、邪魔をするなと言われていたことを思い出して口をつぐんだ。すべての光が目の前から消えたとき、パウリーノはやや辛そうに息をつき、王子に話しかけた。
「今夜行う予定だった魔術はこれで終わりだ。もうすぐ時間切れだが、その前にもう一つだけ……」
　パウリーノはそう言いながら王子が持ってきたランプを床から取り上げて祭壇に置き、火口箱から火打ち石と火打ち金、消し炭を取り出す。
「火をつけてくれるの？」
「違う。火をつけるところを見せるだけだ。今後、お前が一人で明かりをつけられるようにな。おそらく一度しかできないから、ちゃんと見て覚えるんだ。いいな」
　王子はパウリーノの手元を凝視する。パウリーノは左手に火打ち石と消し炭を重ねて持ち、右手に火打ち金を持った。火打ち石と火打ち金を激しく打ちつけると、その周辺に小さな火花が散った。火花が消し炭に触れ、消し炭がかすかに燃え始める。パウリーノは丁寧に息を吹きかけながら消し炭の火を調節し、ある程度火が大きくなったところでランプの芯に移した。ランプの周囲が明るくなり、パウリーノの顔を照らす。
「やり方は分かったか？　見てのとおり、それほど難しいことではない。慣れるまで時間がかかるかもしれないが、練習すれば必ずできるようになる。お前は暗闇を恐れるが、闇に立ち向かう方法は存在するのだ……」
　パウリーノがそこまで言ったとき、火打ち石と火打ち金が頼りない音をたてて、下の石床に落ちた。すでに人間のパウリーノの姿はなく、火打ち石のそばにちっぽけな黒猫がいるだけだった。改めてその変化を目の当たりにした王子は、胸のあたりが締めつけられるような感覚が生じてくるのに気づいた。そして、慌てて「それ」から意識をそらす。王子の心は、それをまともに見つめることを、本能的に避けたのだ。勉強不足の王子は、その感覚につけるべき「罪悪感」という名前をまだ知らなかった。

第 3 章

炎と涙

　瞼に光を感じて、王子は目覚める。部屋には窓から日光が降り注いでいた。カーテンを開けたままにしていたことを、王子はおぼろげながら思い出す。

　王子は上体を起こし、半分寝ぼけたまま部屋を見渡す。長椅子に腰掛けたポーレットの姿が目に入った。王子の心は反射的に浮き立ったが、すぐにそれが人形であることを思い出した。王子の気持ちは沈む。そして、ポーレット人形の膝の上に「黒い塊」が乗っているのを認めたとき、その落胆は苛立ちに変わった。王子はベッドを下りながらそれに向かって怒鳴る。

「おい、そこから下りろ！」

　ポーレットの膝の上で寝ていた黒猫は、頭だけ起こして王子の方を向き、眠そうに目を開いた。

（なんだ、朝から騒々しいな）

「いいから下りろったら！　そこで寝るな！」

（何を言っている。どこで寝ようと私の勝手だ）

　パウリーノは水鳥のように体を丸め、さらにどっしりとポーレットの膝を占領する。

「どけよ！　そこは僕の場所なんだぞ！」

（誰がそんなことを決めたんだ？）

「昔から、そう決まってるんだ！」

（言っておくが、ポーレットは私の婚約者だぞ？）

　王子は、一昨日自分を深く傷つけたその事実を思い出し、さらにそのとき感

じた悲しみと憤りも思い出した。さいわいなことに、今その気持ちをぶつけてやりたい相手は、自分よりもはるかに小さく、そして弱い。猫のパウリーノのすばしこさは昨日いやというほど思い知らされたが、今は寝起きのせいか、油断しているように見える。王子は相手をじっくり観察し、間合いを見計らい、猫の背中に素早く手を伸ばした。すると驚くほど簡単に、パウリーノは王子の手に捕まった。慌てふためく黒猫を持ち上げたとき、王子はその体の軽さ、そして頼りなさに驚いた。

（何をする！　離せ！）

　じたばたするパウリーノを抑えながら、王子は我に返り、さっきまでの口論の内容を思い出す。

「ええと……何だっけ。そうだ、婚約の話だけどな、そんなもの、関係ないからな？　ポーレットは僕と結婚するんだ！　誰も王子に逆らえるもんか！」

　猫は動きを止めた。猫の両脇を摑んでいる王子の手と手の間に、猫の胴体が長くぶら下がる。パウリーノは向こうに顔を向けたままつぶやく。

（ふうん。お前が前々からポーレットに甘えているのは知っていたが、そんなことまで考えていたのか。そう思うのは勝手だが、ポーレットは子供の頃から、私と婚約していたんだぞ？）

「え？　そうなの？」

（私が七歳、彼女が三歳のときに親同士が決めたんだ。陛下の勧めでな）

　そうだったのか。王子にはその事実がすんなりと腑に落ちた。従順なポーレットはきっと、親の決めたことに逆らえなかったのだろう。父王が勧めたのなら、なおさらだ。本当は、パウリーノなんかと結婚するのはいやだっただろうに。王子は急に、ポーレットのことが不憫に思えてきた。そして一昨日、ポーレットを激しく恨んだことを後悔した。大好きなポーレットは、僕を裏切ったりしていなかった。本当は、僕のことだけを愛しているはずだ。

　そう考えると、王子は急にポーレットのことが心配になってきた。彼女は今——本物のポーレットは、どこにいるのだろう？　王子はいても立ってもいられなくなり、手に持ったパウリーノの体を裏返し、自分の方にその小さな顔を向けて言った。

「ポーレットを、助けにいかなきゃ！」

　パウリーノはその青い目を丸く見開いた後、いぶかしげに細める。猫の顔ながら、明らかに「こいつは何を言っているんだ？」といった表情だ。

「何でそんな顔をするんだよ！？　早く行こう！」

　しかしパウリーノは無言のまま、王子を見つめている。

「ねえ、黙ってないで、どこに行けばいいのか教えてよ！　あの道化師——聖者なんとかっていう魔法使いをやっつけて、ポーレットを助けるんだ！」

（それは、無理だ）

「え？」

（そもそも、聖者ドニエルの居場所が分からない。それに、たとえ分かったとしても、今は助けに行けない）

「何でだよ！」

（今は、城の防備を優先すべきだからだ。いなくなった者たちの探索と救出は、その後だ。少なくとも、両陛下とその従者たちが城に戻るまでは、ここを無人にするわけにはいかない）

「そんな……こうしている間にも、ひどい目に遭っているかもしれないんだよ！？」

（そんなことは分かっている）

「分かってないよ！　ポーレットのことが心配じゃないの！？」

　黒猫は一度黙り込み、言葉を選ぶように語り始める。

（では仮に、お前が今すぐこの城を捨ててあてもない旅に出て、いつか『運良く』ドニエルの居場所をつきとめることができたとしよう。お前が『運良く』奴を倒し、ポーレットたちを救い出した頃にはおそらく、彼らの帰るべきこの城はすでに誰かの手に落ちているだろうな。そうなれば、彼らはドニエルの囚われ人から別の者の囚われ人になるだけだ）

「そんなこと、やってみないと分からないじゃないか！　それに、たとえそうなるとしても、最初から助けようともしないなんてひどすぎるよ！」

（いいか？　城の者たち——お前に仕える者たちはみな、私の選択に異論はないはずだ。ポーレットはもちろん、ガリアッツィ殿も、セヴェリ隊長も、アン＝マリーも……カッテリーナや子供たちですら、自分の身よりもお前の安全のことを考えているだろう。みんながみんな、そういう者たちなのだ。だからこそ、この城は『世界で最高の場所』と呼ばれていたんだ）

　王子は黙り込んだ。急に、ポーレットだけでなく、他のすべての者たちがいとおしく、また哀れに思えてきた。そして、昨日まる一日、自分が彼らの消息について考えもしなかったことに気がつき、愕然とした。また「あの感覚」が

胸を締めつけ始める。王子の手の力が抜けたのを感じ取ったのか、パウリーノは体をひねって飛び、床に着地した。

（とにかく、今すべきことを一つ一つ片づけていこう。いなくなった者たちのことを考えるなら、そうするしかない）

◆

　王子はパウリーノの部屋で、本棚から分厚い本を取り出して机の上に置く作業をしていた。

（次は上から二段目にある、『古代魔術と自動人形』を取ってくれ）

「え、これ？」

（違う、それの二つ隣だ……せっかく字を教えたんだから、きちんと読め）

「うるさいな。これだね？　うわっ、重い！」

　王子はそれを机に置き、パウリーノの言うとおりに開く。広い机にはすでに、そのように開かれた本が十数冊、ずらりと並んでいる。これらはパウリーノの蔵書の中で、魔術によって作られた人形に関するものだ。彼が言うには、城を守り抜くには人形たちをうまく操ることが必要なので、まず情報収集をするとのことだった。猫の姿では本棚から本を取り出せず、重い表紙をめくれないので、こうやって王子に机に置いてもらっているのだ。

「これ、全部読むの？」

（どれも一度は読んだことがある。ただしかなり前のことなので、覚えていないことも多い。今はとにかく、必要な情報を探すために読み返すつもりだ）

「ふーん」

（他人事のような反応だが、その情報を使うのは主にお前だぞ）

「え、そうなの？」

（人形たちはお前の言うことを聞くんだから、当然だ。まずは、ここにいる人形たちの『素性』を突き止める必要がある）

「すじょう？」

（魔術によって自動的に動く人形は、古代に何種類も作られていた。当時は今よりはるかに強力な魔術が行われていて、多くの魔術師たちがさまざまな自動人形の作成に成功したと伝えられている。しかし戦乱や災害のために、それらの人形は失われてしまった。人形の作成方法を記した書物は多くが良い状態で発見されているが、昔と今では世界に対する魔術の影響力が異なるらしく、自

53

動人形を一から作るほどの強力な術は行うことができない。私の師である大ベルナルドも、書物に残されていた古代の方法により何度も作成を試みたが、成功には至らなかった。

　このことから推測できるのは、聖者ドニエルは自分で人形を作ったわけではないということだ。どこかに保存されていた古代の人形を発見したのだろう。そしてもしそうであれば、今城にいる人形たちがどういう種類の自動人形であるかが、これらの書物から分かる可能性が高い）

「へえ。で、それが分かったら何か役に立つの？」

（彼らを効率よく操る方法や、より賢く教育する方法が分かるかもしれん）

「より、賢く？」

　王子は昨日一日で目の当たりにした、人形たちの「奇行」の数々を思い出す。それらの行動はとても賢いとは言えない。

「ねえ、人形たちを人間みたいに働かせることって、できるの？」

　パウリーノは目を細めて言う。

（それを言うなら、あの人形たちはもうすでに『人間みたいに』働いているとも言える。少なくとも、人間にできるような動作をすべて、きわめて自然に行えているようだ。これだけでも、彼らが古代の自動人形の中でも高度に成功した部類だと判断できる）

「成功してる？　あれが？」

（そうだ。我々人間の動きを、人工物に再現させるのは非常に難しいのだ。我々が倒れずに歩けることや、手を適切な角度で伸ばしてものをつかめることなどには、きわめて複雑なしくみが関わっている。関節の曲がり方や、力の加わり方などを細かく調節しなければ、人工物には再現できない。その点で、ここの人形たちは非常に優れているし、他にも優れた点がある。『物体の認識』だ）

「ぶったいのにんしき？」

（ものを見て、それが何であるかが分かるということだ。たとえば我々がりんごを見て『りんごだ』と分かり、猫を見て『猫だ』と分かるように。ある意味、物体と言葉を結びつけることであるとも言える）

「そんなの当たり前じゃないか。りんごはりんごで、猫は猫なんだから」

（いいか？　一つ一つの物体は本来異なるものだ。たとえば猫について考えてみよう。私は今黒猫だが、この世には大きさも、色も、毛の長さも、顔や体の

形もさまざまな猫がいる。それに、猫をどの角度から見るか、またどの部分を見るかによって、見た目も変わってくる。この私を正面から見るのと、上から見るのと、後ろから見るのでは、すべて異なって見えるだろう。顔ひとつとっても、目を開けているとき、閉じているとき、口を大きく開いているときでは、異なっているはずだ。それなのに人間が猫を見て『猫だ』と思えるのは、あらゆる猫、また猫のあらゆる見た目について、それらに共通する何らかの性質を認識し、それを持つものを『猫』という言葉で呼ぶことを知っているからだ。つまり『猫』というのは、物体そのものではなく、物体に共通する性質につけられた名前なのだ）

すでにパウリーノの説明は王子の理解できる範囲をはるかに越えてしまい、王子は立ったまま居眠りを始めた。パウリーノは気づかず話し続ける。

（これと同じことを人形にさせるのは大変だ。古代でも、多くの魔術師がそれに失敗している。彼らはまず、人形に対して『言葉の定義』を直接教えようとした。つまり、『猫』という言葉がどのような性質を指しているのかを、言葉でもって教えようとしたのだ。その試みが失敗した理由は、誰一人として、『猫』の意味を言葉でうまく定義できなかったことにある。ある魔術師は『猫』を『丸い顔を持ち、頭の上の方に二つの三角形の耳がある、全身に毛の生えた四本足の動物』と定義してみたが、これにあてはまらない猫がこの世に数多く存在する一方で、ある種の虎や犬やその他の動物が含まれてしまった。定義をいくら細かくしても同じで、必ず例外が出てしまう上、余計なものまでが含まれてしまう。これが意味するところはこうだ。我々は間違いなく『猫』という言葉の意味を知っているが、それを別の言葉で過不足なく言い換えることは困難である、と）

王子はすでに夢の中だった。パウリーノの言葉は遠く響き、ときおり猫の姿が目の前に現れる。ふと、虎が現れ、鋭い爪の飛び出た前足をこちらに向かって振り下ろす。王子は悲鳴を上げて目を覚ました。見ると、自分の服の胸のあたりに、パウリーノの爪が食い込んでいる。

（おい、起きろ。重要な話をしているんだぞ）

「あ……うん。で、何だっけ？」

（人形が、物体と言葉との関係を理解するのは難しいという話だ）

「ああ、それは、さっき聞いた」

パウリーノは小さな猫の頭の中でため息をつく。自分がこの王子に向かって

語りかける言葉は、彼の中にほとんど残ったためしがない。このことは、この一年間パウリーノを失望させつづけた。そして今もそうだ。

　（とにかく……私が言いたいのは、ここにいる人形は最高に優れた部類の人形だということだ）

　王子はいぶかしげな顔をする。

「僕は全然、そう思わないな」

　（なぜだ？）

「だって、ここの人形、すごく馬鹿なんだもん。全然言うこと聞かないし」

　（昨日の門の前での話か？）

「それもそうだし、あの後もいろいろあったんだ」

　（ほう。たとえば？）

　何だったっけ。いざ話そうとするとよく思い出せないが、王子はかろうじてアン＝マリー人形が自分にしたことを思い出した。「襟元をゆるめて」と言ったところ、彼女は王子の服を破いたのだ。

　（なるほど。私が思うに、きっとアン＝マリー人形は、『襟元をゆるめろ』という命令を、そんなふうに解釈したんだろうな）

「でも、あんまりだよ。僕はそんなこと、してほしくなかったのに」

　（人形はおそらく、『どうやって』お前の襟元をゆるめればいいか分からなかった。そして勝手に『襟元を引っ張って広げる』と解釈したんだと思う）

「ええー？」

　（どうやらここの人形たちは、命令が不明瞭な場合、勝手に解釈して行動するようだ。昨日お前がセヴェリ隊長人形に『城を守れ』と言ったとき、人形が城壁に張り付いたことを覚えているか？　あれも同じだ。お前は城を『どうやって』守るかを、具体的に言わなかった。昨日も言ったように、『守り方』には何通りもある。人形が『守り方』を何種類知っているか分からないが、『どうやって』守るかを指定せずに単に『守れ』と言った場合は、とりあえずああいう行動を取るようになっているのだろう。

　とにかく、これらの経験から分かることは、人形に何かを命令する場合はできるだけ『省略』をしないようにする、ということだ。『何を』『どうする』だけでなく、『何から』『何に』、『どうやって』まで言った方がいいだろうな。

　我々は普段、言語を使って何かを伝えようとするとき、自分と相手にとって『当たり前』と思われる情報を差し引いている。しかし人形には、それが通用

しないことが多いだろう。だから、自分が無意識に当たり前と思っていることまで、言葉にする必要がある。おい、聞いてるのか？）

　王子は途中から聞いていなかった。いつものことながら、パウリーノが長く話すと、ある時点で王子の集中力はぷつりと切れる。パウリーノの言葉は以前よりも王子の中にすんなり入るようになってきたが、それでも話が長くなると、王子は無意識に聞くのをやめてしまう。

「ああ、何？」

（ちゃんと話を聞けと言ってるんだ）

「だからさあ、僕に関係のあることだけ言ってくれる？」

　パウリーノは猫の顔を一度がくりと下に下げる。パウリーノからすれば「関係のあること」しか言っていないが、王子には分からないのだ。しかし、とにかく今が「非常事態」であることは知らせておかなくてはならない。

（分かった。手短に言うからよく聞け。まずすべきことは、食糧の把握だ）

「食糧？」

（そうだ。今のこの状況がどれほど続くか分からん。陛下のご一行が城に戻られるまで、お前が食べていけるだけの食糧があるか確認するんだ）

「そんなの、貯蔵庫に行けば十分あるに決まってるじゃないか」

　城にはいつも、麦や豆をはじめ、大量の食糧がある。しかも人形たちは食事をしないから、それらはすべて王子の食べ物となるはずだ。

（私にもそれぐらいは分かっている。だが、貯蔵庫にあるものの多くは『食材』、つまり料理の材料だ。麦も豆も、そのままでは食えないぞ？）

「え、そうなの？」

（当たり前だ。それに今は、保存用の塩漬け肉や干し肉が少ない時期だ。また、先日祝祭があったばかりなので、パンも少ないはずだ）

　王子はにわかに不安になってきた。材料はあっても、料理をする人間がいない。ということは、食べ物が自分の口に入る状態にならない。

（とにかく、干し肉のたぐいや、焼いてあるパンがどれほどあるか、確認した方がいい。パンは大量にあってもいずれ古くなるから、どう補充するかも考えなくてはならないな。陛下のご一行が戻られるまで、早くとも十日は見ておいた方がいいだろう。すでに山脈を越えておられたら、さらにかかるかもしれん。それまで、お前が生き延びるのに十分な糧があるか把握するんだ）

　パウリーノの言葉には、王子をどきりとさせる響きがあった。王子は自分の

中の動揺をごまかすように、軽く言い放ってみる。

「『生き延びる』だなんて、大げさだな。籠城でもするわけじゃないのに」

パウリーノは、王子をまっすぐに見て言った。

（大げさではない。我々がするのは『籠城』だ。敵は近くにいるのだから）

「またそうやって、僕を脅そうとして。敵って、どこにいるんだよ？」

王子にも、今の城の状況が危険だということぐらいは分かる。しかし、パウリーノの言う敵が誰なのか、見当もつかない。むしろ、思いつくのは味方ばかりだ。それほど遠くないところに、親類だっている。ああ、そうだ！

「ねえ！　叔父上に助けてもらおうよ。それがいい！」

父王の弟であるサザリア公の存在を思い出した王子は、自分の思いつきの素晴らしさに浮かれた。しかしパウリーノは否定する。

（それだけは、絶対に駄目だ）

「どうして？　叔父上なら、絶対助けてくれるよ！」

（他の誰よりも、サザリア公には今の状況を絶対に知られてはならない。なぜならサザリア公には、反逆の疑いがあるからだ）

王子は耳を疑った。

「反逆……？」

（最近ガリアッツィ殿がつかんだ情報で、かなり信頼できるものだ。王弟殿は密かに兵力を集めており、陛下と敵対している外国の諸侯とも手を組んでいる。我々が窮地に陥っていることを知れば、必ずや城を攻めてくるだろう）

王子は呆然として聞いていた。

（私が『籠城』だと言った意味が分かったか？　もうすでに、戦いは始まっているのだ）

◈

王子は一人で貯蔵庫にいた。パウリーノは文献を調べると言って、部屋にこもっている。王子はまず、パンがいくつあるか調べなくてはならない。

（叔父上が、反逆……？）

王子はまだ、先ほどのパウリーノの言葉を信じられずにいた。叔父サザリア公は父王の実の弟で、忠実な臣下の一人でもある。甥である自分に対しても、ことあるごとに高価な贈り物をしてくれる。彼が父を、そして自分を裏切るなんて、そんなことがあるはずがない。きっと、何かの間違いだ。

しかし、いずれにしても食糧の確保は必要だ。貯蔵庫には、収穫された野菜に付いた土の香り、燻された肉や魚の匂いが混じり合っている。少し奥へ進むと、並んだ酒樽から立ち上る、甘いような酸っぱいような匂いが加わる。

　通常、城にいる人間は三百人程度だが、今はその半数が留守にしている。つまり一昨日まで、城には百五十人ほどの人間がいた。それだけの人間の食糧を納める貯蔵庫は広く、どの棚を見ても隙間なく食材が積まれている。それでも王子は「すぐに食べられるもの」を探すのに苦労していた。

（パンはどこにあるんだ？）

　王子はびっしりと並んだ棚と棚の間を歩き回るが、パンはなかなか見つからない。貯蔵庫の入り口付近では、二体の人形が立ち話をしていた。一体は、貯蔵庫の管理人ナモーリオにそっくりな人形、もう一体は、あの不器用な少女の召使い——カッテリーナ人形だ。一体一体が無言でうろついていた昨日までと違って、今日の人形たちは他の人形に出くわすと、立ち止まって会話をするようになっている。

　しかし、話をするようになったからといって、人形たちが「人間らしく」見えるようになったということはない。というのは、普段城の者たちはほとんど無駄口を聞かず、黙々と働いているからだ。もちろんアン＝マリーのような例外はいるが、カッテリーナは口下手であまりしゃべらないし、貯蔵庫管理人ナモーリオも寡黙で知られている。王子が覚えているかぎり、ナモーリオはいつも貯蔵庫入り口の管理机で、台帳とにらめっこをしていた。家令のガリアッツィ曰く、貯蔵庫のことで彼に分からないことはなく、管理されている食物の種類と数はもちろんのこと、保存食の状態、ワインの飲み頃などすべて抜かりなく把握しているとのことだった。ナモーリオと同じ姿をしていても、台帳も見ずにだらだらと話す人形に、王子は違和感を感じた。

　パンを探す王子の耳に、彼らの耳障りな会話が入ってくる。それに、よく聞いてみると、それらにまったく意味がないことに気がつく。

「あなたも昨日、来ればよかったのに」

「きっと、そうですわね」

「憶測でものを言うのはやめたほうがいい」

「ええ、体に悪いですものね」

「でも、意志が弱くてやめられないんです」

「やめたら、せっかくの努力が無駄になりますよ」

王子は我慢できなくなり、彼らを黙らせようと、こう叫んだ。

「おい、うるさいぞ！」

すると、ナモーリオ人形が首を回してこちらを向く。そして言う。

「ごめんなさい、静かにします」

人形が素直に謝ったことに、王子は安心した。しかしそれもつかの間、次の瞬間には、人形たちは雑談を再開していた。「静かにします」と言ったくせに、まったく黙ろうとしない。王子はもう一度怒鳴る。

「うるさいって言ってるんだよ！」

「あなたの方が、うるさいですよ」

今度は開き直ったような返答。王子は頭に血が上ってくる。なぜ、通じないんだ？　僕の命令は、何でも聞くんじゃなかったのか？　そうしているうちにも二体の人形は、またおしゃべりを始める。王子はだんだんと、腹立ちを通り越して、空しさを感じ始めた。昨日から何度、こういうやりとりを繰り返してきただろう。王子は気力を失い、小声でこう言った。

「もう……頼むから、黙ってくれ」

すると人形たちは目をかすかに白く光らせ、急に黙った。また何かおかしな返事が返ってくると思っていた王子は、やや拍子抜けした。なぜ急に、彼らは言うことを聞くことにしたのだろう。

（口調は、さっきの方が強かったはずだ。それなのに、人形たちは黙ろうとしなかった。そして、弱々しく言った命令の方を素直に聞いた）

どういうことだ？　王子は考えるが、よく分からない。ただ、昨日も似たようなことがあったのを思い出す。そうだ、あれはカッテリーナ人形に、「お腹がすいた」と言ったときのことだ。自分は食事の用意を命じたつもりだったのに、人形はそのように受け取らなかった。

（そうか！　きっと、僕の言ったことが『命令の形』をしているかどうかが重要なんだ）

さっき人形たちを黙らせようとしたとき、最初王子はただ「うるさい」とだけ言った。しかしその言葉そのものは彼らへの「命令」ではなく、王子が感じていることを言ったに過ぎない。それに対し、「黙ってくれ」は、命令の形をしている。その違いなのではないか？

もしそうだとすると、昨日のことも納得できる。王子が言った「お腹がすいたんだけど」は、よく考えると、命令の形をしていない。自分の状態を言葉に

しているだけだ。だから、通じなかったのかもしれない。

　王子は黙ったままのナモーリオ人形を見て、彼のそばの机の上にある台帳を指さし、こう言ってみた。

「ナモーリオ。僕、その本を見たいんだけど」

「私もぜひ、見てみたいです」

　おかしな返事。これは予想どおりだ。「その本を見たい」と願望を言うだけでは、人形への命令にならないのだ。王子は言い直してみる。

「ナモーリオ、その本を僕に渡してくれ」

　するとナモーリオは目を光らせ、机から台帳を手に取り、王子に渡した。

（やっぱり、正しかった）

　王子は、新しい力を得たような気持ちになった。それは、「命令の形」で言えば人形たちが言うことを聞くという事実そのものではなく、それを自分で発見し、自分で正しさを確かめたことによるものだった。またそれは、単に何かを思いついたり、うまくできたりしたときの心の高揚とは異質なものだった。

（そうだ、パンの場所も教えてもらえばいいのかもしれない）

　王子は頭の中で命令を組み立てて、ナモーリオ人形に言う。

「ナモーリオ、パンがどこにあるか教えてくれ」

　ナモーリオは目を光らせる。期待しながら返事を待つ王子に、彼はこう言った。

「パンは、貯蔵庫にあります」

　そんなこと、分かっているのに……。王子の気分は急速にしぼんでいった。

◈

　その後、王子はいくつか言い方を工夫してみたが、ナモーリオ人形からパンの場所をうまく探り出すことはできなかった。そもそも知らないのか、こちらの聞き方が悪いのか、よく分からない。結局王子は、ナモーリオの台帳から情報を得た。一昨日の日付の付いたページには、主要な食べ物の目録が記録されていた。字は細かいが見やすく、誰が見ても分かりやすいように——つまり王子でも理解できるように書かれていた。パンはそこに書かれているとおり、貯蔵庫の入り口から向かって左から十五番目の棚の、上から三番目に大量に重ねてあった。

（なんだ、僕のパンがないじゃないか）

61

あるのはすべて、褐色の平たく固いパンだった。中央に城の紋章が焼き付けてあるので、城内で焼かれたものには違いないが、明らかに召使いや兵士たちのものだった。自分用のふわふわした白いパンはどこにあるのだろう？　王子は目を皿のようにして台帳を眺めたが、自分用のパンの置き場所は書かれていない。

（そういえば、ポーレットが言っていたな。僕のためのパンは、僕が食べる直前に焼くのだと）

　そうだとしたら、貯蔵庫にないのは当然なのかもしれない。王子は落胆した。これからしばらく、あのパンは食べられない。下々の者たちと同じパンを食べなくてはならないのだ。王子はあきらめきれず、また台帳に目を通す。すると、次のような記述があった。

「王子様のパン用の、ハルユー産の最高級小麦。保管場所は右から三番目の棚の五段目」

　小麦だけあってもなあ。そう思いながら、王子は台帳をめくる。

「王子様の好物の鹿肉の薫製は、三日後が食べ頃。厨房にその旨を連絡」「王子様用の茶の葉の管理場所を、より湿気のこもらない場所に変更。カッテリーナ殿には連絡済み」「ポーレット殿より、王子様がウナギの揚げ物を気に入られたとの伝言あり。近く再入手することに決定」「昨日お出しした干しイチジクは王子様のお気に召さなかった。入手先を変えることを検討」……

　王子のための食べ物についての記録は、ほぼ毎日のようにあった。食べ物の質と状態、入手先、保管方法、そしてそれらを食べたときの王子の反応について、事細かに記されている。王子はそれに驚いていた。管理人のナモーリオとは、それほど多く言葉を交わしたことがあるわけではない。彼が自分のために、これだけの労力を使っているなどとは、王子は考えもしなかった。王子はさらに昔の記述に目をとめる。一年近く前の日付で、すぐにあの「パウリーノから夕食を禁止された日」の記録だと分かった。

「夕刻、王子様が貯蔵庫に来られた。食べ物を所望されたが、パウリーノ様のご命令により、差し上げられず。非常に落胆されたご様子にて、せめて翌日の昼に良いものを多くお出しすべく、料理長と相談」

　王子は息が苦しくなってきた。台帳を閉じ、棚によりかかって片手で胸を押さえる。王子は首を振って、苦しさを紛らわそうとする。呼吸が落ち着くまで、しばらくかかった。なぜ自分はこうなっているのか？　王子はあえてそれ

を考えないようにした。王子は気を紛らそうと、パンに目をやる。

（とにかく、パンがいくつあるか調べよう）

　王子はもはや、それらが従者たちのパンであることを気にしていなかった。その変化に、王子自身はまったく気づいていない。

◆

　王子はパンを一つ持って貯蔵庫を後にし、城の主塔とは別棟の厨房に入った。そこでは、ロカッティ料理長を始め、料理人たちの姿をした人形がいて、やはり立ち話をしていた。急に空腹を覚えた王子は、そこでパンを食べることにした。調理台をテーブル代わりにして、粗末な椅子に座って食べる。パンは固く、一切れ食べるのに何度も何度も噛まなくてはならなかった。王子は満腹になったためではなく、顎の疲れのために、一度食事を中断した。

　厨房は冷え冷えとしている。王子はいつもの厨房を思い出す。かまどの熱気をものともせず、真剣なまなざしと信じられないような手際の良さで、食材を美しい料理に変えていく料理人たち。それなのに今は、かまどに火も入れず、冷えきった厨房でだらだらと話す人形たちしかいない。

（そうだ、火を起こす練習をしなくちゃ）

　王子はかまどの近くに置かれた火口箱を見る。ふと、かまどの下の方に目をやると、小さな鉄の扉が開いており、奥に新しい薪が積み上げられているのが見えた。かまどに火をつけられたら、自分にも何か料理ができるかもしれない。難しい料理は無理でも、肉を焼くぐらいはできるのではないか？

　王子は火口箱から火打ち石と消し炭、火打ち金を取り出す。そしてかまどの近くへ行き、昨夜パウリーノがやってみせたとおりに火打ち石と消し炭を重ねて左手に持ち、右手に持った火打ち金と打ち合わせた。なかなかうまくいかなかったが、数回目で小さな火花が生じ、消し炭が燃え始めた。

「うわっ、あちっ！」

　王子はその熱さに驚いて、慌てて消し炭をかまどの中に放り込む。しかし消し炭についた小さな炎は薪の上ですぐに消えてしまう。

（消し炭についた火では、弱すぎるのかな？）

　あたりを見回すと、向こうの作業台に燭台があり、ろうそくが一本立てられていた。王子はそれを持ってきて、火打ち金を打ってつけた火を、ろうそくに移す。ろうそくの火は、消し炭についていた火よりもしっかりと燃えている。

王子は燭台を持って、ろうそくの火をかまどの下の方に差し入れ、薪に火をつけようとする。しかし、薪はいっこうに燃えない。

（何がまずいんだろう。僕のやり方がおかしいのか？）

王子はふと、近くにいるロカッティ料理長の人形を見た。そうだ、人形にやらせてみたらどうだろう。

「ロカッティ料理長、かまどに火をつけてくれ」

料理長人形は王子の方を見て目を光らせるが、それは赤い光だった。そして、動こうとしない。

（昨日もこういうことがあった。もしかすると、命令が分からないとき、目が赤く光るのかな？）

しかし、今の命令の何が分からないのだろう。そんなに難しい命令だろうか？　王子はふと、今朝のパウリーノの言葉を思い出す。そういえば、こんなことを言っていたっけ。

——人形に何かを命令する場合はできるだけ『省略』をしないように——『何を』『どうする』だけでなく、『何から』『何に』『どうやって』まで言った方がいいだろうな——

そうか、「どうやって」を伝えてみよう。王子は言い方を変えることにした。

「ロカッティ料理長、これを使って、かまどに火をつけてくれ」

王子は料理長人形に火のついた燭台を渡す。料理長人形は目を白く光らせ、燭台を持って、かまどの方を向く。

（いいぞ）

しかしその次の行動は不可解なものだった。料理長人形は、かまどの下の薪ではなく、かまど本体の煉瓦の部分にろうそくの火を近づけているのだ。

「何やってるんだ？　そこは火をつける場所じゃないだろ？」

それでも人形はやめようとしない。王子はまた考え始める。

（『かまどに火をつけろ』っていう言い方がまずかったのか？）

「かまどに火をつける」。もし相手が人間であれば、かまどの「どの部分」に火をつければいいかを言う必要はないだろう。しかし人形にはそれが分からないのかもしれない。そうだとしたら、また言い方を変える必要がある。

王子はかまどの下方に積まれた薪を指さしながら、それに火をつけるよう言ってみた。すると料理長人形は、ろうそくの炎を薪に近づけた。これは予想どおりの行動で、王子は満足した。しかし、火はなかなかつかない。

（人形がやっても同じか。なぜ薪に火がつかないんだ？　ああ、そういえば、前にもそういうことがあったような……）

　王子は、以前狩りに行ったときのことを思い出す。森の中で昼食を準備しているとき、家令ガリアッツィの二人の息子、フラタナスとヴィッテリオが料理人たちを手伝っていた。彼らは薪に火をつけようとしていたが、うまくいかずに困っていた。そのときロカッティ料理長が藁の束を持ってきて、薪の上に載せ、まずそれに火をつけたのだ。藁についた火は激しく燃え、それらがすべて燃え尽きた頃には薪にも火がついていた。

（そうか、薪に重ねた藁に火をつける必要があるんだ）

　厨房を見回すと、かまどから離れたところに藁の束が大量に積まれているのが見えた。あれを使えばいい。王子は料理長人形に向き直る。

「料理長、まず藁に火をつけてくれ。そうすれば、薪にも火がつくから」

　それを聞いた料理長人形は燭台を持ったまま、積まれた藁の方へ向かう。燭台のろうそくの炎は小さくなっていたが、人形が歩くとそれは勢いを取り戻した。それが人形の服に触れそうになるのをみて、王子は言った。

「おい、危ないぞ！」

　そう声をかけても、人形は慌てたり熱がったりする様子も見せず、平然と藁の前に立つ。王子は、人形が藁をひとつかみ手に取るだろうと考えていた。しかし人形は何を思ったか、ろうそくの火を、大量の藁の山に近づけたのだ。

「やめろ！」

　王子の制止は一瞬遅かった。ろうそくの火が藁の束に触れたとたんに、火の手が高く上がった。王子は自分の見ているものが信じられず、数秒その場に固まっていたが、部屋に広がる熱気と鼻腔を襲う煙とが彼に現実を突きつけた。王子は我に返り、炎の中で立ちすくむ人形に向かって叫ぶ。

「早く、火を、ごほっ！」

　煙が王子ののどに入り込み、王子はむせかえる。

（火を、消して……）

　声が出せない。他の人形たちはすぐそこで、炎に照らされながら平然とおしゃべりを続けている。その光景は王子を絶望させた。彼らは、この事態をまったく認識していない。そして誰も、自分を助けてくれない。

　そのときだった。黒く大きな人影が見えたかと思うと、そいつは強い力で王子を抱きかかえ、そのまま中庭に続く扉の方へ突進した。扉が大きく開き、王

子は屋外に連れ出される。

「ここで深呼吸していろ！　絶対に、こっちに来るなよ！」

　それはパウリーノの声だった。人間の姿のパウリーノが王子を救出したのだ。彼は王子を中庭に置くと、再び厨房へ走っていく。王子が顔を上げたとき、パウリーノは黒い服の袖で口元を覆いながら、煙をもうもうと吐き出す厨房の入り口へと入っていくところだった。

「パウリーノ！」

　王子は叫んだが、パウリーノは中に入ったきり出てこない。煙のために見えないが、厨房の中からは水の音が聞こえ、やがて入り口の下の方から水が流れ出してきた。しばらくしてそこから、濡れそぼった黒猫がふらふらと姿を現した。王子は地面を這うようにして、パウリーノの方へ寄る。

「パウリーノ、大丈夫！？」

　猫は王子を見上げて、ずぶぬれの体を威嚇するように震わせた。

（まったくお前は、何をやっているんだ！　火事になるところだったぞ！）

　いつもならば、王子は口答えしていただろう。しかし、さすがの王子も、今はそういう気になれなかった。水に濡れたパウリーノの毛は、あちこち焼け焦げていた。それを見て、王子はひどく悲しくなった。王子の目からは涙がこぼれ出し、彼はそのまま、パウリーノの前で泣いた。パウリーノは王子を見ながら黙っていたが、やがて体の硬直を解き、ため息混じりに言う。

（……とにかく、立て。もう少し厨房から離れよう。きれいな空気を吸って、煙をすべて吐き出すんだ）

　王子は立ち上がり、言うとおりにした。きれいな空気を吸うと、少しずつ、心が落ち着いてきた。

（火は消えた。焚き付け用の藁が全部燃えて、壁の一部が焦げてしまったが、他は問題ない。人形たちも無事だ。料理長人形の服は焦げたが、機能にはまったく問題ないようだ。奴らの体は燃えない材質でできているのだろうな。しかし、お前には呆れたぞ。よりによって、人形に火を扱わせようとするとは。なぜ、そんなことをしたんだ？）

「それは……僕より、うまくやれるかと思ったんだ」

（自分でやるのが億劫になったのか？　しかし、あの大量の藁に火をつけさせたのはなぜだ？）

「僕は、そんなつもりじゃなかった。その……かまどの薪の上に藁を置いて、

それに火をつけるように言ったつもりだったんだ」

　（薪に火をつける手順としては、それは間違っていないな。だが、お前は人形に命令をするとき、その手順をきちんと追って命令したのか？）

　王子は首を振り、単に「藁に火をつけろ」とだけ言ったことを話した。

　（そうか、それは不用意だったな。お前がそのように命令したから、人形はそれを忠実に実行したんだ。今朝、あれほど『省略をするな』と言っておいたのに……）

「でも、まさかあんな危険なことをするなんて思わなかったんだ」

　（どうやら人形たちには、『火が危険なものだ』という認識がないようだな）

　王子は同意した。彼らはまったく火を恐れていない。熱いという感覚もないのかもしれない。

　（火の恐ろしさを知らない者に、火を扱わせるわけにはいかない。その他の危険物も、扱わせない方がいいだろう。今回のことで分かったのは、人形たちが『避けるべきこと』や『好ましくないこと』を、どれほど理解しているか疑わしいということだ。少なくとも、彼らが『火事』を『避けるべき』と思っていないことははっきりした）

　「避けるべきこと」が分からない——そのことは、王子にも思い当たるふしがあった。たとえば昨日のアン＝マリー人形の行動だ。王子のお気に入りの服を損なうのは、本来「避けるべきこと」だ。しかし人形にはそれが分からないために、服を引きちぎるということが平気で行えたのかもしれない。王子がそう言うと、黒猫は青い目を見開いて言う。

　（ほう。確かにそれも、『避けるべきこと』が分からないせいでもたらされた結果だと見なせるな）

「ねえ、そういうのを全部、人形に教えるわけにはいかないの？　それができたら、もう少しましにならない？」

　（方法が見つかったらやってみてもいいが、全部は難しいだろうな。我々が意識的に、また無意識に『避けるべき』と思っている事柄はあまりにも多い。よって、それらをすべて列挙することは現実的ではない）

「そうかなあ。『火事はよくない』とか、『服を破るのはよくない』とか、一つ一つ教えていけばいいような気がするけど？　たくさん教えれば、きっとそういうことはしなくなるよ！」

　（私はそこまで楽観的になれない。たとえ『もう十分だろう』と思われるぐら

いの数の『避けるべきこと』を教えることができたとしても、彼らが安全で理想的な行動をするようになるとは限らないぞ？）

「そう？」

（一番の問題は、『避けるべきこと』どうしの間で板挟みになる場合があることだ。日常では、あることを避けるために、別のことが避けられなくなることがよく起こる）

王子は何を言われているのかよく分からない。それを見て取ったパウリーノは次のように続ける。

（こういう昔話がある。古代の錬金術師の中に、人形を使って危険な薬品を運ばせている者がいた。その錬金術師は、人形に『避けるべきこと』を数多く教え込めば、人形が安全に行動すると考えていた）

「やっぱり、そう考えた人がいたんだね」

（その錬金術師が人形に教えた『避けるべきこと』には、次の二つが含まれていた。一つは、錬金術師本人の命を危険にさらすこと。もう一つは、彼の家族の命を危険にさらすことだ。

ある日、人形が危険な薬品を実験室から外へ持ち出した。ちょうどその家の庭では錬金術師の妻が落ち葉を焼いていて、その灰が風に乗って、人形の運ぶ薬品に少量混ざってしまった。その薬品は、灰が混ざると急激に温度が上がり、爆発する性質を持っていた。もしそれが外で爆発すると、錬金術師の家はもちろん、敷地内のすべてのものを焼き払ってしまう。それを防ぐ唯一の方法は実験室の中で爆発させることだった。実験室だけはあらゆる事故を想定して、何かが爆発しても外に影響しないよう、丈夫に作られていたからだ。しかし、そのとき実験室の中には錬金術師がいた）

「それで？　どうなったの？」

（そのときは結局、外で爆発してしまった。頑丈な実験室だけを残してあたりは焼け野原になってしまい、錬金術師の妻は死んでしまった）

「それじゃあ人形は、他の人よりも、錬金術師を助けることを選んだってこと？」

（その真相は分からない。生き残った錬金術師が書き残しているところでは、人形が錬金術師の命を優先したのか、それともどうしていいか分からずに立ち往生した結果そうなってしまったのか、分からないそうだ。そもそも、人形がそれを危険な状況だと認識していたかどうかすら、分からないという。

こういった『板挟み』は別に珍しいことではなく、日常的に起こるものだ。そんなとき、どのような行動を選択するべきかは、我々人間にとっても非常に難しい判断だ。そうだ、今私たちが置かれている状況も、ある意味……）

パウリーノはそこまで言って、口をつぐんだ。

「今僕たちが置かれている状況が、何だって？」

（何でもない。とにかく、人形がどのような原理で状況判断をするかが分からない以上、我々にとってすら難しいような判断を彼らにさせるのは危険だ。とくに、人の生死に関わるような判断は絶対にさせられない。それが間違っていた場合、人形は責任を取ることができないからな）

王子は、パウリーノが言いかけたことが気になって、その後の言葉があまり頭に入ってこなかった。何を言おうとしていたのだろう。王子の疑問をよそに、猫は主塔の方へ歩き始める。王子は彼の後をついて歩きながら考える。

（パウリーノは、今僕たちが置かれている状況が、『板挟み』だって言いたかったのか？）

今の状況って？　王子は考え続けて、やがて答えに至った。パウリーノが言いかけたのは間違いなく、今朝議論した、城の者たちを助けに行くかどうかという問題だ。王子もパウリーノも、「城が他者の手に落ちること」を避けたいし、「城の者たちが聖者ドニエルに囚われ続けること」も避けたい。しかし今は、前者を避けるために、後者を避けられないでいる。

それが正解であることは確かだったが、それに思い至ったことで、王子はひどく落胆した。思いつかない方が良かった。パウリーノが途中で言うのをやめたのは、王子への思いやりだったのか、それとも彼自身の苦しみのせいなのか。王子には分からなかった。

◈

パウリーノの部屋から隠し階段を上り、その先の「丸い部屋」に入る。窓がないせいか、昼間でも暗い。パウリーノは、部屋の中央に置かれた丸テーブルの上に飛び乗る。

（お前のせいで、今日はもう人間に戻れない。だから、明日になるまでは魔術を行えない。しかしさいわいなことに、昨日試した魔術はうまくいったようだ。おい、このテーブルのそばに立ってみろ）

王子は言われたとおりに、丸テーブルの近くに立ってみた。すると、部屋を

取り巻く壁全体に、数十もの四角い「絵」がぼんやりと現れた。しかしそれらには「厚み」がなく、絵を取り巻く「額」もない。そして描かれているのはいずれも、王子にとって見覚えのある風景だった。あるものは小広間。あるものは中庭の一角の果樹園。あるものは仕立て部屋。あるものは兵士たちの詰め所。どれもこれも、城の中のどこかを描いている。厨房を描いたものもあるが、その床は水浸しで、壁の一部が黒くなっていた。そして驚いたことに、そこに描かれた料理人たちが、絵の中で動いていた。

「うわっ、動いてる！　何これ、絵じゃないの？」

（絵ではない。城の中で今起こっていることが、そのまま壁の上に映し出されているのだ。魔術師の間では、これらを『同時像』と呼んでいる）

「城の中で、今起こっていること？」

　王子は一つ一つの「同時像」を凝視する。大広間で動く、召使いの人形たち。表門の前で微動だにしない、兵士の人形たち。

「どうして、こんなことができるの？」

（ゆうべ、私が鳥たちに手紙を託した後、別の魔術を行ったことを覚えているか？　あれが、これを実現するための術だったのだ）

　王子は思い出す。確か、城のあちこちから光が浮き上がって、この部屋に吸い込まれていったのだ。あれが、そうだったのか。

（この部屋は、陛下の指示で、私とガリアッツィ殿が準備していたものだ。陛下は留守中のことを心配され、城の防備を強化したいと考えられた。そして私にこの『遠見の部屋』を作るよう命じられたのだ。準備に長くかかり、陛下のご出発までには間に合わなかったが）

　王子は部屋の光景にただ圧倒されていた。ここにいるだけで、この広い城のほぼすべての場所を見ることができるのだ。

（ゆうべ私が行った魔術は、この部屋を完成させる仕上げの術だ。ここが完成したのは幸いだった。これなら、城壁の内外で不審な動きがあればすぐに分かる。さっき私が厨房に駆けつけることができたのも、この部屋のおかげだ。お前が人形にろうそくを渡すのを見て、危険だと思ったのだ）

　そうだったのか。ここが完成していなかったら、パウリーノに助けてもらえなかったかもしれない。

「でもさ、城を見張るには、ずっとここにいなくちゃいけないってこと？」

（しばらくは、そうだな。もともとは、兵士を交代でここに置くつもりだった

が、今は私とお前しかいないから、どちらかが見張っていなくてはならない。だがいずれ、この点は改善するつもりだ。それまでは、私がここにいることにしよう。……ん？）

パウリーノは「同時像」の一つを凝視する。彼の視線の先には、裏門近くの中庭を映し出した同時像があった。裏門はわずかに開いており、太った老女が一人、かごを持ったまま立ちすくんでいる。

「あれ？　あの人、誰？　どうして、中に入ってるんだろう」

（外から入ってきたようだ。これはまずいな。おい、行くぞ！）

パウリーノはテーブルから飛び降りる。

「え？　え！」

（何をぐずぐずしている！　お前も来るんだ！）

そう言いながらパウリーノはものすごい勢いで部屋を出る。王子は彼を追いかけながら尋ねる。

「ねえ！　パウリーノ！　ねえったら！」

（何だ！　無駄口を聞いている暇はないぞ！）

「だから、無駄口じゃなくて！　なんか、変だと思うんだ！」

（何がだ！）

「昨日、門を守る人形たちに『誰も入れるな』って言ったじゃないか！　それなのに、なんであの人、城に入れたのさ？」

パウリーノは走りながら考える。王子の疑問はもっともだ。昨日王子は城壁を守る衛兵人形たちに、確かに「誰も入れるな」と言ったのだ。それなのに、なぜ人形たちはあの老婆を追い返さなかったのか。

（しばらく時間が経過すると、命令が取り消されるということがあるのか？）

しかしパウリーノの知るかぎり、そのような事例はない。どの文献にも、どの種類の人形も「持続可能な行為は、可能なかぎり持続する」と書いてあった。たとえば「座れ」と言ったら人形はいつまでも座り続けるし、「ここに立て」と言ったら同じところに立ち続けるし、「歩け」と言ったら障害物に阻まれないかぎり歩き続ける。それをやめさせる方法は二つ。明確に「やめろ」と言うか、それと相容れない命令をするかだ。「相容れない命令」とは、たとえば座っている人形に「立ち上がれ」と言うことがそれにあたる。座ることと立ち上がることは同時には行えないため、「立ち上がれ」という命令に従うと、自動的に座るのをやめることになる。同様に、歩くのをやめさせたければ「止ま

れ」とか「座れ」と言えばいい。

　他方、持続できないような単発の行為——「（何かを）持ってこい」とか「厨房へ行け」とか「窓を開けろ」などの場合は、明確に取り消す必要はない。たいていの場合、人形はそれらを一回行ってやめるからだ。

　（『誰も入れるな』という命令は、明確に取り消さないかぎり、持続するはずだ。それなのに、なぜ……？）

　考えるパウリーノの頭に、ふと思いつくことがあった。

　（ああ、もしかすると、『あれ』がまずかったのか？）

　猫と王子は中庭に出て、裏門へ走った。「遠見の部屋」で見た同時像のとおり、裏門近くに老女が一人いて、怪訝な顔であたりを見回している。見たところ、下のフェーン村の村人のようだ。老女は王子に気がついた。

「ああ、ちょうど良かった。ちょっと、あんた！　こっちにおいで！」

　そう声をかけられた王子は憮然として立ち止まる。普段、そのような言葉遣いをされることがないからだ。王子の横でパウリーノが言う。

　（あの老婆は、どうやらお前を召使いの一人だと思っているようだな。ここはそういうことにしておいた方がいい。王子が一人でこんなところに出てくるのは、明らかにおかしいからな）

　王子は小声で、パウリーノに尋ねる。

「で、どうしたらいいのさ？」

　（用件が何かを聞くんだ。そして、怪しまれずに帰ってもらおう）

　王子は仕方なく、老女の方へ歩いていく。老女が王子に言う。

「あんた、見ない顔だけど、新入りかい？」

「あ？　えーと……うん。で、用件は？」

　老女は眉間にしわを寄せる。

「何だい、口の聞き方がまるでなってないねえ。それが、大人に向かって言う言葉かね？　あたしは昔、このお城の厨房で働いてた、あんたの大先輩だよ？　だから少しは、丁寧に扱ってほしいもんだね。それとも、このあたしがあんたと同い年ぐらいに見えるって言うのかい？」

　言い終わらないうちに、老女は大きな口を開けてダハハハと笑った。王子はちっとも面白くない。老女は、王子の足元にいるパウリーノに気がついた。

「あんらまあ、かんわいい猫ちゃんだねぇ！」

　あっという間に老女はパウリーノを持ち上げる。パウリーノも王子も不意を

突かれてしまった。パウリーノは足をじたばたさせるが、老女は太い腕でパウリーノを抱き留め、ごつごつした指で猫の前足と後ろ足を動かないようにしっかり固定する。そして赤ん坊をあやすようにしてパウリーノに笑いかける。パウリーノが苦しげに王子に訴える。

（おい、早く用件を済ませろ！）

　王子は老女に向かって言う。

「で、用件は何ですか？」

「ああ、ポーレットさんに頼まれてたものを持ってきたんだ。ポーレットさんが今日取りに来るはずだったんだけど、来ないから、わざわざ来たんだよ」

　老女は猫を片手で抱いたまま、王子にかごを渡す。かごを覆っている布をはずすと、その下からは数枚のビスケットと黄色いチーズが見えた。反射的に、王子のおなかが鳴る。老女は言う。

「ちょっと、それはあんたのじゃないよ。ルーディメント王子様の食べ物だからね。王子様のために、あたしが苦心して試作したんだから、勝手に食べるんじゃないよ！」

　そう言われて、王子はどう反応すればいいのか分からなかった。

「それにしても、今日のお城は何か変だねえ。ポーレットさんは約束を守らないし、門の兵隊さんたちに話しかけても、よく分からないことを言うし。何かあったのかい？」

　王子はどきりとする。老女の腕に抱かれた黒猫が王子にささやく。

（異常を悟られるなよ。『いつもと変わらないと思います』と言え）

「ええと、いつもと変わらないと思いますけど」

「そうなのかい？　あたしの勘違いなのかねえ。まあ、何もないならいいけど、下の村でも、ちょっと変なことがあったからさ」

「変なこと？」

「最近夜中に、見慣れない男がうろついているらしくてさ。村の酒場に泊まってる人ではないようだし、みんな気味悪がってて」

　王子は猫と目を合わせる。猫が「くわしく聞け」とささやく。

「そいつ、どんな奴なの？」

「それが、はっきり見た人はいないんだ。うちの隣に住んでるじいさんは夜道でそいつに会って、声をかけたら逃げられたって言ってた。ただ分かっているのは、そいつが縄のベルトをして、腰に宝石のついた短剣を下げてるってこ

とだ」

「縄のベルト？　宝石のついた短剣？」

　王子の記憶に引っかかるものがあったが、どうもはっきりしない。

「そうなんだよ。おかしいだろ？　縄のベルトなんて今時、よほど貧乏でない
かぎり誰もしやしないよ。それなのに、持ってる短剣は豪華ときてる。それで
村では、そいつは泥棒なんじゃないかってことになってね……おっと、こんな
ところで立ち話してる暇、あたしにはないんだよ。帰らないと」

　帰ろうとした老女は何か思い出したように振り向き、王子に尋ねる。

「ええと、新入りのあんたに聞くのもどうかと思うけど……カッテリーナはう
まくやってるのかい？」

「なぜ、カッテリーナのことを？」

「ああ。あたしはね、あの子の大伯母なんだよ。最近忙しそうでうちに寄らな
いから、どうしてるのかと思ってね」

　王子は考える。何と答えたらいいだろう。

「カッテリーナは、元気ですよ。ええと……最近、王子……様の、何だっけ、
そうだ、茶を淹れたりしていて……」

「ああ、そうかい、それはよかった。あの子は、遠くに嫁いでいったあたしの
姪の子でね。七歳で両親を亡くしてうちで引き取った時には、ろくに口も利け
なかったんだ。あのころは、このお城で働けるまでになるなんて、思いもしな
かったよ。このお城は使用人も兵士も、みな優秀だからね。あの不器用な子は
いろいろ迷惑かけてると思うけど、どうか暖かい目でみてやっておくれ。それ
じゃ、カッテリーナやみなさんによろしく。それじゃあ、クロちゃんも、元気
でねぇ」

　老女は勝手にパウリーノを「クロちゃん」と呼ぶことにしたようだ。彼女は
パウリーノを一度ぎゅっと抱きしめたあと、しゃがんでそっと手離し、門の方
へ歩いていく。自由になったパウリーノが王子に言う。

（おい、あの人はカッテリーナの身内だ。だから、信用できる。あの人から情
報をもらうようにしよう）

「情報？」

（そうだ。とくに、城の外で変わったことがないか、定期的に教えてもらうよ
うにするんだ。彼女が言っていた奇妙な男の話も気になるしな）

「でも、どう言えばいいかな？」

（そうだな……こういうのはどうだ？）

　パウリーノの考えを聞いた王子は、老女を呼び止める。

「おばあさん、ちょっと待って」

「なんだい、あんた。おばあさんはないだろ？　あたしにはちゃんと、ベアーテっていう名前があるんだからね」

「ええと、ベアーテさん。お願いがあるんだけど」

「何だい？」

「三日後、今日と同じ時間に、またここ——裏門に来てくれないかな。その、下の村で起こっていることを教えてほしいんだ。さっきの怪しい男の話とか」

　ベアーテは王子をいぶかしげに見る。

「やっぱり、何か妙だね。あんたみたいな子供がそんなことを言うなんて」

　王子は言葉を詰まらせる。どう言えばいい？　王子は視線を落として黒猫を見るが、彼も考えあぐねているようだ。今この場で、彼に問いかけるわけにはいかない。どうしたら？　王子は思いついたことを言ってみる。

「その、僕、何か変なことがあったら報告しろって言われてて」

「へえ、誰にだい？」

「ええと、あの、パウリーノ……さんに」

　とっさにパウリーノの名前を出すと、ベアーテの顔は明るくなった。

「ああ、あの男前のパウリーノ様だね！　あの方のお役に立てるなら、村中のおかしな噂をまとめて持ってきてあげてもいいよ！」

　どうやらこれ以上怪しまれることはなさそうだ。王子はそっと胸をなで下ろすが、ベアーテはしゃべり続ける。

「本当に、いい男ってのは罪なもんだよねえ。こんな年の女まで夢中にさせるんだからさ！　前にパウリーノさんを村でお見かけしたことがあるけど、あんまりにも素敵なんで、隣のしょぼくれじじいさえ見ていなかったら、追いかけてって抱きつくところだったよ！」

　王子がちらりと視線を落とすと、足元のパウリーノは猫の置物のように体を硬直させていた。ベアーテは三日後にも来ることを約束し、上機嫌で帰って行った。王子は大きくため息をつく。

「はあ……とりあえず、怪しまれなくてよかった」

（そうだな。だが、急いで確認しなくてはならないことがある）

「何？」

（彼女──ベアーテさんがなぜ、裏門から城に入れたかだ）

「ああ、そうだね」

　王子とパウリーノは裏門を出た。昨日と変わらず、衛兵の人形たちが立っている。事情を知らなければ、異常はないように見える。

　（私の知るかぎり、人形たちは何か命令されると、それが取り消されないかぎり守り続ける。昨日お前は彼らに『門の中に誰も入れるな』と言った。本来ならば、それは今日も守られているはずだ）

「うん、僕もそう思ったんだ」

　（しかし彼らは、ベアーテさんを門の中に入れた。ということは、命令が取り消されていたということだ。私の考えでは、昨日の時点ですでに、お前が自分で命令を取り消していたのだと思う）

「え？　僕、そんなことしてないよ」

　（お前にそのつもりがなくても、取り消されてしまったのだ。おそらく、お前が『僕を門の中に入れろ』と言った時にな）

　王子はそれを言った時のことを思い出した。王子がそう言ったのは、「誰も入れるな」という命令をしたせいで、人形たちが王子本人も門から締め出そうとしたからだった。だから、自分は例外として、特別に門の中に入れるよう命令したのだった。

「あれがどうして、『誰も入れるな』っていう命令を取り消したことになるのさ？」

　（まあ、ちょっと試してみよう。門のすぐそばにいる衛兵人形たちに、昨日と同じように『門の中に誰も入れるな。入ろうとする者はみな、左手で押し返せ』と言え。そして、自分で門をくぐろうとしてみるんだ）

　王子が命令をすると、衛兵人形の目が白く光る。そして王子が門をくぐろうとすると、衛兵人形は王子の前に立ちはだかり、王子を押し返す。

　（ここまでは昨日と同じだな。では、すぐそばにいる衛兵人形の一人──オシュマに、門に入るように命令するんだ）

　王子が命令すると、オシュマ人形は門をくぐろうとし、そして他の衛兵人形はそれを止めようとする。両者は力のかぎり押し合って、譲ろうとしない。

　（ふむ、予想どおりだ。では、『僕を門の中に入れろ』と言うんだ）

　王子がそう言うと、衛兵人形たちは目を白く光らせ、抵抗するのをやめてオシュマ人形を素通りさせた。王子は言う。

「この人形たちは何やってるんだ？　僕は『僕を門の中に入れろ』と言っただけで、オシュマを入れるようには言っていないのに」

（だが、どうやら私の考えが正しかったようだ。一般に、人形に与えた命令を取り消す方法は二つある。一つは、明確に『やめろ』と言うこと。もう一つは、元の命令と矛盾するような、相容れない命令をすることだ。今回の例は、おそらく後者にあたる）

「どういうこと？」

（つまりだな、『門の中に誰も入れるな』という命令と、お前が『僕を門の中に入れろ』という命令とが相容れないために、前者が取り消されてしまったのだ。それで人形は、門をくぐろうとする者に対して『何もしなく』なってしまったのだろう）

　説明を聞いても、王子はさっぱり分からない。

「全然分かんないや。『誰も入れるな』って言っておいて、『僕を入れろ』って言っちゃだめなの？」

（『誰も入れない』ということと、『誰かを入れる』ということは、同時には成り立たないからな。門の中に入れていい人間が『存在しない』という状況は、門の中に入れていい人間が『存在する』という状況と相容れない）

「うーん……変なの！」

　パウリーノは人形たちを見上げながら言う。

（この人形たちに命令をするときには、『誰も』とか『何も』とか『すべて』などの言葉に気をつけないといけないな。奴らは融通が利かないようだから、人間相手のときと同じように考えると、とんでもないことになる）

「気をつけるって、どう気をつけるのさ？」

（我々は普段、『誰も』『何も』『すべて』とか言うとき、その範囲を柔軟に考える。たとえば誰かに『今日はどんな日だった？』と聞かれたとき、『今日は何もなかった』という答え方をすることがあるだろう）

「うん、あるね」

（しかし実際は、何も起こらない日など存在しない。そのようなことを言うときは、とくに『変わったこと』がなかった、という意味で言っているのだ。つまり『何も』と言いつつ、その範囲を『ありとあらゆる出来事』ではなく、『特筆すべき出来事』に限定している。そしてそういう発言を聞く方も、普通はそのように考える）

王子はなるほどと思った。

　（『誰も入れるな』にしても、そうだ。人間の衛兵ならば、王子から『誰も入れるな』という命令を聞いたら、王子本人は『誰も』に入らないと考えるだろう。国王陛下や城の関係者も『誰も』から除外するだろうな）

「やっぱり、人間相手だと楽なんだね」

　（しかし、それも良いことばかりではないぞ。柔軟に考えたばかりに、失敗することもある。国王陛下が私にお前の教育を委ねた文書を覚えているか？　誰であろうと私の教育方針に口を出せないという通達だ）

　王子はもちろん、覚えている。

　（あの文書の『誰であろうと』の中には、国王陛下はもちろん、王妃様も含まれている。しかし王妃様は当初、そのことを理解しておられなかった。よって、私がお前の夕食を抜いたりしたことについて、私に苦言を呈されたものだ。陛下はその王妃様の行動を『委任状への違反』と見なされた）

「へえ。そういうことがあったんだね。知らなかった」

　（つまり、人間相手の場合でも、『誰も』とか『すべて』を文字どおりに解釈すべき場合があるということだ。とくに、王による正式な命令や、国どうしの契約では、それらを守る人間が勝手に解釈しないよう、厳密に文言を決める必要がある。それができなければ、相手に都合良く解釈されて、損害を受ける可能性があるからな。私はこれまで、お前にそのあたりを教えようとした……つもりだったんだが）

　パウリーノの言うことに、王子は思い当たるふしがあった。彼が王子に与えた罰の数々。それらはたいてい事前に「予告」されていて、王子が従わないと、パウリーノは予告どおりの罰を王子に科した。夕食を抜かれたりしたのは不愉快きわまりなかったが、あれで彼が自分に「文字どおりの解釈」を教えようとしていたことを、王子はなんとなく理解した。

　王子は人形たちを眺める。この人形たちは、王子の命令を「文字どおり」に理解しようとする。そして、矛盾する命令をしてしまうと、元の命令は取り消されてしまう。意図したとおりに彼らを動かすには、どうしたらいいか？　王子はいろいろ考えて、人形たちにこう言ってみた。

「門の中に、僕しか入れないようにしろ」

　人形たちの目が白く光る。命令が聞き入れられたようだ。

　（ほう、言い方を変えてみたんだな。さて、どうなるか……）

「僕は、うまくいったと思うよ」

（そうだといいが。そうだ、ためしに、私を持って門をくぐろうとしてみろ）

　パウリーノは何を心配しているのだろうか。王子はパウリーノの体を抱き上げて、門をくぐろうとした。そのとき、衛兵人形たちは王子の手からパウリーノを取り上げようとした。

「うわ、何やってんだ！」

　王子は抵抗するが、人形たちはパウリーノをつかみ、放り投げる。体をくるくると回して着地したパウリーノが王子に言う。

（命令を取り消すんだ。手に持っているかごも取られるぞ。下手すると、服も脱がされるかもしれん）

「え！？　うわ、お前たち、やめろ！」

　王子が腕にかけていたかごに手を伸ばしかけていた人形たちは、いっせいに手を引っ込める。王子は息を乱して言う。

「なんでこんなことに？」

（『僕しか入れないようにしろ』という言い方がまずかったんだろうな）

「どうしてさ？」

（きっと奴らは、『僕しか』という言葉を、お前の体のみと判断したんだろう。お前の持ち物は、門に入れてはならないと解釈したんだ）

「はあっ？」

（つまり、お前以外のすべての『もの』――人間だけでなく、動物も、物体も――門に入れてはならないと考えたんだろう）

「そんな、馬鹿な」

（馬鹿馬鹿しいと思うかもしれんが、人形たちにすれば妥当な判断かもしれん。『しか』や『だけ』という言葉は、本当は難しいのだ。我々人間は、『しか』や『だけ』の範囲を無意識に限定しながら話す。『すべて』『誰も』の場合と同じようにな）

「そうなの？」

（たとえば、だ。狩りに行って、思うような獲物が見つからなかった日に、『今日はうさぎしか見なかった』とか言うことがあるだろう。そう言う人は『うさぎ以外の事物を、何一つ見なかった』と言っているのではないし、聞く方もそういうふうには考えない。実際、木だの草だの、同行者だのを見ているはずだからな。つまり我々はこの言葉を『うさぎ以外の獲物を見なかった』と解釈す

る。『獲物』という範囲を、暗に想定しているのだ）

「それも、『範囲を柔軟に考える』っていうこと？」

（そうだ。人間にはそれができるが、人形たちにはできないと考えた方がいい。きっと人形たちは、とくに断りがないかぎり、『だけ』や『しか』や『以外』の範囲を『すべての物事』と考えるのだろう）

　王子は考え込んだ。「範囲を柔軟に考える」ことができない人形たちには、自分の頭の中にある「範囲」をはっきり伝えなければならない。どうしたらいいだろう。王子は考えたあげく、次のように言ってみた。

「門の中に、僕以外の人間を誰も入れるな。僕以外の人間が門から入ろうとしたら、左手で押し返せ」

　人形たちの目が白く光る。王子は再び猫を抱えて、おそるおそる、門に近づいてみた。人形たちは抵抗しないし、猫やかごにも手を出してこない。王子は、無事に門をくぐり終えたことに安堵した。パウリーノがつぶやく。

（なるほど、考えたな。お前にしては、悪くなかったぞ）

◆

　王子はパウリーノの部屋で、ベアーテからもらったチーズとビスケットをむさぼるように食べていた。まともな食事をしていなかった王子には、それらの食べ物がいっそうおいしく感じられた。パウリーノは机の上に乗り、開かれた本を読んでいる。ときおり、猫の前足で不器用にページをめくる。

（お前の話では、ここの人形たちは『〜しろ』や『〜してくれ』のように『命令の形』をした言葉を聞くと、目を白く光らせて命令を実行するということだったな。そして、それ以外の言葉を聞くと、的を射ない返答を返す、と）

　王子は食べ物を口にほおばりすぎて返事ができないので、ただうなずく。

（本の中に、それに似た記述がある。とある魔術師が作った人形が、『雑談状態』と『命令実行状態』という、二つの状態を実現しているらしい）

　雑談状態？　命令実行状態？　王子は口をもぐもぐと動かしながら、目線だけでパウリーノに聞き返す。

（それらの人形は、命令の形をした言葉を投げかけられると『命令実行状態』になる。そのときは、命令の実行を目的として行動する。命令が理解でき、なおかつ実行可能なときは、その合図として目から白い光を放つ。命令そのものが分かっても、方法が分からないときや、必要な道具がそろっていないとき

は、赤い光を放つらしい。

　命令以外の言葉が投げかけられると、『雑談状態』になり、『会話の成立』を目的にして言葉を発する。このときは、目は光らないそうだ）

「ふーん」

（『雑談状態』は面白いぞ。それらの人形の制作者は、人形が人間と滞りなく会話できるようにするために、『人間の会話の記録』を与えたそうだ）

「会話の記録？」

（この本によると、言葉を司る神コープラが、この世で話されたありとあらゆる言葉を記録しており、その一部を宝玉の形で人間に与えた、とある。それを取り付けられた人形たちは、何かを話しかけられると『コープラの宝玉』の中にある記録からそれを探し、ふさわしい返答を選ぶのだそうだ）

「ふーん。それってつまり、『今日はいい天気ですね』『そうですね』みたいなやりとりを、人形たちがたくさん知ってるってこと？」

（そうだ。そしてお前が『今日はいい天気ですね』と話しかけたら『そうですね』と返す。また、『最近どうですか？』と聞いたら、記録の中から『おかげさまで』とか『まあまあです』とか『あいにく、調子が良くなくて』なんかを探し出して、どれかを返答に選ぶ。つまり、『名も知らない人々によって交わされた会話』を参考にして話をしているということだ）

　王子は、これまでに人形と交わした会話のいくつかを思い出す。

「おなかがすいたんだけど」「私はまだ、すいていませんわ」

「痛いじゃないか！」「それぐらい、がまんしなさい」

「僕、その本を見たいんだけど」「私もぜひ、見てみたいです」

「うるさいって言ってるんだよ！」「あなたの方が、うるさいですよ」

　会話だけ取り出すと、さほどおかしくもないように思える。しかし実際に会話をしたときは、ひどい違和感を感じた。パウリーノの話を聞いて、王子にはその原因が分かった。

「人形たちは自分で考えてるんじゃなくて、誰かの返事を真似しているのか。だから、変な会話が多かったんだね。でも、もうちょっと、どうにかならないのかなあ」

（本気で人形に会話をさせたければ、彼らに我々と同じように考えさせなくて

はならないが、それはきわめて難しいことだ。そもそも我々がどのようにもの
を考えているか、分からないのだからな。それなりの返事をしてくれて、命令
を聞いてくれるだけでも、大変貴重なことだ）

「うーん」

（同じ魔術師は、さらに進んだ人形も作っている。『雑談状態』『命令実行状
態』に加えて、『質問応答状態』を組み込んだ人形だ。それらの人形は、質問の
形をした言葉や、『〜か教えてくれ』という命令を聞くと、質問に答えてくれ
るそうだ。ここの人形たちは、それなのだろうか？）

　王子は、そうではないように思った。王子はこれまで何度か人形に質問した
が、満足のいく答えをもらったことがないからだ。たとえば昨日の朝、広間を
歩き回る人形たちに「何をやっているんだ」と尋ねたとき、彼らの一部は「歩
いています」のような返事をしたし、仕立て部屋で王子の服のありかを尋ねた
とき、シーラ人形は王子が着ている服を指さしたし、さっきナモーリオ人形に
貯蔵庫でパンのありかを尋ねたときは「貯蔵庫にあります」などという返事を
したのだ。

「僕、いままで何度か人形に質問したけど、全部変な答えだったよ」

（そうか。それなら、質問応答状態のある『最新型』ではなく、その一つ手前
のものかもしれないな）

「最新型だったら良かったのに」

（最新型なら良いというわけでもなさそうだぞ。文献によれば、最新型の人形
にはひどい欠陥があったらしいからな）

「欠陥って、どんな？」

（満月の光を浴びると、二度と動かなくなるらしい）

「う〜ん、それは困るね」

（そうだろう。だから、良かったと考えるべきだ。ここの人形たちは十分に優
秀だし、それにこの本によれば、人形たちにはいろいろ新しいことを『教える』
こともできるらしいぞ。ここのところだ。お前、読んでみろ）

「え？　僕まだ、食べ終わってないし。パウリーノが読んで教えてよ」

（そうしたいんだが、急に眠くなってな）

　そう言いながらパウリーノは、本から離れて大きく伸びをした。前足が伸び
ると同時に、口も大きく開く。あくびをしているのだ。やがて猫はその場で体
を丸める。

「ちょっと待ってよ、寝ちゃうの？」

（悪いが、そうさせてほしい。おそらく、この、猫の体が……）

　言い終わらないうちに、パウリーノは青い目を閉じてしまった。猫の体から力が抜け、急に平たくなったように見える。

「ねえ、パウリーノ！　ねえったら！」

　王子は立ち上がって話しかけるが、猫は目を開ける様子もない。王子はにわかに不安になる。急に、ぽつんと一人、取り残されたような気がした。それは実際にそのとおりで、今、城の中にある「生き物の気配」は、自分自身を除いては、寝息にあわせてかすかに動く猫の腹だけだ。

　窓から差し込んでいた日の光は陰りを帯び、明るかった部屋も、青みがかった影に覆われていく。王子は思わず身震いする。まだ日も高いのに、なぜ自分はこんなにおびえているのだろう。暗闇でもないのに。王子は自分の臆病さを情けなく思ったが、それはすぐに苛立ちに変わっていく。

　これまでも王子は、恐怖や不安を感じると、それを苛立ちや怒りに変えるのが常だった。そして自分の恐れを、自分の感じている脅威を、誰か他の人間のせいにする。そうすれば、ずいぶんと気が楽になるのだ。今まで、王子がそうすることを咎める者はほとんどいなかった。今このときも、王子の心はそちらに傾いていく。

（そうだ、パウリーノが悪いんだ。王子の僕をほったらかしにして、一人で寝てしまうから）

　パウリーノは王子の教育係だが、本来は王子の臣下であるはずだ。それなのに、主人を差し置いて寝るとは何事だ。パウリーノは起きているべきなのだ。王子は猫を揺り動かそうとして手を伸ばした。そのとき、猫の後ろ足の毛が一部、焼け焦げて縮れているのが見えた。

（これはさっき、僕を助けたときの……）

　王子の苛立ちは消え失せてしまった。今目の前にいるのは、自分のために傷を負った、小さな弱い生き物でしかない。そんな生き物を無理に起こすなんて、できない。王子は無言で、伸ばした手を引っ込めた。日の光は徐々に弱まり、部屋の気温も下がってくる。そのためか、寝ているパウリーノが一瞬身震いをした。王子はあたりを見回し、棚の一角にある花瓶の下に布が敷いてあるのを見つけると、それを引っ張り出してパウリーノの体の上にかぶせた。布をかぶせられた猫の体は、まるで命を持たない置物のように見えて、王子はいっ

そう不安になる。王子は考える。もしパウリーノが、このまま目を覚まさなかったら？　もし彼が、死んでしまったら？

　そのとき、上の方——「遠見の部屋」のあたりから、コツコツという音が聞こえてきた。王子は隠し階段を上って、「遠見の部屋」へ入る。音は、天井にある出入り口から聞こえている。屋上に、何かいるのだ。王子は部屋の隅の階段を上り、出入り口を開けた。屋上に顔を出すと、顔に当たる風とともに、白い鳥の姿が目に入った。

「君は、ゆうべの……」

　明らかに、昨夜パウリーノが手紙を託した鳥のうちの一羽だ。鳥は王子の顔を見るとかすかにくちばしを開く。同時に、鳥の首から何かが落ちた。丸められた紙だ。王子がそれを拾い上げると、それはひとりでにするすると開いた。鳥はそれを見届けると、羽をばたつかせて飛び去っていく。王子は紙を持って元の部屋へ戻り、寝ているパウリーノの横でそれを広げた。それはパウリーノに宛てられた手紙のようだ。

◆

親愛なる弟子、"P" へ

　たいへんなことになったな。とにかく、正確な状況の把握が必要だ。とくに、人形たちに何ができて、何ができないかを把握できるか否かによって、お前と王子の身の安全は大きく左右されるだろう。

　まずは、人形たちへの「位置や物体の指示」について、よく考える必要がある。古代に作られた人形の多くは、指で指し示す動作を伴う「これ・ここ」、「それ・そこ」、「あれ・あそこ」のような言葉によって示された物体や場所は認識できる。指さしができない場合でも、少し進んだ人形は、「左から三番目の本」「上から二番目の器」のような、方向と順序による言い方が通じるから、できるかどうか試してみるといい。

　「見て分からない特徴」で物体を指示するのはほぼ不可能と考えておけ。「魚料理に合う皿」のような用途による指示、「私のお気に入りの皿」のような感情による指示は、ほとんど通じないだろう。「昨日私が読んでいた本」のような過去の記憶による指示は、通じる場合があるかもしれないが、多くの場合は想定と違う解釈をされると考えておいた方がいい。

私が勧めるのは、「すべてのものに名前をつけ、人形に教える」という、きわめて原始的かつ煩雑な手続きを行うことだ。もっとも簡単な「名付け法」は、番号をつけることだ。たとえば皿が二十枚ある場合、「第一の皿」「第二の皿」……「第二十の皿」のように名付けて、人形に教える。教え方はこうだ。人形たちの「主人」——お前の城では王子がそれにあたる——が、「私はこれの名を宣言する。これは『第一の皿』だ」のように言えばいい。

　これをすべての物体に対して行うのは実に面倒なことだが、人形たちは頭脳を共有しているので、一体に教えればすべての人形に教えたことになる。また、物体だけでなく、場所に対して「名付け」を行うことも可能だ。城の防備上重要な物体や場所に対しては、早めに「名付け」を行うことを勧める。

　お前の心労は察するにあまりある。人の体を失い、愛する人と仲間たちをさらわれ、お前は絶望のただ中にいるだろう。それでも冷静さを失わず、王子を守ろうとするお前を、私は誇りに思う。私も協力を惜しまないつもりだ。お前も知るとおり、私は遠方におり、また自由のきかない体であるため時間がかかるが、必ずそちらへ行く。だから、それまでどうにか持ちこたえてほしい。また本日、仲間の魔術師たちにも手紙を出した。"A"と"G"はさらに遠方にいるので、そちらに行けるかどうか分からないが、とりあえず「遠見の瞳」やその他の必要なものを、すぐにお前宛てに送るよう頼んでおいた。早ければ明日にはお前の手元に届くだろう。どうにかうまく使ってほしい。

　しかし、残念ながら、希望はあまりない。私の聞くかぎりでは、ドニエルは「聖者」などと名乗ってはいるものの、他人の命を何とも思わない残忍な男らしい。やつは八年ほど前にも、マクマイ国の城から十人ほどの老若男女をさらった。そのときは、一人の子供を除き、誰も生きて戻らなかった。よって、お前の婚約者や仲間たちに関しても、ほとんど希望が持てない。

　お前の体に関してもそうだ。私が知るかぎり、呪いによって獣に変えられた者が人に戻れたという例は聞いたことがない。その呪いが邪神の力を借りてなされたものなら、いかなる魔術や祈祷によっても取り消せない。残酷だが、これが現実だ。お前の決意に口を挟むつもりはないが、長年の従者たちを死の淵に追いやっただけでなく、お前に対する呪いにまで手を貸したルーディメント王子の浅はかさについては呆れるばかりだ。お前は「命に代えても守る」と言うが、その王子には、本当にそれだけの価値があるのか？　そのような思慮のない人間は、遅かれ早かれ、国を滅ぼしてしまうのではないか？

いずれにしても、今後お前が「人」として過ごせる時間はほんのわずかであると考えた方が良い。師としては情けないことだが、今はその時間を大切にしろとしか言うことができない。本当にすまない。

"B"

◆

　王子の手から手紙が落ち、彼は椅子からずり落ちるようにして、へなへなと床に座り込んだ。部屋を青っぽく照らしていた弱い光が、さらに陰りを帯びる。

　王子は混乱していた。恐怖と憤りと悲嘆が一度に押し寄せ、王子は自分がどのような顔をしているか分からなかった。言葉にならない思いが心の中で渦を巻く。できることなら、そのまま渦巻いて、言葉になる前に消えてほしかった。しかし、ある思いがついに言葉をまとって、王子の脳裏にはっきりと浮かび上がる。

（僕は、間違っていた）

　今まで王子を支えてきたもの。それは、「自分は正しい」という思いだった。嫌なことがあったら、それはみな他人のせいだった。他人を非難することで、自分は正しく、善良であるという思いを持ち続けることができた。その思いとともにある間、王子は心の底から安心することができたのだ。

　王子の心は今も、それを求める。誰かに、「君は正しい」と言ってほしい。「相手が悪いんだから、仕方がなかった」と言ってほしい。しかし今、その求めに応じる者は誰もいない。王子自身でさえも。

　あの日、嫌な思いをしたことは確かだ。城の者たちを疎ましく思ったことも、パウリーノを憎んでいたことも確かだ。しかし、だからといって、彼らにこれほどの仕打ちを与えるつもりはなかった。取り返しのつかない、この上なくひどい仕打ちを。

（僕は、本気で望んでもいないことを、本気で望んでしまったんだ）

　自分でも気がつかないうちに、王子はむせび泣いていた。どれほど経っただろうか。ふと、気配を感じて顔を上げると、床の上にパウリーノが四つ足で立っていた。小さな頭を下げて、さっき王子が落とした手紙を読んでいる。パウリーノは王子が見ているのに気がつき、顔を向ける。

（お前が泣いているのは、この手紙のせいか）

　そう声をかけられた王子は、再び顔を覆ってわっと泣いた。まったくの無意識だったが、王子の今の泣き方は明らかに自分を守るための泣き方だった。手紙を読んだパウリーノは、きっと僕を責めるだろう。聖者ドニエルがポーレットたちを殺すかもしれない、いや、もう殺しているかもしれないという恐れを、僕にぶつけるはずだ。自分が人に戻れないかもしれないという絶望のために、僕を叱るはずだ。そして僕は、何も言い返せない。

　叱られても、言い返せるなら平気だ。でも、言い返せないのは恐ろしい。

　王子は泣き続ける。自分を哀れに見せるために。そうやって、パウリーノの怒りを少しでも軽くするために。この期に及んで、自分の心の一部がこれほどあざとい策略をめぐらしていることに、王子自身は気づいていない。そして王子の心のその部分は、パウリーノの反応を静かに伺っている。パウリーノはしばらく王子を見つめた後、こう言った。

　（そんなに泣いても仕方がない。泣いたところで、ポーレットたちは戻ってこない。もちろん反省は必要だが、今回に関しては『もう二度としません』ではすまされないからな。一度出て行った言葉はもう戻ってこないのだ。だから今は、ただ『この先どうするか』を考えていくしかない）

　王子は思わず顔を上げた。そんなことを言われるとは思っていなかったからだ。パウリーノは、王子をなじりも叱りもしなかった。にもかかわらず、いや、だからこそ、王子はいよいよ本物の後悔を味わうことになった。少しでも自分を守りたいという不純な思いが取り除かれた、真の後悔。

　王子は悟った。なじられた方が、どんなに幸せだったか。叱られて済むことだったら、自分が少しの間いやな思いをするだけでいい。そして、いやな思いは、いずれ消える。しかし、取り返しのつかないことをしたという、罪の意識は消えない。

　日が沈み、部屋から光が失われる。無言のパウリーノに見つめられながら、王子はいつまでも泣き続けた。

戦闘と料理

　王子は固くて狭いベッドの上に寝ていた。見たことのない、殺風景な薄暗い部屋だ。ベッド脇の小さな棚の他に家具はない。

　ここは、どこだ？　王子は朦朧として、寝たまま棚の方を向く。棚にあるのは、装飾のされた金属の箱と、小さな布の袋だけだ。そして出入り口らしきものは見あたらない。王子は考える。ここはきっと、地獄にちがいない。僕は罰を受けて地獄にいるのだ。でも、何の罰なんだっけ？

　思い出さない方がよいと思ったときには、すでに思い出してしまっていた。王子は薄いシーツを頭からかぶる。

（そうだ、みんなをひどい目に遭わせた罰だ。それで僕は、地獄にいるんだ）

　もうここから出られないのだ。なんと不幸なことだろう。でも、仕方ない。すべて自分の愚かな行いのせいだから。王子はシーツの下でうつ伏せになり、丸めた体を震わせた。そのとき、背中にどすんと何かが乗っかった。王子は叫び声を上げる。

「うわああ！」

（おい、起きろ）

　そう話しかけられて王子は我に返り、シーツの下から頭を出した。王子の目の前に、パウリーノがひらりと姿を現す。

「僕を地獄まで追ってきたのか？」

（何を言っているんだ。ここは私の寝室だ。書斎の隣だ。昨日、泣き疲れてここで寝たことを忘れたのか？）

「え？　地獄じゃないの？」

（寝ぼけているんだな。早く『遠見の部屋』に来い）

　王子は上半身を起こして、もう一度部屋を見回した。さっきはよく見えなかっただけで、出入り口はちゃんとあった。そしてベッドの頭の方の壁には、美しい壁掛け布も掛けられている。

　地獄じゃなかったのか。王子は安心するどころか、ひどく落胆した。ここが地獄だったら、罰を受けた分だけ、自分の罪は軽くなったはずなのに。王子はまた横になってシーツをかぶった。なぜ神は、自分を地獄に落としてくれなかったのだろう。その方が、きっと楽だったのに。

（おい、また寝るのか？　もう日は昇っているんだぞ！）

「放っておいてくれ。僕はこのまま、ここで死ぬんだ。僕は二度と起きあがらずに、弱って死ぬ。僕には、そうなるのがお似合い……」

　そう言い終わらないうちに、王子のすぐ耳元で猫のシャーという声が聞こえた。そしてその直後、猫の爪がシーツの上から王子の頭をひっかく。

「痛い！　痛いよ！」

　そう言っても、パウリーノの爪は容赦なく襲いかかる。王子はたまらず、シーツをはねのけて飛び起きた。

「何するんだよ！」

（少しは目が覚めたか、馬鹿王子）

「何だと！」

（一度犯した過ちを、また繰り返そうというのか？　望んでもいないことを口に出すという過ちを！）

　王子は言葉を失った。パウリーノの言うとおりだった。王子は、自分が死のうとも思っていないし、二度とベッドから起きるまいとも思っていないことに気がついた。自分はなぜ、そんなことを言ってしまったのだろう。

（お前が辛いのは分かっている。お前はきっと、生まれて初めて罪悪感というものを感じているのだろうからな）

「罪悪感って？」

（自分が悪かった、自分は罪を犯したという感覚だ。お前はきっとそれに耐えかねて、くだらないことを口走っているのだろう。しかしそんな暇はないし、たとえお前が本当に死んだとしても、ポーレットたちは報われない）

　パウリーノの言葉に、王子はびくりとした。もうすでに、彼らが死んでし

まっていることを前提にしているかのような話し方だからだ。

（いいか？　取り返しのつかないことをしてしまったときに、すべきことが三つある。一つは、それ以上事態が悪化しないように全力を尽くすこと。二つ目は、状況が落ち着いた後に、起こってしまったことに対して具体的な責任を取ること。三つ目は……）

王子はパウリーノの言葉の続きを待ったが、彼はこう言った。

（三つ目が何かは、お前が考えろ）

「どうして、教えてくれないのさ？」

（並の人間ならば、少し考えれば分かることだからだ。分からなければ、お前は並以下ということになる）

その言葉に、王子は憤りを感じたが、同時に「ある言葉」を思い出していた。

──その王子は、本当に守る価値があるのか？──

王子の憤りは、再び落胆に変わった。今まで疑いもしなかった、自分の価値。それが崩れ去る音を、王子は聞いているような気がした。王子の体から力が抜けていく。王子は再び、ベッドの上に横たわる。

（おい、いい加減にしろよ！）

「放っておいてくれよ！」

（お前のために言っているんだ。急がないといけないことがある）

「何？」

（いいから早く来い！）

パウリーノはそう言うと、ベッドを下りて隣の書斎へ行ってしまった。王子は仕方なく、彼の後について書斎を通り、隠し階段を上って「遠見の部屋」へ行く。そこには相変わらず、城のあちこちの様子が映し出されていた。召使いの人形たちも変わらず、歩き回ったり、立ち話をしたりしている。城壁の外では、衛兵の人形たちが動かないまま直立している。

（これを見ろ）

パウリーノが「同時像」の一つを示す。他の同時像が朝の様子を映しているのに、それは少し薄暗い。

（これはついさっき、夜明け前の『同時像』の一つを記録したものだ。映し出されている場所は、表門の外側だ。右端を見ろ）

右端に目をやると、木立の中にうっすらと、人影が見えた。

「誰かいる！」

パウリーノは前足で、目の前の丸い水晶玉をなでる。すると、少しずつ、人影の部分が大きくなってくる。黒っぽい服を着た男のようだ。そしてその腰のあたりに何か光るものが下がっている。あの形は、短剣だ。パウリーノがさらに水晶玉をなで、その人物の顔の部分を大きくする。ぼんやりとではあるが、男の顔が浮かび上がる。頬の肉をそぎ落としたような細い顔に、二つの大きな目。真一文字に結ばれた口。パウリーノが言う。

（奴の名はグレア。王弟サザリア公の密偵の一人だ。これで、王弟殿がこの城を狙っていることはほぼ確定したと言える）

　　　　　　　　　　　　　　　❖

　戦いの準備が必要だ、とパウリーノは主張した。王子はただうろたえることしかできない。罪悪感にさいなまれて疲れた心に、自分の身が危険にさらされているという事実は重くのしかかった。

　パウリーノは、これから次の二つのことを確認するという。一つは、武器、とくに矢が十分な数あるかということ。もう一つは、人形たちが戦えるかということだ。王子の食欲は完全に失せていたが、パウリーノに言われて貯蔵庫から取ってきた平たいパンを少しだけ、水で胃の中に流し込んだ。そして、パウリーノと兵舎へ向かう。

　兵舎と武器庫は、南塔と呼ばれる、城壁と一体化した四角い塔の内部にある。王子は、聖者ドニエルによって連れ去られた衛兵たちのことを思い起こす。衛兵たちはいつも統制がとれていて、どの持ち場にいるときも隙を見せることがなかった。父王は衛兵たちを誇りに思っていて、彼らがいつでも戦える状態にあることを称えていた。だからこそ、父王は王子の安全を彼らに託して旅に出ることができたのだ。

　しかし今は、衛兵の格好をした人形たちがあたりをうろうろしたり、立ち話をしたりしているだけだ。城壁の外にいる衛兵人形たちには持ち場を指定したが、他の衛兵人形たちには何も命令していないので、これは当然のことだった。頭で分かってはいるものの、王子には目の前の光景が悲しく感じられた。人形たちは王子に気を向けておらず、しかも散漫だ。どう考えても、彼らが自分を守ってくれそうにない。

　パウリーノと王子は南塔の中に入り、武器庫の扉を開けた。主塔の小広間ほどの空間の中に、ありとあらゆる武器や防具が所狭しと並んでいる。すぐに目

に付くところに槍や長剣が何列も、整然と立てかけられている。その奥には、鎧や兜が山積みになっていた。向こうの壁際に、長弓や短弓が置かれているのが見えた。パウリーノと王子がそちらへ行くと、大量の矢が入ったかごがいくつも並べられているのが目に入った。そばの壁には石版が掛けられ、そこに矢の本数が種類ごとにまとめて書かれていた。石版の下の方に三日前の日付と、「最終確認者：オシュマ」という記述がある。

（几帳面なセヴェリ隊長の方針だな。つねに武器の数を把握させているんだ。これによると、トネリコの矢が500本、ポプラの矢が1000本、それから……。ふむ、全部で2500本程度だな）

「すごい数だね」

（そうだろうか。仮に、攻めてくる敵を迎え撃つことになったとしよう。今、衛兵人形は百体だから、その半分を弓兵に回したとして、五十体。一度の戦闘に必要な数は予測できないが、少なくとも一体あたり二束——24本は支給する必要があるので、それだけで半分近く使ってしまう。短期戦で撃退できないかぎり、あっという間に足りなくなる。普段ならば、足りなくなった分は鍛冶師が補充するが、今はそれができない。

とにかく、武器の現状は分かった。これから人形たちが弓矢を使えるか見る。必要なものを持って中庭へ出よう）

パウリーノは、王子にイチイの長弓とニレの長弓を一つずつ、そして矢筒を二つ持つように言った。矢筒には、それぞれ12本の矢を入れる。すぐ近くには練習用の的（まと）がいくつか置かれていて、パウリーノはそれも一つ持ち出すように言ったが、重すぎて王子の力では抱えられない。

「これ、僕には持てないよ」

（そうか。そういえば、衛兵たちもこれを運ぶときは、二人がかりで運んでいたな。大の男でも一人では運べないのだから、お前には無理だな。そうだ、そこにいる人形たちに持ってこさせるのはどうだ？）

王子は、近くで立ち話をしている二体の衛兵人形を見た。パウリーノに彼らの名前がイサリッピとテッツォであることを聞いて、さっそく命令する。

「イサリッピとテッツォ、的を中庭に運んでくれ」

二体の人形は目を白く光らせて、並べられている的の方へ歩み寄った。すぐにイサリッピの方が、的の一つを抱えて持ち上げようとする。しかし、持ち上がらない。やはり、人形でも一体では持ち上げられないのだろうか。

「人形の力の強さは、人と同じくらいなのかな」

（そのようだな。しかし、テッツォは別の的を持ち上げようとしているぞ）

　もう一体のテッツォの方は、イサリッピに手を貸すことなく、別の的に腕を回して持ち上げようとしている。

「何やってるんだ？　どうして、協力しないんだ？」

　パウリーノは少し考えた様子を見せた後、こう言った。

（こう言ってはどうだ？　『二人で的を一つ、中庭まで運んでくれ』、と）

　王子は、さっきも自分はそのように言ったような気がしたが、一応言ってみることにした。

「イサリッピとテッツォ。二人で的を一つ、中庭まで運んでくれ」

　それまでそれぞれ別の的と格闘していた二体は目を光らせ、一度的を置く。そして、テッツォはイサリッピの方へ移動し、一つの的を二体で抱え始めた。的はようやく持ち上がり、武器庫の外へ向かって移動し始める。

「分かってくれたみたいだけど、なんで最初の命令ではだめだったんだろう」

（最初の言い方は、曖昧だったからな。『イサリッピとテッツォ、的を中庭まで運べ』という言い方は、お前が意図した『二人で一つ運べ』という解釈もあるが、『それぞれ別に的を一つ運べ』という解釈もできる）

「そうかなあ。二人で協力して一つ持つようにしか聞こえないと思うけど？」

（お前は自分の意図を分かっているからそう思うんだろうが、言葉そのものは曖昧だ。たとえば、私が『イサリッピとテッツォ、剣を中庭まで持ってこい』と言ったら、私は彼らにどうしてほしいと考えていると思う？）

「それは、それぞれに剣を持ってきてほしいと思ってるんじゃないの？」

　そう答えて、王子は気がついた。今のは「二人で協力して」ではなく、「それぞれ別に」の方だ。持つ対象が「的」から「剣」に変わっただけで、なぜ「二人で協力して」から「それぞれ別に」に変わるのだろう。

（通常、剣のようなものは一人で持つのが普通だから、『それぞれ別に』という解釈が強くなるのだろう。一人で持てないような特殊な剣なら別だが）

「つまり、一人で持つのが普通か、二人で持つのが普通かの違い？」

（『持つ』の場合はそれが大きいだろうな。人間の場合は、常識だとかその場の状況によって、『二人で』か『それぞれ別に』かを判断するのだろう。人形は、どうしているのだろうな。分からない場合はとりあえず『それぞれ別に』と判断するのかもしれないな。実験して確かめてみるか）

的を運ぶ人形たちは、中庭に出たところで的を一度置いた。再びとりとめもない立ち話を始めた彼らを見ながら、パウリーノが王子に言う。

（こう命令してみてくれないか？　『イサリッピとテッツォ、腕を組め』と）

「え？　腕を組む？」

　その命令にどんな意味があるのだろうか。これから彼らにダンスでもさせるつもりなのか？　王子は半信半疑のまま、二体に命令をしてみる。彼らは目を白く光らせたが、次の行動は王子の予想と違っていた。イサリッピもテッツォも、自分の両腕を胸の前で組んだのである。

「あれ？　なんで？」

（どうやら私の予想どおりだな。『腕を組む』という言葉は曖昧で、二つの異なる行為に解釈できる。一つは、自分の片腕を他人の片腕と組むということ。もう一つは、自分の右腕と左腕を組むということ。前者は『二人で』の解釈で、後者は『それぞれ別に』の解釈だな。そして、人形たちは『それぞれ別に』の解釈を選択した）

「そういうことか」

（今後、複数の人形に命令するときには、このことに気をつけないといけないな。できるかぎり、『みんなで一緒に』なのか、『それぞれ別に』なのかを明確にした方が良さそうだ）

◆

　王子とパウリーノはまずイサリッピ人形にイチイの長弓とトネリコの矢を持たせ、20メトリウムほど的から離れさせた。王子はあまり期待せずに、「あの的の真ん中を射ろ」と言ってみた。すると、イサリッピ人形はきちんと弓に矢をつがえ、正しい姿勢で弓を引いた。王子はやや驚く。

「弓の使い方、知ってるんだね」

（古代に自動人形の作成が始まったのは、もともと人形を兵士として戦わせるためだったそうだ。だから、武器の扱いは詳細に組み込まれているのだろう。しかも人形は、並の男よりも力が強いようだ。あの長弓は引くのにかなり力が要るはずだが、人形は楽々と引いているように見える）

　しかし、放たれた矢は的を大きく左に外れ、あさっての方向へ飛んでいく。

「弓を引く格好はいいけど、全然当たりそうにないね」

（待て。もう少し、練習をさせてみよう）

パウリーノの提案で、王子は人形に同じことをしばらく繰り返させた。最初の数回、人形は上下左右、さまざまな方向に的を大きく外した。しかし回数を経るごとに、徐々に外れ方が小さくなり、二十回目を越えたあたりで矢は的の端の方に刺さった。

「当たった！」

（調整に、二十回必要か。まあまあだな）

　パウリーノは、もう一体のテッツォにも同じ練習をさせてみろという。王子がテッツォに命じて同じ位置から的を狙わせると、テッツォは最初から的に矢を当てることができた。

「すごい。イサリッピよりも、テッツォの方が弓が上手なんだね」

（いいや、おそらく、イサリッピが体得した『弓の使い方』を、テッツォも共有しているんだろう。人形たちは、学んだ知識や技能をみなで共有するらしいからな。つまり、一体に何かを覚えさせれば、他のすべての人形たちもそれを覚えたことになる。つまり、人形たちには個体による違いがないのだ）

「それ、本当？　すごいな」

　王子は感心すると同時に、わずかに希望が見えてきたように感じた。役立たずでしかないと思っていた人形たちだが、実はすごい力を持っているのかもしれない。そしてその力をうまく使えば、城を守れるのではないか？　それに、さらわれた者たちを助けに行くこともできるかもしれない。王子の頭の中に、人形たちの軍団を勇ましく率いる自分の姿が浮かぶ。しかし王子の想像は、パウリーノの言葉によって遮られる。

（だが、注意しなければならないことがある。人形たちの『学び方』が、我々人間と同じであるとは限らない。人形たちが実際何をどうやって『学んでいる』か、誰にも分からない。だから、人形たちの『学びの成果』の一部だけを見て、我々と同じように学んでいると考えるのは危険だ）

　王子は膨らんだ期待に水を差されたような気がして、つい反論してしまう。

「僕はそんなの、どうでもいいと思うよ。何をどうやって覚えようと、結果さえ良ければいいじゃないか」

　黒猫は王子の顔を見上げ、ぼそりと言う。

（そんなことを言っていると、痛い目に遭うぞ）

「痛い目って何さ。こんなに上手に弓を扱えるのが、そんなに悪いこと？」

　王子はもう一度、テッツォに的を狙わせる。テッツォの放った矢は、的の中

央に当たった。王子は歓声を上げて喜ぶ。これが他の人形たちにもできるように
なったのだと考えると、喜びはますます大きくなる。

　（とりあえず、弓がまったく使えないわけではないことは分かった。近接戦も
見ておく必要があるな。剣を使えないということはないと思うが）

　王子はテッツォに、「イサリッピと剣で戦ってみろ」と命令した。するとテッ
ツォは腰の鞘からぎらりとした剣を抜く。パウリーノが慌てる。

　（おい、早くやめさせるんだ！）

「どうしてさ？」

　（テッツォがイサリッピに切りつけてしまうぞ！）

「そりゃそうだよ。そうしろって言ったんだもん」

　（馬鹿、剣の練習は木製の剣でやるもんだ！　それに、イサリッピは盾も持っ
てないんだぞ！）

　そうしているうちに、剣を抜いたテッツォは剣を振り上げ、ただ突っ立って
いるだけのイサリッピの首元をめがけてものすごい勢いで切りつける。それを
見て、王子はパウリーノの言わんとしていたことが分かった。

「本気で切ろうとしてる！」

　つまりテッツォ人形には、これが「練習」であることがまったく通じていな
いのだ。止めようとしたときには、もう遅かった。テッツォの剣が、イサリッ
ピ人形の首に当たる。思わず顔を覆った王子の耳に、ガキンという鋭い音が聞
こえる。その音に驚いた王子が目をやると、テッツォの剣の刃先は、イサリッ
ピの首の付け根で止まっていた。

「首、切れてない……」

　（どうやら、剣では切れないようだな）

　その後もテッツォ人形はあきらめず、イサリッピ人形に盛んに切りつける。
テッツォ人形は剣の扱いはよく知っているようで、上から頭に叩きつけたり、
首を横になぎ払ったりはもちろん、剣先をまっすぐにして鎧の隙間を突いたり
もする。その力と速さに王子は目を見張ったが、さらに驚いたのは、どこに剣
が当たっても、イサリッピ人形の体が傷一つ負わないことだった。

「すごいよ、どっちも。これなら、盾なんかいらないじゃないか？」

　（古代の記録では、人形の体は矢を通さなかったとある。しかし、これほどま
でに頑丈だとはな）

　王子は希望に体が震えてくるのが分かった。眠ることもなく、飢えることも

なく、疲れも知らない兵士たち。そしてその体は剣も矢も通さない。これほど理想的な兵士たちがいるだろうか?

　(これで、戦闘力はおおよそ分かったな。次の用事に移ろう。その前に、使った矢を回収する必要があるな。貴重な矢だから、無駄にはできない)

「じゃあ、人形にやらせようよ」

　そう言って王子はイサリッピ人形に、「矢を拾え」と命令した。イサリッピ人形は的の近くへ行き、散らばった矢に手を伸ばす。しかし何を思ったか、矢を一本拾っただけでこちらへ戻ってこようとする。

「あれ?　何やってんだ?　まだたくさん落ちてるのに。おーい、イサリッピ、ちゃんと矢を拾えよ!」

　王子がこう叫ぶと、イサリッピ人形は再び的の近くへと引き返して矢を拾うが、やはり一本拾っただけで、こちらへ戻ってこようとする。

「何で?」

　(お前は今、『矢』とだけ言ったな。『矢を拾え』と)

「うん、そうだけど」

　(『矢を全部拾え』と言ってみたらどうだ?)

　王子は言われたとおりにしてみた。すると人形は戻ってくるのをやめ、残りの矢を拾い始めた。

「そうか、『全部』っていうのが分からなかったのか。でも、僕は『全部』のつもりで、『矢を拾え』って言ったんだけどな」

　(『矢』のような言葉は、単独で使われるときわめて曖昧だ。『あの矢』『その矢』と同じように特定の矢を指すこともあれば、『どれでもいいから一本の矢』と同じように、特定のものを指さない場合もある。また、お前が意図したように、『すべての矢』を意味する場合もあるし、その他にも『いくつかの矢』『たいていの矢』、そして種類としての『矢』など——状況によって、実にさまざまな意味に解釈される。だから、できるかぎり『あの』『その』とか、『一つ』とか『全部』を付けた方がいい)

　王子はうんざりしながら説明を聞いていた。

「また、『曖昧』か。面倒だな」

　(面倒でも、慣れていくしかない。もしお前がこの人形たちを使いこなして、生き延びたいのであれば、な)

　パウリーノの言葉は、王子の心に深く響いた。

「使いこなして、生き延びる……」

（こいつらは恐ろしい力を持っているが、お前の命令でしか動かない。つまりこいつらの力を生かすも殺すも、お前の言葉次第だ）

　王子はパウリーノに、無言でうなずいて見せた。

◈

　王子とパウリーノは、兵舎にいた衛兵人形たちを中庭に集めた。外で城壁を守っている者たち以外の「衛兵」は、すべて集まったことになる。

（これから、彼らをいくつかの『班』に分ける。そして、今後は班ごとに行動させるようにする）

「なんでそんなことが必要なの？」

（当然、戦いのために決まっているだろう。戦闘においては、集団をいかに巧みに配備して動かすかが重要だからな）

　王子にはあまりぴんとこなかった。人形たちはとても強いのだから、集団で行動させなくても、一体一体が思うように敵と戦えばいいんじゃないか？

「人形は傷つかないんだし、敵が来たら適当に戦わせればいいじゃない。あっという間に敵をやっつけられると思うよ？」

　パウリーノは鼻をフンッと鳴らす。

（お前は戦闘を分かっていないな。そんなことでは確実に負ける）

「なんで、そんなことが言えるのさ？」

（では聞くが、お前はこの城が敵に攻められた場合、一番優先すべきことは何だと思っているんだ？）

「そんなの、決まってるじゃないか。敵を全員、やっつけることだ」

（本当にそれが優先事項か？　それを達成しようとする途中で、お前自身が敵につかまったり、傷ついたり死んだりしたらどうするんだ？）

　王子は言葉を失った。そうか、自分が敵の手に落ちたら意味がない。

（分かったか？　一番優先しなくてはならないのは、敵をお前に近づけないことだ。そのためには、人形たちの位置が重要だ。人形たちがお前の盾になるように、巧みに行動させなければならない。だからこそ、集団行動が必要なんだ。個々の人形たちがいくら強くても、彼らの隙間から敵が入り込んで、お前を襲ったら意味がない）

　王子はようやく、班を作ることの重要さを理解した。しかし、具体的にはど

98

うするのだろう。

（班を作るには、一体一体に、そいつが何班に属するかを宣言するんだ）

「僕が言うの？」

（当たり前だ。言い方はこうだ。『私は宣言する。誰々と誰々は第何班に所属する』とな）

「やってみるよ」

　王子は一番近くにいる衛兵人形二体——ドゥーナンとシノッキオに向かって、「私は宣言する。ドゥーナンとシノッキオは第一班に所属する」と言ってみた。すると二体は目から、かすかな黄色い光を発した。

「これでいいの？」

（試しに、『第一班、右手を上げろ』と言ってみろ）

　王子がそのとおりに言うと、ドゥーナンとシノッキオは同時に右手を上げた。その動きは完全に同調していて、王子は感心した。

「すごい！」

（もう少し、第一班の構成員を増やそう。各班二十人にするのだ）

　王子は他の人形たちにも声をかけ、班を作っていく。

（人形たちへの『宣言』では、グループに分けること以外に、名前を教えることもできるぞ。たとえばお前が私を指さして、人形たちに『私は宣言する。この猫の名前はパウリーノだ』と言えば、彼らは私の名前がパウリーノであることを知る）

「へえ、やってみようかな」

　王子は人形たちに向かってそう言ってみた。すると人形たちは目から黄色い光を発して、パウリーノの方を見る。

「ちゃんと分かったのかな？　おいテッツォ、パウリーノを抱え上げろ」

　王子がそう言うと、テッツォ人形はパウリーノに手を伸ばして、むんずとつかんだ。パウリーノは暴れる。

（痛い、痛い！）

　どうやら力加減を知らないようだ。王子は慌てて、「パウリーノを放せ！」と言う。人形の手から飛び降りたパウリーノは地面にべしゃっと落ちた。

「大丈夫！？」

（どうにか無事だ。だが、二度とこんなことはしないでくれ）

　王子は「班分け」の作業を続け、兵士たちを二十人ずつの四つの班に分けた。

そして二つの班を表門の内側、一つの班を裏門の内側、もう一つの班を山の斜面に面した城壁の上に配置することにした。骨の折れる仕事だったが、すべてを終えると、王子には城がより堅固になったように感じられた。

「これで、もう大丈夫だよね？」

　そうつぶやく王子を、パウリーノはちらりと見上げる。

（戦いにおいては、けっして『これでもう大丈夫だ』などと思わないことだ）

「どうして？」

（いくら準備しても、『もう大丈夫』という状態にはならないからだ。戦いの場では、そう思った人間から滅んでいく。そもそも、そんなことを思うということは、現実を正しく認識できていないことの現れだ。そういった『幻想』は、『早く安心したい』という焦りから来る。つまり、お前は怖いのだ）

「そんな、僕、怖くなんかないよ！」

（だったらもう少し正しく現状を見るんだ。人形たちを配備した今でも、足りないものがあるだろう？）

「あるかなあ？」

（城を攻められたとき、具体的に何が起こるかを想像していないから分からないんだ。たとえば外から敵がやってきたとき、お前は城じゅうに配置した人形たちを、どうやって動かすんだ？）

「そりゃあ、命令して動かすよ。普通に」

（城じゅうを駆けずり回って、か？）

「あ……」

　そう言われて、王子は初めて気がついた。そんなことは無理だ。ついさっき、人形たちを配備するのでさえも、城の表門と裏門を行き来し、さらに城壁の上を一巡りしなくてはならなかった。戦いの場で、そうやって命令して回るわけにはいかない。

「どうしよう。このままじゃ、だめだ」

（それが分かったら、上を見ろ。ちょうど、必要なものが届いたようだ）

「必要なもの？」

　王子が見上げると、自分たちの方に、白い鳥が旋回しながら下りてくるのが見えた。白い鳥が王子の目線まで下がると、鳥の首に巻き付いていた紙が王子の手元にふわりと落ちる。鳥をよく見ると、手紙だけではなく、なにやら小さな袋も首から下げている。

（その袋も外すんだ。それも『届け物』だからな）

　飛んでいく鳥に別れを告げ、袋の中身を出すと、さくらんぼの実ぐらいの小さな水晶玉一つと、ふわふわした綿の固まりが出てきた。

「何なの、これ」

（手紙を読めば分かる）

　手紙に目をやると、昨日王子が受け取った手紙とは違う筆跡で、こう書いてあった。

◆

親愛なる "P" へ

　あなたの師、そして我らが友である "B" より事情を聞きました。遠方にいるため、大変な苦境に見舞われているあなたの元にすぐに駆けつけられないことを、非常に残念に思います。しかし、私も "A" も、準備ができ次第そちらに出発します。我々の到着まで、どうかご無事でおられますよう。

　"B" より言づけられた「遠見の瞳」と「通信綿」を送ります。これらは、つい先日、あなたの要望によってそちらの家令ガリアッツィ様に送ったものと同じものです。しかし念のため、改めて使い方を書いておくことにします。

　「遠見の瞳」は、我が神殿にて、魔術と錬金術を組み合わせた最新の技術によって作られたものです。「遠見の瞳」を使うには、まずこれを遠見の宝玉に触れさせ、しかる後に、使用者の左の目玉に近づけます。そうすれば、「瞳」は目の中に入り込みます。これを付けた状態で三回素早く瞬きすれば、「遠見の部屋」の同時像を、城内のどこにいても左目で見られるようになります。元の視界に戻したければ、また三回瞬きすれば戻ります。

　「通信綿」の使い方は、ちぎって左耳の中に入れるだけです。そうすれば、それを耳に入れている者どうしの間では、離れていても話をすることができます。ただし、話をするには相手に明確に呼びかけなくてはなりません。つまり、独り言は伝わらないと考えてください。送った分量では足りないように見えるかもしれませんが、心配は無用です。あなたの城の人形すべてに使っても余るぐらいの量があります。

　これだけあれば、離れたところにいる人形たちを操ることができるでしょう。ただし、本当にうまく操れるかどうかは、使用者の腕次第です。それか

ら、「遠見の瞳」は装着してから慣れるまでに少し時間がかかるので、注意が必要です。最初はめまいを引き起こすかもしれませんので、あなたの王子様が転倒して頭を打ったりしないよう、くれぐれも注意を払ってください。

あなたと王子様に我が神の加護のあらんことを

"G"

◈

（とにかく、早めに届いてよかった。手紙にあるとおり、少し前に同じものを取り寄せてガリアッツィ殿に渡しておいたのだが、彼の部屋に見当たらなくて困っていたからな）

王子は興奮して言う。

「ねえ、その『なんとかの瞳』っていうの、早く使ってみたいよ！」

（まずは、『通信綿』を衛兵人形たちの耳に入れるのが先だ）

王子ははやる気持ちを抑えながら、衛兵たちの耳に「通信綿」を入れる作業を終えた。衛兵たちを持ち場に配置したあと、パウリーノと「遠見の部屋」に上がる。

（『遠見の瞳』を、テーブルの上の水晶玉に触れさせるんだ）

王子は小さな玉を、同時像を映し出している水晶玉に触れさせた。すると、小さな玉の中央に、青白い光がともった。

「これを、僕の左目に近づけるんだね？」

（そうだ。だが、気をつけろ。めまいがするかもしれないと書いてあるから、椅子に座ってから装着した方がいい）

「平気だよ！」

王子はそう言って、すぐに「遠見の瞳」を左目に近づける。するとそれは指をするりと抜け、王子の左目の中に収まった。ほんの少し、左目がひんやりとしただけで、まったく異物感はない。王子はすぐさま、三回瞬きしてみた。すると、王子の視界の左側に、部屋の「同時像」が見え始める。

「うわ……」

左目に浮かぶ同時像が、右目で見ている壁の同時像に重なる。すごい、と思ったのもつかの間、王子の視界はぐるぐると回りだす。王子は立っていられなくなり、床にばったりと倒れた。

パウリーノに少し休むように言われ、王子は這うようにしながらよろよろと
階段を下り、書斎を抜けてパウリーノの寝室に入った。ベッドによじ登ってし
ばらく仰向けになっていると、体の気持ち悪さが少し落ち着いてきた。しかし
上半身を起こすと、また目の前がぐらりと揺れたので、王子は立ち上がるのを
やめた。一度眠った方がいいのだろうが、眠気はまったくない。王子はふと、
ベッド脇の棚に目をやった。今朝も見たとおり、棚には金属の箱と、小さな布
の袋が置かれている。王子は手を伸ばして、箱の方を取って引き寄せた。蓋を
開けると、中には紙の束が、縦にそろえて詰められていた。

（何だろう？）

　王子はその左端の紙をつまんで取り出す。少し茶色く変色しているそれを広
げると、大きく角張った文字が目に入る。字の大きさはまちまちで、幼い子供
が書いたのだとすぐに分かった。しかし、きちんと読める。

「パウリーノさん　おげんき　ですか。わたし　わ　げんき　です。」

　紙の下半分には、花の絵らしきものが描かれていて、その下に大きすぎる文
字で署名があった。「ポーレット」と。

　紙の一番下には、明らかに大人の字で小さく日付が書いてあった。今から十
五年ほど前の日付だ。

（ポーレットの手紙？）

　日付から推測すると、三歳のポーレットが書いたものということになる。そ
れも、七歳ぐらいのパウリーノに宛てて。

　王子は箱の中の紙を左から順番に広げて見ていった。最初のいくつかは同じ
ような内容の手紙が続いたが、少しずつ字が上達して、言葉も達者になってい
くのが分かる。今から十一年前の日付の手紙に、王子は目を留める。

「パウリーノさん　おげんきですか。このまえ、王さまと王ひさまに、あか
ちゃんが生まれました。とってもかわいい、おとこの子です。お父さまが、わ
たしに、ポーレット、あかちゃんをきちんとみているようにね、と、いいまし
た。ときどき、なきますけれど、だっこしたら、わらいます。パウリーノさん
にも、あかちゃんをみせたいです。ポーレット」

（赤ちゃん——僕のことだ）

　王子は胸のあたりがじんわりと熱くなるのを感じた。それから後の手紙に

も、赤ん坊である王子を世話することの喜びがつづられていた。王子には、自分が物心つく前のことをこうして読んでいることが、奇妙に感じられた。そこには、自分の知らない自分の姿が記されているのだ。九年前の日付の手紙に、王子はとくに興味を引かれた。ポーレットは九歳ぐらいだったろうが、今の王子が書けるよりもはるかに優れた文章で、こうつづっていた。

「王子様は二歳になりました。毎日いっしょに楽しく遊んでいます。王子様はお勉強が大好きで、わたしがパウリーノさんにお手紙を書いていると、まねをして何か書こうとします。このまえ、字を少し教えてあげたら、とても上手に書きました。お庭のお花や虫も大好きで、知らないものを見つけると、『あれはなあに？』とわたしに聞きます。教えてあげると、すぐに覚えます。とても、頭のいい子です」

　勉強が好き……？　頭がいい……？　王子は自分について、そう思ったことがなかった。ポーレットは、本当のことを書いているのだろうか？　王子は疑わしく思ったが、ポーレットがわざわざ嘘を書く理由が見あたらない。もしかすると、二歳の自分は本当に勉強が好きで、頭が良かったのかもしれない。しかし、字を書いたということも、花などに興味があったということも、まったく記憶にない。

　王子は箱を見下ろす。中にはまだ、たくさんの手紙が詰まっている。これまで読んだ内容から考えて、左側に入っているものほど古く、右側に入っているものほど新しいと想像できた。王子は箱の右端の手紙——つまり一番新しいと思われる手紙を取り出して広げた。日付は一年と少し前。つまり、パウリーノが王子の教育係として城に来る前だ。手紙は、遠方にいるパウリーノへの気遣いに始まり、もうすぐ城で一緒に働けることに対する喜び、そして城の細やかな近況が、美しい字でつづられていた。

　読みながら、王子の心は痛んだ。ポーレットの手紙には、女性——たとえば彼の母親である王妃が好んで使うような、浮わついた美麗な言葉はいっさい書かれていない。婚約者への手紙だというのに、男をのぼせあがらせるような甘ったるい文句の一つもない。それなのにその手紙からは、パウリーノに対する愛情と尊敬の念がひしひしと感じられた。吹けば飛ぶような浮かれた恋心ではなく、しっかりと地に根を張った敬愛の念だ。王子は唇をかむ。

（ポーレットは愛していたんだ、パウリーノのことを）

　しかし三日前と違って、王子の心に憎悪は浮かび上がってこなかった。かわ

りに王子は、パウリーノの心に思いを馳せる。

　（古いものから新しいものまで、こんなにも多くの手紙を大切にとってあるということは……そうか、パウリーノの方も、きっと……）

　王子は手紙の最後の文句に目を留めた。そこにはこう書いてあった。

「あなたが王子様に、恐怖と向かい合う勇気を与えてくださいますよう、願っております」

　恐怖？　何のことだ？

　そのとき、出入り口の方からかすかな足音が聞こえた。はっとして目をやると、パウリーノがいて、床からこちらを見上げていた。

（何をしている）

　王子はばつの悪い思いがした。他人の手紙を勝手に読んでしまったのだ。いくら王子といえど、咎められて当然だろう。パウリーノはベッドに飛び上がり、箱と、王子が読んだ手紙の束を見る。しかしパウリーノは怒った様子もみせず、ただぽつりと言った。

（読んだのか）

　王子はこくりとうなずいた。パウリーノは二つの青い目でじっと王子を見た後、顔を横に向けた。猫の顔なので、何を考えているのかよく分からない。パウリーノはしばらく黙ったあと、つぶやくように言った。

（ポーレットは、お前のことをいつも気にかけていた。実の弟のように、本当に大切に思っていた。彼女はことあるごとに私に手紙をくれたが、内容はほとんどお前のことだった）

　手紙のいくつかを読んだ今、王子にもそれはよく分かった。しかしパウリーノは次に、よく分からないことを言った。

（ポーレットはつねに心配していた。お前が何らかの恐怖を胸の内に抱えていることを）

「僕が？」

　王子にはまったく心当たりがない。

「僕、何も怖がったりしてないよ。ポーレットの勘違いじゃない？」

（ポーレットによれば、お前が三歳の時、『それ』が起こったそうだ）

「『それ』って、何さ？」

（お前は生まれてからずっと好奇心が旺盛な子供だったそうだ。しかし三歳のある時期を境に、世の中のことすべてにいっさい興味を示さなくなったらし

い。それだけでなく、ひどく臆病になったそうだ）

　王子は黙り込む。僕が三歳のとき？　はっきりと思い出せないが、何か心に
ひっかかることがある。何があった？

　（ポーレットの手紙にも、はっきりしたことは書かれていない。ただ、『王子
様が旅から戻られて、しばらくご病気になられた後』だと）

　自分が、病気に？　王子はおぼろげながら、幼いときの一時期、長く病に伏
せていたことを思い出した。寝かされたまま動かない体の重さ、寝汗で不快な
寝具。その感覚は、はっきりと覚えている。

「でも、僕、旅に出たことはないよ。今まで行った一番遠いところは、いつも
狩りで行く、近くの森ぐらいだ」

　（だがポーレットは、お前が陛下と共にどこかへ旅をし、ひどい病を患って
帰ってきたと書いている。そして回復後もその経験を、お前がずっとひきずっ
ていると）

　やはり旅のことは思い出せない。ポーレットは何か勘違いしているのかもし
れないと、王子は考えた。

「それで、ポーレットは、僕が何かを怖がっているから勉強嫌いになったと
言ってたの？」

　（少なくとも彼女の中では、そこがつながっているようだった。だが、私は最
近まで同意できなかった。私はずっと、勉強嫌いに正当な理由などないと思っ
ていたからな。私は、大多数の人間は本来怠惰だから勉強が嫌いなのだ、それ
が自然なのだと考えていた。私自身、そうだからだが）

　王子はパウリーノの言葉に驚いた。

「勉強が嫌い？　パウリーノが？　嘘だろう？」

　（本当だ。子供の頃の私は、勉強が苦痛で仕方がなかった。それでも勉強した
のは、そうしなければ一人前の大人になれないことを知っていたからだ）

「信じられない。パウリーノは、勉強が好きなんだと思ってたよ。でも、そん
なに勉強嫌いだったのに、どうして今は勉強好きなのさ？」

　（私は今でも、自分が勉強好きだとは思っていないぞ。私の場合は、無理に勉
強しているうちに『勉強することに慣れた』と言う方が正しい）

「勉強に慣れた？」

　（つまり、勉強に対する心理的な負荷が減った、という感じだな。だから、お
前に対しても同じようにすればいいと思っていた。机に座って読み書きする習

慣をつけさせれば、いずれお前も勉強に慣れるだろうと、そう思っていたのだ。その方法は確かに一定の成果を上げた。文字が読めなかったお前を、とりあえず『読める人間』にすることができた。しかし、お前の態度は一向に改まらなかったし、むしろ以前よりも勉強を、そしてそれを強いる私を嫌うようになっていると感じた。それで最近、私は自分のやり方に疑問を感じるようになった）

「疑問って、どんな？」

（やはりポーレットの言うことを考慮すべきかもしれない、と思い始めたのだ。お前の心に向き合わなくてはならないのではないか、とな。そして、『恐怖』と『学び』について考えるようになった。よくよく思い返してみると、私自身、子供の頃に勉強嫌いだったことの背景には、単なる怠け心の他にも、何らかの恐怖があったことに気づいたのだ）

「どういうこと？」

（たとえば、他人と比べられるのが怖い、自分が何も知らないことを知るのが怖い、などといった思いだ。自分の嫌いな人間が得意げに語っていることを学ぶのは屈辱に思えたし、それゆえにそういった知識については『自分がわざわざ学んでやる価値はない』と思ったこともあった。何かを学び始めるというのは、ある意味、その分野におけるもっとも低い位置に自分を置くことを認め、それを甘んじて受け入れるということだ。そしてそれは考えようによっては、心の奥底の恐怖をかき立てることでもある）

　王子は黙って聞いていた。完全に理解できているわけではなかったが、自分の心と無関係ではないように思えた。

（そのように考え始めると、さまざまなことに合点がいった。私は大人になってから、ある程度の地位を確立した大人の中に、新しいことをいっさい学ぼうとしない者がいることに気がついた。彼らの『学ばなさ』は、お前の比ではないし、より質が悪い。彼らは自らの権威を振りかざして新しい知識の価値をおとしめ、徹底的に拒否する。彼らは自分が学ばないことを正当化する。それは他人に対する弁明のみならず、自分に対する弁明でもある。つまり他人にも自分自身にも、自分がなぜ学ばないのか、なぜそれが許されるのかを言い聞かせるのだ。しかし彼らが何を言おうと、彼らが学ばない本当の理由は一つしかない。今いる場所から逸脱したくないという『恐怖』だ。つまり安全な、居心地のいい場所から出たくないのだ）

安全な、居心地のいい場所から出たくない。その言葉は、王子の心に響いた。
　（本当は、そんな場所は幻想で、あるはずがないのだがな。世の中は変わっていくし、自分自身も変わっていく。生きているというのはある意味、一瞬一瞬、知らない場所に放り出され続けるようなものだ。それは本当に恐ろしいことだが、それを認めるのはもっと恐ろしいことだ。だから人は多かれ少なかれ、それを無視したがるのではないかと思う。『知ること』に対する恐怖は、そこから来ているのだと思う）
「パウリーノは……僕もそうだって思ってるの？」
　（おおまかに言えばそうだが、お前にはお前の事情がありそうだし、それが何かを知らなくてはならないと考え始めていた。その矢先に、こういうことが起きてしまった）
「……」
　（だから、今回のことは、私の責任だと思っている。猫にされたのは、私の過ちに対する罰なのだろう。だが、ポーレットたち——城の者たちまで巻き込んでしまったのは……）
　パウリーノはそこで言葉を途切れさせた。王子は胸を押さえて、下を向く。目に涙があふれる。
　（悲しませるようなことを言ってしまったな。昨日も言ったが、起きてしまったことを嘆いても仕方がない。今はとにかく、できることをしよう）
　王子は小さくうなずいて、涙でぼやけた視界を鮮明にするために、顔を起こしながら数度瞬きした。そのとき、視界の左側に「同時像」が映った。
「あっ！」
　（どうした？）
「表門に、近づいてくる人がいる」
　（何だと？　武装しているか？　何人だ？）
「一人で、武装はしてないように見える。普通の服で……馬に乗ってる。白いマントで、緑色で何か刺繍されているみたい」
　（白のマント？　ソラッツィ主教会の者だな。このままだと衛兵が追い返してしまうが、主教会の者相手にそれをしてはまずい。お前が出るしかない）
「僕が？」
　（召使いとして応対するのだ。急ごう）
　王子はパウリーノと一緒に走り出す。取っ手を回して表門を開けていると

き、その向こうから男の声が聞こえた。

「何なのだ、お前たちは！　私は副大主教様の使者だぞ！　手紙を持って参ったというのに、分からんのか？」

王子は急いで表門を開く。衛兵人形たちの向こうに、困惑した使者の顔が見える。使者は王子の顔を見ると、こう言い放った。

「おい、お前！　城の者か？　何なのだ、この衛兵達は！」

乱暴に声をかけられた王子はむっとするが、パウリーノがささやく。

（いいか？　お前は召使いだ。まず失礼を詫びて、衛兵たちは新しく雇った外国の者で、言葉がまだよく分からないと言うのだ）

「すみません。この者たちは外国の者たちで、言葉がまだよく分かっていないんです」

王子がそう言うと、使者はやや落ち着いた様子を見せる。

「どうりで、な。何を言ってもおかしなことを言うし、近寄れば追い返そうとする。こんな無礼な者たちを、なぜ雇っているのか疑問だが、人手不足なのか？　ところでお前は、城の者だな」

「あ……はい」

「七日後の訪問についての手紙だ。ガリアッツィ殿に渡してくれ」

「七日後？」

王子は聞き返したが、使者は手紙を渡すとすぐに馬に飛び乗って去ってしまった。王子とパウリーノは唖然としてそれを見ていたが、慌てて門の中に入り、門を完全に閉じた後ですぐに手紙を開く。そこにはこう書かれていた。

❖

栄えあるルーディメント王子、およびその代理人エサン・ガリアッツィ殿

先日の手紙にてお知らせした、ソラッツィ主教会副大主教ならびにサザリア公殿の訪問の詳細は下記の通りでございます。

- 到着予定：二十五日正午
- 訪問人数：副大主教キーユ・オ・ホーニック、サザリア公カンディーロ
  殿以下二十名

ぜひとも、正餐をご一緒できましたら幸いです。なお、その際、ガリアッ

ツィ殿あるいはパウリーノ殿ではなく、ルーディメント王子ご本人に主催者として正餐のご接待をいただくことを、我が副大主教は切に望んでおられます。厚かましいお願いであることは重々承知しておりますが、何とぞご一考いただけますことをお願い申し上げます。

❖

「七日後？　副大主教と、サザリア公って……叔父上じゃないか！」
　王子はパウリーノを見る。パウリーノは青い目を大きく見開いたまま、王子を見上げて黙っている。
「ここに、来るの？　それに、正餐って……食事のこと？」
　パウリーノはやはり、固まったように動かない。
「ねえ、パウリーノ、何とか言ってよ！　これ、どういうことなの？」
　パウリーノは体をわずかに震わせ、ようやく言葉を発する。
（思い出した……六日前に……訪問を打診する手紙が来て……）
「それで、どうなったのさ！」
（ガリアッツィ殿と……今、王弟殿を城に入れるのはまずい、と話して……三日がかりで、断りの手紙の文面を決めて……）
「でも、断れてないじゃないか！」
　パウリーノの顔は、猫のそれでもはっきりと分かる、悲痛な感情を浮かべて言った。
（三日前、手紙を出す直前に……皆が人形と入れ替わった。だから……断りの手紙は、出せていないんだ）
　王子の目の前は、真っ暗になった。

❖

「どうしたらいいんだよ！」
　王子とパウリーノは、中庭を厨房の方へと走る。走りながら、王子はたびたび絶望を口にする。
「どうしろって言うんだ！　戦うのならともかく、食事だなんて！　誰が作るの？　誰が給仕するの？　人形たちに、できっこないよ！　僕にもできないよ！　だから、誰にもできないよ！」
（あー、うるさい！　少し黙ってくれ！）

「黙ってられないよ！　叔父上にこの状況を見られたら、もうおしまいだよ！」

（そんなことは分かっている。だから、考えているんじゃないか！）

「考えるって、何をさ！　今からどうやって断るかってこと？」

（それは無理だ、あきらめろ）

「どうしてさ！　それ以外ないだろ！」

（訪問の依頼を受けた際、一定期間内に返事をしなければ、自動的に承諾したものと見なされる。そして、具体的な日時と人数を知らせる手紙が届いた時点で、もう断ることはできない。それが、高貴な身分の人間どうしの作法だ）

「そんな作法、知らないよ！」

（何を言うか。今の時点で断れば、副大主教に対して大変な失礼にあたる。それに、副大主教の側ではすでに訪問の準備を始めているはずだ。断ることで、金銭的な損害も与えてしまう）

「いいよ、そんなの！　損をさせればいいんだ！」

（分かっていないな。ソラッツィ主教会の副大主教は、陛下の絶大な支援者だ。彼の支援がなくては、この国は立ちゆかない。だから、彼の機嫌だけは絶対に損ねてはならないのだ。お前もそういう大人の世界の事情を考慮しなくてはならない。王弟殿は、陛下の留守を良いことに、副大主教に接近していると見える。下手をすると、戦わずして、国を乗っ取られてしまうぞ）

王子は眉をひそめる。そんな「大人の世界」などに、関わりたくなかった。

（僕は、ずっと子供でいたかった）

いつまでも子供のままで、安全な場所で、わがままを聞いてくれる人たちに囲まれて暮らしたかった。いつまでも外に出ないで、自分では何もせず、何も決めず、何の責任もとらずに、わがままばかり言っていたかった。でも今はもう、安全な場所はないし、わがままを聞いてくれる人たちもいない。

（だから僕も、もう子供ではいられないというのか？）

王子は走りながら目をきゅっとつぶり、頭を振った。そんなの、嫌だ。自分が悪いのは分かっている。でも、そんなこと、到底受け入れられない。

（そんなことを受け入れるなんて、僕には無理だ。でも、無理でも、そうしなくてはならないのか？　そうなのか？　ああ、誰か、答えてくれ！）

そのとき、王子は石につまずき、そのまま地面に転倒した。彼の顔の右側が、短い草の生えた固い地面にぶつかる。王子は誰かに思い切り殴られたように錯覚した。パウリーノが驚く。

（おい、大丈夫か！）

　王子は数秒突っ伏した後、少しずつ立ち上がった。右頬のじんじんする痛み。王子は思った。これが答えなのだ、と。目に滲んだ涙をふき取りながら、王子は無言で立ち上がり、再び厨房へと走る。

　冷え切った厨房は、昨日の火事の跡のせいか、まるで打ち捨てられた廃墟のように見えた。しかし作業台やかまど、調理道具には影響がないようだ。

（壁が焦げていて見た目は悪いが、調理場としては問題なさそうだな）

「でも、何をどうしたらいいんだろう」

（まずは献立を考えよう。副大主教が訪問したときに出す食事のな。もちろん、ろくな物が出せないのは分かっている。しかし、食事をするつもりで来ている客に何も出さないのはまずい。それよりは、何らかの食べ物を出したあとで、最高のものを出せなかったことについての言い訳をした方がいい）

「うーん、そういうものか。でも、誰が料理するの？」

（お前か、人形しかいないだろう。まずは、人形に本当に料理ができないのか、確かめてみる必要がある）

「この前、僕が『食事を作ってくれ』と言ったときは、何もしなかったよ？」

（言い方が悪かったのかもしれないじゃないか。『食事を作れ』は漠然としているし、何を作るかを決めて、手順を決めて、実際に料理するという、実に複雑な作業を要求していることになる。人形にできなくても無理はない）

　王子はなるほどと思った。

（そのかわり、もう少しかみ砕いて命令をしたらどうかと思っているのだ。たとえば『パンを焼け』『野菜のポタージュを作れ』とかな。運が良ければ、詳細に動作が組み込まれているかもしれんぞ。さっきの『弓で射ろ』のように）

「ああ、そうか。『戦い』についての動作は、人形たちの中にきちんと入っているんだったね。試しに、『パンを焼け』って言ってみようか」

（そうだな。まずはパンが用意できなければ始まらないからな。人形は、どういう反応をするだろうか）

　王子はすぐそこにいるロカッティ料理長の姿をした人形に、「パンを焼いてくれ」と言ってみた。すると人形は目を赤く光らせる。

（赤い光だ。命令そのものは分かっているようだが、必要なものがそろっていないということだろうか？）

「それじゃあ、パンの材料を持ってくればいいの？　貯蔵庫から？」

（そうだな。パンを作るには小麦粉とパン種が必要だ。それから、パン焼きかまどに火をつけておいた方がいいかもしれん。私も自分でパンを焼いたことがないのでくわしいことは分からないが、かまどは暖まるまでに時間がかかると聞いたことがある。それに、これは火を使う行程だから、人形にやらせるわけにはいかない）

　王子はうなずいて、棚から火口箱を一つ取り出した。そして思い出して、部屋の隅の方に積まれた藁の山——昨日燃えてしまったのとは別の山から、一摑みの藁を取り、パン焼きかまどの薪の上に載せる。そして火口箱を開け、火打ち石と火打ち金を使って火をつける。今日はすぐに、火口の消し炭に火をつけることができた。その火を慎重に、薪の上の藁に近づける。

（ほう、少し慣れたようだな）

　藁は勢いよく燃え始め、やがて薪に火がついた。冷え切った厨房に、再び生命が宿ったように、王子には思えた。

「貯蔵庫からパン種と小麦粉を取ってくるよ」

　そう言って王子はパウリーノを厨房に残し、地下貯蔵庫へと下りていった。小麦粉とパン種の位置は、管理人ナモーリオの台帳を見て知ることができた。王子は小麦粉の入った袋を一つ、それからパン種の入った瓶を手に取り、貯蔵庫を出ようとしたが、ふと思い立って、平たく積まれた例のパン——召使い用の固いパンを一つ持って行くことにした。厨房へ再び入ると、かまどの火が順調に燃え始めたためか、暖かくなっていた。パウリーノが言う。

（早かったな。すぐ見つかったのか？）

「うん。ナモーリオの台帳のおかげでね」

（さすが、ナモーリオだな。だが私にとっては、お前がそれを読んで情報を得られるようになったということが嬉しい）

　そうか。王子は意識していなかったが、確かに一年前の自分——字を読めない自分には、それはできなかっただろう。

（パンも持ってきたのか？）

「うん。人形に『パン』が伝わらないときに、見本になるかと思って」

（なるほどな）

　王子は小麦粉、パン種、平たいパンを作業台の上に置く。

「じゃあ、もう一度言ってみるよ。ロカッティ料理長、パンを焼いてくれ」

　人形は目を白く光らせる。「命令を了解した」という証拠だ。

「よかった、パンが何であるか、どうやって作るか、分かってるんだね」

（そのようだな）

　人形は、どのようなパンを焼くのだろうか。王子とパウリーノが期待して見ている中、人形は小麦粉にもパン種にも目をくれず、王子が見本として持ってきた平たいパンを手に取る。そしてそれを持ってパン焼きかまどに近寄り、赤く燃える薪の上にくべた。

「……何やってるのかな？」

（燃料かなんかと、勘違いしているのだろうか？）

　二人はしばらく様子を見たが、人形が小麦粉に手を付ける様子はない。やがてパンは真っ黒に焦げて、燃え尽きてしまった。厨房には、パンの焼け焦げるにおいと、黒い煙が充満する。

「やっぱり、何かおかしいよ！」

（そうか、分かったぞ、我々は『パンを作れ』という意味で『パンを焼け』と命令したが、それが伝わらなかったんだ。つまり我々は、『焼いた結果、パンができあがるようにしろ』というつもりで言った。しかし『パンを焼け』は、『すでにパンであるものを、さらに焼け』という意味にも解釈できる。そして人形は、後者の解釈を選んだんだ）

「『焼け』っていう命令が曖昧だって言うの？」

（そうだ）

「じゃあ、『パンを作れ』って言い直せばいいんだね？」

　王子は人形にそう言ってみた。しかし人形は反応しない。

「『パンを作れ』は、分からないみたいだね」

（そうだな。しかしさっきのことで、少なくとも人形は『焼く』ということがどういうことかを知っていることが分かった。パンを作る手順をもっと細かく分ければ、人形にもできることがあるかもしれん）

「じゃあ、やってみようよ。パンを作るには、まず何をすればいいの？」

（それが……私にもよく分からん。さっきも言ったように、自分でパンを焼いたことがないからな）

「そうなの？　パウリーノは、何でも知っていると思っていたのに」

（そんなわけがあるか。とにかく、作り方が書かれたものがないか、探してみよう。料理長が調理人の教育のために書いた物があるかもしれん）

　確かに、その可能性はある。王子とパウリーノは厨房のあちこち、棚や調理

台を探した。そして調理台についた引き出しの中に、小さな冊子を見つけた。中を見ると、各ページに料理の名前が書いてあり、手順らしきものが書いてある。

「あった！」

（見つけたか。ああ、その字は、まさしく料理長のものだな）

　王子は「最上級のパンの作り方」と題されたページを見つける。そこにはこう書いてあった。

❖

　最上級のパンの作り方

　1.　小麦粉をよくふるう
　2.　小麦粉に水とパン種を加え、拳を使って丁寧にこねる
　3.　しばらく寝かせて、十分にふくらませる
　4.　整形して、ちょうど良い加減に焼く

❖

「これだけ？　なんだ、パンを作るのって、簡単なんだね」

（だが、これで人形に伝わるだろうか？）

　王子は料理長人形に「小麦粉をふるえ」と言ってみたが、反応はない。

「これでもだめかあ。困ったな」

（しかし、考えてみろ。お前自身は、『小麦粉をふるえ』と言われて、どうしたらいいか分かるのか？）

　王子は記憶を探ってみた。確か、何か細かい網を張った道具に粉を入れて、ゆらゆら動かすと、粉が編み目からこぼれ落ちるのだ。

「そうか、あの道具が必要なんだ」

　王子は厨房を見回し、それらしい道具を見つけた。同じような道具がいくつかあるようだったが、その中から適当に一つ手に取る。

「これを使えばいいんだろ？」

（ああ、そうだ。『ふるい』だな）

　王子は調理台の前に立ち、ふるいを置き、小麦粉の袋の中に無造作に手を突っ込んで粉を山盛りに取り、ふるいの上に載せた。そしてふるいを持ち上

げ、左右にゆらゆらと揺らしてみる。しかし、なかなか粉がこぼれ落ちない。

「なんだこれ、全然だめだぞ」

　王子はさらに激しくふるいを揺らす。すると、細かい粉が激しく落ち始め、調理台の外に飛び散る。王子もパウリーノも粉にむせてせき込んだ。

（おい、もう少し丁寧にやれよ）

「でも、こうしないと、粉がこぼれ落ちないんだ」

（それはそうだが、肝心の粉が、床に散ってしまっているぞ。きちんと集めないと、意味がないだろ？）

「え？　こぼれた粉は、捨てるんじゃないの？　パンには、網の上に残った粒々を使うんでしょ？」

（いや、上等のパンには、網の目を通って落ちる細かい粉を使うんだ。そっちの方が高級なんだ）

「本当？　僕は、網の上に残ったものの方が高級だと思うけど？」

　そこまで言い合って、二人は黙り込んだ。二人とも、自分の意見は言ったものの、正しいかどうか自信がないからだ。パウリーノが言う。

（やっぱり駄目だ。料理長のメモには、書かれていないことが多すぎる。細かい粉と粗い粉のどちらを使うか書いてないし、次の手順でも小麦粉と水とパン種の分量が書かれていない。そもそも、『拳で丁寧にこねる』ってどうやるんだ？　あと、『十分にふくらませる』とか『ちょうど良い感じに焼く』ってのも、どういうことなのかさっぱり分からん。料理人にとっては当たり前だからわざわざ書いていないのだろうが、我々素人にはまったく分からない）

「……そうだね」

（もう少し、くわしく書かれたものはないだろうか。ん？　あれは何だ？）

　パウリーノは、厨房の隅の方に目をやる。小さな作業台があり、湯沸かし用の鍋やガラス瓶が整然と置かれている。その中に、なにやら冊子らしきものを見つけたのだ。パウリーノはそちらへ行き、作業台の上に飛び乗る。

（覚え書き、と書かれているぞ。カッテリーナの名前もある。彼女が書いたのだろうな）

「カッテリーナが？」

　王子もそちらへ行き、冊子を手に取る。とても分厚い冊子で、その中は、びっしりと文字で埋め尽くされている。しかし、読みにくくはない。最初のページには、「卵の割り方」と書かれており、次のページには「湯の沸かし方」。肉の

焼き方、野菜の切り方のような基本的な料理法から、プディングの作り方、練り込みパイの作り方、茶や珈琲（カッフェ）の淹（テ）れ方まで書かれているようだ。そして王子はその中に、「最上級のパンの作り方」を見つけた。

◈

　最上級のパン十個分の作り方（二十個、三十個の場合は分量を倍にする）

　パン用の調理台（厨房の主塔側の扉から二番目の調理台）の上を、ふきんで拭く。パン焼きかまどの右にある棚の上から三段目に置かれているガラス容器（どれでも可）の下から三分の二まで水を入れて、パン用の調理台に置く。同じ棚の一番下の段の一番左に置かれているこね桶をふきんで拭き、調理台に載せる。同じ棚の上から二段目の一番右に置かれているふるいを、こね桶の上に載せる。貯蔵庫から、ハルユー産小麦粉の袋と、パン種を持ってくる。パン用の調理台の一番上の引き出しに入っている容器を使って、小麦粉の袋から小麦粉をすりきり一杯取り、ふるいの上に載せる。左手でふるいの取っ手を持ち、右手でふるいの右側を叩く。叩く強さは、自分の左手の甲を叩いてみて、少し痛みを感じる程度の強さ。叩く頻度は、一秒間に三回。粉がすべて、こね桶の中に落ちるようにする。粉が落ちなくなったら、ふるいの上に残った「ふすま」を集めて、ふすま用の袋（パン用の調理台の足元にある）に入れておく。ふるいをふきんで拭いて、元の場所に戻す。……

◈

　その後もまだまだ「記述」は続く。王子は半分呆れながら言った。
「これ、どこまで続くのかな？　ものすごくくわしく書かれてるけど、これ、料理長のメモで『小麦粉をよくふるう』で済まされてた部分だよね？」
　（そうだな。驚くべき細かさだ。カッテリーナがなぜこういうものを書いているのか謎だが、ここまでくわしければ、お前にもできるのではないか？）
　王子はうなずく。パン作りの記述はその後も数ページにわたって詳細に記されていた。そして王子にとってはありがたいことに、使う道具、材料の分量や温度、粉をふるったりこねたりするときの力の強さなどがすべて、恐ろしく具体的に、そして明確に示されていた。王子は示されている場所から道具や材料を取り、書かれているとおりに材料を扱った。もちろん、どの作業も難しく、

上手にできているようには思えない。

　「パン十個」はそれほど多い分量ではないが、水を加えた粉は重く、子供の腕でこねるのは骨が折れる。王子はパウリーノに見守られながら、無心に作業した。カッテリーナの指定した回数だけの「こね」を終えると、生地をふくらませる段階に入る。生地がふくらむのを待つ間、王子はカッテリーナのメモに従ってパン焼きかまどの火加減を調節した。その際、パウリーノに細かく見てもらいながら注意深く行ったことは言うまでもない。やがてふくらんだ生地を丸め、かまどに入れた。あとは焼き上がるのを待つだけだ。王子はようやく、椅子に腰掛けることができた。額に汗をうっすらと滲ませながら、王子はカッテリーナという人物に思いを馳せる。

「僕の知っているカッテリーナは、不器用な召使いでしかなかった。いつも何かしら迷っていたし、そしてよく間違えていた」

　しかし、そのカッテリーナのメモのおかげで、王子はほとんど迷わずに作業できたのだ。王子はそれを不思議なことだと感じていた。

（カッテリーナの不器用さは、私もよく知っている。だがポーレットの話では、カッテリーナは彼女なりに、不器用さを必死に克服しようとしていたらしい。きっとこのメモも、そういう目的で書いたのだろうな）

「でも、ちょっと細かすぎるよね。僕がもしカッテリーナの立場でも、ここまでは書かないような気がする」

（そうだな。まるで、人形に対する指示のようだな。ここまで細かければ、人形にも適切な指示が出せるかもしれん）

　王子は心に希望がわいてくるのを感じた。そしてほぼ同時に、パン焼きかまどから漂ってくる、焼きたてのパンの香りに心を奪われる。ほんの三日間それを嗅いでいないだけなのに、王子にはそれが懐かしく感じられた。カッテリーナのメモを見ながら、慎重にかまどを開ける。

「パンだ」

　かまどの中から姿を現した丸い塊たち。ほとんどは形が崩れたり、穴が空いたり、互いにくっついたりしている。しかし、形も焼け具合も申し分ないものが、少なくとも三個ある。自分が毎日食べていたパンほどの完璧さはないが、それでも「パン」と呼べるものには変わりがない。

「僕、作ったんだ、パンを」

　王子は自分でも信じられないほど、そのことに感動していた。生まれて始め

て、自分の手で「何か」を作ったのだ。パウリーノが、興味津々といった様子
で言う。

（味はどうだろうな？　食べてみろ。熱そうだから、気をつけろよ）

　王子は木べらを使い、慎重にパンの一つを皿に移した。そして少し冷めるの
を待って、一口分ちぎる。ちぎった部分から、かすかに湯気が立つ。王子はお
そるおそる、それを口に入れてみた。そして、パウリーノに言う。

「うん、味も、舌触りも、パンそのものだ」

（すごいじゃないか。上出来だな）

「でも、問題がある」

（何だ？）

　王子はしばらく口をもぐもぐさせ、パンを飲み込んで言った。

「このパン……おいしくないんだ」

◆

　王子はもう一度パン作りを試してみたが、味は良くならなかった。それどこ
ろか、二回目はほぼ失敗作だった。落ち込む王子に、パウリーノは言う。

（仕方がない。本来、料理人は何年も何年もかけて、腕を洗練させていくもの
だ。手順が正しくても、それに従うだけではおそらく駄目なのだろう）

「でも、それなら僕には作れない。人形に作らせることもできない」

（そうだな。料理の質についてはどこかの段階であきらめて、うまい言い訳を
考えるのに時間を使った方がいいのかもしれない。それに、客をもてなすに
は、料理の用意だけすればいいというものではない。大広間に来客用のテーブ
ルをしつらえなければならないし、掃除も必要だ。客が来たときに人形たちが
おかしなことをしないよう、動きを決めておく必要もある）

「ねえ、パウリーノの魔法でどうにかならない？　人間に戻って、魔法でおい
しい料理を出すとか？」

（残念ながら、そんな都合のいい魔法はないのだ）

「やっぱり、そうか。おいしい料理は、やはり人間の料理人が作るしかない
んだね。あ、そうだ！　カッテリーナの親戚のおばあさん——ベアーテさんに
作ってもらうのは？　あの人、前にここで働いていたんでしょ？　昨日もらっ
たビスケットとチーズも、すごくおいしかったよ！」

　パウリーノは少しの間黙り込んで、口を開いた。

（いい考えだが……残念ながら、賛成できない）

「どうしてさ？」

（ベアーテさんに協力を仰ぐには、この状況を見せなくてはならない。つまり、彼女の身内——カッテリーナがドニエルにさらわれて、生死不明であることを知らせなくてはならないのだ。それを知ったとき、ベアーテさんが我々にすんなり協力してくれるとは思えない。きっと取り乱して、協力どころではなくなるだろう。最悪の場合、下の村やあちこちにこの状況を言いふらすかもしれない）

　王子はその意見に納得した。ベアーテを呼ぶのはいい考えだと思ったが、やはり浅はかだったか。しかしパウリーノはこう言う。

（そうだ、一つだけ望みがあるぞ。陛下のご一行が戻られる可能性だ）

「父上たちが？」

（そうだ。陛下のご一行には、副料理長を始め、何人かの料理人が従っている。彼らが来客の前までに戻ってくれれば、どうにかなるかもしれん）

　王子は考えた。彼らが出発して、すでに半月ほど経過している。そして二日前に、パウリーノが一行に従っているヴァランス親衛隊長に手紙を出した。

（あの手紙は、翌日には届いているはずだ。それを見て陛下が大急ぎで引き返してくださっているならば、来客の日の前に戻って来られる可能性もある）

「そうか。そうだね」

（もちろん、可能性でしかないが、できるだけ急いでもらわなくてはならない。とにかく、来客の件を知らせる手紙を書こう）

　二人はかまどの火をいったん始末して、厨房を出た。王子は、「何か役に立つかもしれない」と言って、カッテリーナの「覚え書き」を持ち出した。彼らはパウリーノの部屋へ移動し、手紙の準備を始めた。パウリーノは、前回のようにガリアッツィ人形に書かせようと提案したが、王子は言う。

「僕が書くよ。自分で」

（お前が？）

　王子はうなずく。なぜ王子がそうしたいのか、パウリーノにはよく分からなかったが、少なくとも好ましい変化であるように思えた。王子はペンとインクを用意して座り、紙の束と向かい合う。

「えーと」

　しかし、いざ紙を前にすると、王子の頭は真っ白になった。前にパウリーノ

の授業で作文をさせられたときと、何も変わらない。でも、知らせたいことは
たくさんある。王子はとにかく、書き始めてみた。

❖

　今日、副大主教の使者が来ました。それで、僕はパンを作ってみました。で
も、おいしくありませんでした。パウリーノは、もう断れない、といいます。
僕はとても困っています。お客さんが七日後にきます。叔父上に知られたらた
いへんです。早く帰ってきてください。

❖

「これでどうかな？」
　パウリーノは手紙をのぞき込む。
（残念ながら、これを読んで、陛下が事態を理解されるか分からない）
「どうして？」
（この手紙には、八つの文があるな。文と文とのつながりが、分からないの
だ。まず、一文目と二文目を見てみろ）
　王子は、「今日、副大主教の使者が来ました。それで、僕はパンを作ってみ
ました。」という箇所をみる。
「ここが、うまくつながってないってこと？」
（使者が来たから、お前はパンを作った。それは事実だ。だが、何も事情を知
らない人間には、『使者が来た』ことと、『お前がパンを作ってみた』ことの関
係が分からない。これだと、『使者をもてなすためにパンを作った』という間
違った解釈をされるかもしれない。つまり必要なのは、二つの文の間をつなぐ
情報だ。お前はなぜ、使者が来た後、パンを作ったのか？）
「ええと、使者の手紙に、七日後にお客さんが来ると書かれていた」
（それから？）
「お客さんが来たら、食事を用意しないといけない。でも、料理をする人がい
ない。だから、僕がためしにパンを作った」
（うん、そこまで言えば、きちんとつながるな。だから、今言ったことを、今
言ったとおりの順番で、一文目と二文目の間に入れるんだ。そして次の、二文
目と三文目、『それで、僕はパンを作ってみました。でも、おいしくありませ
んでした』のつながりは自然だな。しかし、ここと、四文目――『パウリーノ

は、もう断れない、といいます』のつながりが良くない）

「そう？」

（『何を』断れないのかが、省略されているからだ）

　王子は納得しかけたが、よく見ると、その前の部分——「でも、おいしくありませんでした」の中にも、省略がある。「何が」おいしくなかったのか、書かれていないのだ。しかしパウリーノは、そちらは問題ないと言ったし、自分もそう思う。それはなぜか？　尋ねると、パウリーノはこう答える。

（三文目の省略が問題にならないのは、省略されているのが『パンが』であることが明らかだからだ。パンの話は直前の文に出てきていて、この文脈の流れでは話題の中心にある。それに、『おいしくありませんでした』という部分も大きなヒントになる）

「そうか。『おいしくない』というところを読めば、『何が』にあたるものが食べ物だって分かるからだね」

（そうだ。それに対して、四文目は難しい。『何を』断れないのかが、すぐ前の文にはもちろん、それより前にも出てきていない。四文目は、来客の予定を述べる文の直後に入れるべきだろうな。それから七文目の『叔父上に知られたらたいへんです。』の省略も問題がある）

　王子は考えた。確かにこの文でも、「何を」知られたら大変なのかということを省略してしまっている。

「確かに、何も知らない人が読んだら、『七日後にお客さんが来ること』を叔父上に知られたら大変、と勘違いするかもしれないね」

（そのとおりだ。我々はこういう省略を頻繁に行うが、省略した内容が誤解なく伝わるかどうか、注意する必要がある）

「うーん。もう、いっそのこと、全然省略しないで書いた方がいいのかな？」

（それも一つの方法だが、文章が読みにくくなる可能性があるぞ。『それで、僕はパンを作ってみました。でも、そのパンはおいしくありませんでした』ぐらいならいいが、『お客さんが七日後にきます。パウリーノは、お客さんが七日後にくることは、もう断れないといいます。』はちょっと『くどい』。省略には、自分にも相手にも分かっていることを背景に回して、相手にとって新しい情報を前面に浮き立たせるという効果があるのだ。人形相手ならともかく、人間相手には効果的に省略を使うべきだ）

　そう言われて、王子はふと考えた。

「人形には、省略は伝わらないのかな？」

（そんなことはないと思うぞ。私は少なくとも一つ、伝わった例を知っている。お前が命令したんだ）

「え？　いつ？」

王子はまったく思い出せない。

（今朝、衛兵人形にお前が『右手を上げろ』と言ったのを覚えているか？）

それは、王子も覚えていた。命令した人形は、言われたとおりに右手を上げたのだった。

「でも、あの命令に、省略なんてあった？」

（省略されていたのは、『誰の』右手かということだ。お前は人形たちに『お前の右手を上げろ』とは言わなかったが、それにもかかわらず、人形たちは『自分の』右手のことだと理解して行動した）

「ああ、そうか。でも、それは当たり前じゃない？　体の一部をどうにかしろって言われたら、普通は言われた方の体のことだと思うでしょ？」

（そうでもないぞ。たとえば『背中をさすって』とか『肩を叩いて』とか言う場合は、命令した本人が、自分の背中を相手にさすってほしかったり、肩を叩いてほしかったりすることが多いんじゃないか？　つまり『私の背中をさすって』とか『私の肩を叩いて』のように『私の』が省略されているのだ）

王子は納得すると同時に、あることを思い出していた。二日前、ポーレット人形に「頭を撫でて」と言ったときのことだ。王子の意図に反して、ポーレット人形は自身の頭を撫でつけていた。あのときの空しい気持ちがよみがえるが、あれは「省略」がうまく伝わっていなかったのかもしれない。いや、むしろ、「誰の」体の一部のことを言われているか分からないとき、人形は自分の体の一部だと解釈するのかもしれないと、王子は思った。

（とにかく手紙を完成させよう。もう少し必要な情報を入れた方がいいし、陛下に何をしてほしいか、どういう返事が欲しいかを明確にした方がいい）

パウリーノの助言にしたがって、王子は何度も何度も書き直しながら、以下の手紙を書き上げた。

❖

父上

　今日、副大主教の使者が来ました。使者からもらった手紙には、副大主教と
叔父上が七日後に来ると書かれていました。パウリーノは、もう来客を断るこ
とはできない、といいます。食事を用意しなくてはなりませんが、料理をする
人がいません。それで、僕が自分でパンを作ってみました。でも、おいしくあ
りませんでした。僕はとても困っています。

　この城には、僕とパウリーノ以外は、人形しかいません。このことを、叔父
上に知られたらたいへんです。

　今、どのあたりにいらっしゃるのでしょうか。七日後の来客の日までに、
帰ってきていただけるでしょうか？　お返事をお待ちしています。

　　　　　　　　　　　　　　あなたの息子、ルーディメント

❖

　王子は生まれて初めて書いた手紙を何度も読み返した。まだ眺めていたかっ
たが、パウリーノが早く出そうとせかす。二人は「遠見の部屋」の階段から塔
の上に出た。

　外はすでに日が沈みかけている。王子は一日の過ぎる速さを実感した。今日
が終われば、そのぶん来客の日が近づくことになる。それを思って身震いする
王子の目の前で、猫のパウリーノが人間の姿へと変化した。パウリーノは急ぐ
ように呪文を唱え、使いの白い鳥を呼び、手紙を託す。白い鳥が飛んでいくの
を見送った後、パウリーノが言う。

「そうだ、いい機会だから、お前にも鳥の呼び出し方と手紙の出し方を教えて
おく。必要になるかどうか分からないが、知っていて損はないだろう」

「え？　僕にもできるの？」

「今の白い鳥のように遠距離を速く飛ぶ鳥は、呪文を使う人間でなくては呼び
出せないし、使えない。だが、そうでない鳥は、私がお前に『割り当て』をす
れば、お前の言うことを聞くようになり、手紙を運ぶようになる」

　そう言って、パウリーノは何かを唱えた。すると、茶色っぽい、むくむくと
毛の生えた小さな鳥が天空から現れた。小鳥はぱたぱたと翼を動かしながら降
りてきて、パウリーノの肩に止まる。パウリーノが小鳥にぼそぼそと話しかけ

ると、小鳥は王子の方へ飛んできて、肩に止まった。

「今、この鳥をお前の『使い』にした。彼の名前はヒュッテだ。手紙を出したいときは、この祭壇の前に立って、彼の名前を呼べばいい。そして手紙を渡すんだ。宛先を教えるときは、宛先の人物の顔と名前を思い浮かべながら、自分の額を彼の体にくっつけるんだ。それで手紙を出せる。ただし、あまり遠くには出せないぞ。せいぜい、ここからマヌオール僧院ぐらいまでだ」

「マヌオール僧院って、ここからどれくらい離れてるんだっけ？」

「おおざっぱに言えば、村七つ分ぐらいだな」

「分かった。もし誰かに手紙を出さないといけなくなったら、そうするよ」

パウリーノは王子の肩から小鳥を自分の指に止まらせると、空に向かって放した。小鳥が見えなくなると、またすぐに祭壇に向かい、呪文を唱え始める。「遠見の部屋」を維持するために必要な儀式だという。王子は邪魔にならないように、ただ黙って眺めていた。

（せめてパウリーノが、このまま人の姿でいてくれたら）

三日前まであれほど嫌いだった黒い人影を見上げながら、王子はそう思った。自分は無力で、何も知らない子供だ。そして今、危険な状況にいる。それを実感した今、人の姿のパウリーノが——つまり自分の味方をしてくれる大人が近くにいるだけで、恐怖が薄らぐ気がしたのだ。王子は考える。

（パウリーノが猫になったのは、僕がそう望んでしまったからだ。つまり僕の言葉に、そういう力があったということだ。それなら逆に、僕が自分で、パウリーノが人間に戻ることを望めばいいんじゃないか？　ポーレットたちのことだってそうだ。僕が、みんなが城に戻ってくるように望めば、そのとおりになるかもしれない。そうだ、神様にそう祈ってみよう）

目を閉じて呪文を唱え続けるパウリーノを見ながら、王子は心を決めた。そして彼に聞こえないように、小声で祈る。

「神様、どうかパウリーノを、人に戻してください。それから城のみんなを、ここへ無事に戻してください」

彼がそう祈り終わるのと、パウリーノが猫に戻ったのは、ほぼ同時だった。王子はがっかりする。それにしても、今日のパウリーノは猫に戻るのが早かったような気がする。

「もう戻っちゃったの？」

パウリーノは黒い顔を横にそむけたまま、短く「ああ」と返事する。早く用

事が済んだから、早めに戻ったのだろうか？　王子の思考を遮るように、頭上でバタバタと音がした。見ると、白い鳥が羽をばたつかせて、下りてこようとしている。

「あれ？　あの鳥、さっき送り出したのと同じ？」

（違うな。手紙を運んできたのだろう。また、我が師からだろうか？）

　祭壇に舞い降りた鳥の首から手に取った手紙を、王子は開いてみた。差出人は、ヴァランス親衛隊長だった。

「親衛隊長——ポーレットのお父さんからだ！」

（一昨日出した手紙の返事だな。何と書いてある？）

❖

パウリーノ殿

　聖者ドニエルの事件に関する先の報告を受けて、陛下は帰還を決断されました。山脈を越える前でしたので、早ければ二十四日には到着する予定でした。しかしその矢先、不幸にも陛下が落馬されました。お命に別状はないのですが、まだ意識が回復せず、そのため一行はトゥーヤ湖付近にて動けずにおります。これからすぐに陛下の意識が戻られたとしても、普通に見積もって、城へ到着するまであと九日はかかるでしょう。……

❖

　王子はそこまで読んで、めまいがした。パウリーノが声をかける。

（おい、しっかりしろ）

　王子は座り込んで、頭をかかえる。

「父上が、馬から落ちた……」

　パウリーノも黙り込む。彼も衝撃を受けていたが、やがて口を開く。

（運の悪いことだが、起きてしまったことは仕方ないな）

「運が悪いんじゃないよ。僕が……僕がそう望んだからだ」

　パウリーノは思い出した。三日前、王子がそのようなことを口走っていたことを。王子は苦しげに首を振りながら叫ぶ。

「どうして？　どうして、悪い望みばかり本当になるの？　どうして、良い望みは聞き入れられないの！　僕、さっき、祈ったのに……」

（祈った？）

「パウリーノが人に戻って、みんなが帰って来ますように、って……」

　そう言いながら王子は泣いた。パウリーノは王子を見つめ、優しい口調で声をかける。

（もしそのお前の望みが純粋なものなら、きっと聞き入れられるだろう）

「純粋なものなら？」

（私は師からこう言い聞かされてきた。呪いは純粋でなくても聞き入れられてしまうが、祈りは純粋なもののみが聞き入れられる、と。師が言うには、『悪い品を買う者は混じり物があっても気にしないが、良い品を買う者は混じり物があったら見向きもしない』。それと同じだそうだ）

「純粋な祈りって、どういうもの？」

（それは私にもよく分からないが、自分のためではなく、純粋に他人のためにそれを願うということかもしれん）

　そう言われて王子は考えた。さっきの自分の祈りは、純粋にパウリーノや、ポーレットたちのことを思った祈りだったか？　いや、違う。

（僕は、自分のために祈っていたんだ。彼らのためではなく）

　落胆する王子の足元で、パウリーノが体を丸くした。黒くふさふさした毛が、王子の足に触れる。そのゆっくりとした動きに異常を感じ取った王子は、パウリーノを見る。パウリーノはぐっすりと眠っていた。

「寝ちゃったの？　ねえ、ここ、城のてっぺんだよ！」

　そう言っても、パウリーノは目を覚まさない。夕暮れの風が冷たく吹き付ける中、王子はパウリーノを抱えて遠見の部屋に降りた。そして丸テーブルの脇に座り、膝にパウリーノを載せたまま、同時像を見渡す。

　王子は考える。客は、七日後にやってくる。その中には、目下の敵の、叔父サザリア公がいる。そして、副大主教には、失礼があってはならない。城にいるのは、自分と猫のパウリーノ、そして人形たちだけ。

　自分は非力な、ただの子供だ。副大主教をつつがなくもてなして、そして叔父に弱みを見せずに済ませるには、頭と言葉を使うしかない。考えることは苦手だが、今は得意不得意にかまっていられない。考えることをしなければ、待っているのは破滅だから。

（問題は、料理だ。料理だけは、僕にも人形にも、どうしようもない。カッテリーナの『覚え書き』はありがたかったけれど、方法が分かるだけじゃダメ

だってことが分かったし……。いや、でも、これをもっと読み込んだら、もう少しおいしいものが作れたりしないかな？）

　王子は懐から「覚え書き」を取り出して、何気なく開いてみた。すると、ある文が目に付いた。

　──大伯母様は私に、辛かったことはすべて忘れろと言う。死んだ父も母も、そんなことは望んでいない、と。大伯母様は、私がいつか「あいつ」に復讐しに行くことを恐れているのだ。大伯母様には、心配をかけて本当に悪いと思っている。でも、私には、忘れることができない──

　王子は我を忘れたように、夢中でその先を読み進めた。ふと気づいて顔を上げたとき、部屋に浮かび上がる同時像は、どれも夜の様子を映し出していた。王子は同時像を見ながら考える。三回瞬きして、左の視界にも同時像を映してみる。部屋を見回し、左目の同時像を切り替えながら、王子は考える。ふと、部屋の同時像と、左目の同時像が完全に重なった。そこには、暗い裏門の風景がぼんやりと映っている。

　（そうだ……そうしよう。もう、それしかない）

第 **5** 章

作戦と作法

　窓から降り注ぐ光の中で、黒猫は眠りから醒める。最初に意識に上るのは、顔の中央あたりから伸びるひげの感覚、そして、寝そべった体の重さ。

　彼の体には、柔らかい布がかけてあった。パウリーノが体を起こすと、布がするすると下へ落ちていく。彼は、誰かの膝の上にいた。頭を上げると、美しい女の顔が目に入る。

（ポーレット……いや、違う）

　寝起きの猫の頭でも、それがポーレット本人ではなく、人形だということは分かる。ポーレット人形はパウリーノの顔に視線を移し、微笑みかける。小さな動くもの——小動物や赤ん坊に対しては、そう反応するようにできているのだろう。しかし、人形が人間らしい表情を作れば作るほど、本物のポーレットとの違いが目立ってしまう。

　パウリーノの頭に、本物のポーレットの笑顔が浮かびかけて、すぐに消えた。それに伴う何らかの感情も、言葉になる前に拡散してしまう。昨日あたりからそういうことが頻繁に起こるようになった。猫の体が、人間の思考に耐えられなくなってきているのかもしれない。良くない兆候なのだろうが、必ずしも悪いことばかりではない、とパウリーノは思う。とくに今の状況には、獣の頭でなければ、とても耐えられないだろうから。

　パウリーノはポーレット人形の膝から下り、あたりを眺める。そこはまぎれもなく、自分の書斎だ。

（しかしなぜ、私はポーレット人形の膝の上にいたのか？　しかもこの人形

は、王子の部屋にいたはずだが）

　パウリーノは王子を探したが、部屋にはいないようだ。パウリーノは隠し階段を上って「遠見の部屋」に入り、丸テーブルの上に飛び乗る。王子の部屋、大広間、厨房。その他の部屋や廊下を見ても、王子の姿はない。小さな頭に不安が広がっていくのを感じる。背中に悪寒が走り、体中の毛が逆立ってくるのが分かる。パウリーノはさらに同時像を見回す。

（いた！）

　王子は裏門の外にいた。何かを待つように、佇んでいる。あんなところに突っ立って、何をしているのか。近くに衛兵人形がいるとはいえ、あの王弟の密偵にでも襲われたら、無事ではいられないだろう。パウリーノは慌てて丸テーブルから降り、部屋を出る。

　中庭を走り、裏門に近づくと、話し声が聞こえた。王子と、年老いた女の声——あのベアーテの声だ。しかし裏門はぴったりと閉まっていて、パウリーノは外に出ることができない。

（おい、開けてくれ！）

　自分の叫びと一緒に、喉からニャーともギャーともつかない声が、絞り出されるように出てくる。やがて裏門が、地面から伸びた雑草をひしぎながら、ぎりぎりと開いていく。

「あらあ、クロちゃんも来たんだねえ！　おーはーよう！」

　門の隙間を飛び抜けたパウリーノを待っていたのは、ベアーテの両手だった。軽々と抱えられた黒猫は足をじたばたさせながら、真正面に王子の顔を見る。王子はこれまでに見たことがないような、神妙な面もちをしていた。

（おい、お前、何をしているんだ！）

　王子はパウリーノをまっすぐに見て答える。

「僕がベアーテさんを呼んだんだ。ゆうべ、僕がベアーテさんに手紙を書いて、あの小鳥——ヒュッテに届けさせた」

（手紙？）

　ベアーテが口を挟む。

「何だい、あんた、クロちゃんとしゃべってるのかい？　そうだよ、クロちゃん。昨日、ちっちゃい鳥が手紙を持ってきたんだよ。ありゃあ、驚いたね。用があるから、城の裏門に来てくれっていう手紙だったよ。ところで、用って何なんだい？」

「城の中で話します。どうぞ」

　ベアーテを城の中に招き入れようとする王子に、パウリーノが言う。

（おい、衛兵人形に邪魔をされてしまうぞ。人形には、お前以外の人間は入れないように言っているはずだ）

「それは大丈夫。さっき、命令したから。まず、『この人の名前はベアーテさんだ』と教えた。それから、『僕とベアーテさん以外の人間を中に入れるな』って言ったから、きっと通じてる」

　王子の言ったとおり、ベアーテが裏門をくぐっても衛兵人形たちはじゃまをしない。ベアーテの腕にしっかり抱かれながら、パウリーノは前を歩く王子の後ろ姿を見ていた。歩みはぎこちなく、緊張しているのが見て取れる。何を考えているのだろう。あたりを見回しながら、ベアーテがつぶやく。

「こんなに中まで入ったのは久しぶりだよ。でも、なんだか人気がないねえ」

　パウリーノが王子に言う。

（おい、こんなに奥まで連れてきてどうするんだ。異変に気づかれるぞ！）

「いいんだ。全部話すんだから」

（何だと！）

　昨日、そんなことはできないと話し合ったのに、王子は忘れてしまったのだろうか？　パウリーノは必死で王子を止めようとする。

（悪いことは言わないから、とにかく彼女を村に帰すんだ。下手をすると、副大主教の来訪よりも前に、王弟殿に異常を知られてしまうことになるぞ）

　そう言っても、王子は前に向かって歩きながら、振り向きもしない。

「僕、考えたんだ。そして、もう、こうするしかないって思った。でも、大丈夫だよ。君が心配していたようなことには、きっとならない」

　ベアーテが怪訝な顔をして王子に言う。

「あんた、それ、独り言かい？　ちょっと気味が悪いよ」

❖

　王子がベアーテを案内したのは、厨房だった。そこにたどり着くころには、ベアーテの顔には明らかな疑念が浮かんでいた。それまでに彼らは何体かの人形とすれ違っており、ベアーテは挨拶をしたが、人形たちの反応は例によって奇妙なものだった。さらにベアーテが口に出したのは、家畜の鳴き声がまったくしないということだ。馬たちのいななき。牛や豚や鶏の声。そういったもの

がまったくない。それもそのはず、家畜もすべて聖者ドニエルに連れ去られたからだ。

　厨房に入ったところで、王子はようやくベアーテの方に向き直った。彼の口は真一文字に結ばれていて、強い意志を感じさせるような顔にも、今にも泣き出しそうな顔にも見えた。ベアーテはパウリーノを抱えたまま、怪訝な顔で厨房に入る。かつて、彼女が長年働いていたその場所は、懐かしさを呼び起こさず、むしろ薄ら寒さを感じさせた。こんな時間――昼の正餐の準備のために、厨房がもっとも活気づき、慌ただしくなるはずの時間帯に、これほど冷え切った厨房を見るのは初めてだった。奥の方にはロカッティ料理長や、その他の顔なじみの料理人たちがいるのに、彼らはただ立ち話をしている。ベアーテはひととおり厨房を観察したあと、王子に言った。

「話しておくれ。何があったんだい？」

　パウリーノの目には、王子が一瞬、腹に力を込めたように見えた。王子は口を開く。

「四日前、城にいた人たちが、聖者ドニエルに連れ去られてしまいました。僕と、パウリーノだけを残して、みんな」

　それを聞いたベアーテの手から、急激に力が抜けた。パウリーノはずり落ちそうになり、慌てて彼女の手から作業台の上に飛び乗る。ベアーテは目を大きく見開き、ふるえる声で言った。

「聖者……ド……」

　そこまで言い掛けて、ベアーテは言葉を飲み込むように口をつぐんだ。そして何度か頭を揺さぶるように動かし、もう一度口を開く。

「本当、なのかい？」

「本当です。今城にいる『人間』は、僕以外は、すべて『人形』なんです」

「ということは、カッテリーナも……」

「ええ」

　王子が答えると、ベアーテはその場で弱々しく、ぺたりと床に座り込んだ。そして両手で顔を覆いながら言う。

「そんな……。あの子が、また、あいつのところへ行ってしまったというのかい？　ああ、あたしがずっと、恐れていたことが……」

　パウリーノには話が見えなくなった。ベアーテは何を言っているのだろうか。「また、あいつのところへ行ってしまった」とはどういうことか？　パウ

リーノの疑問に答えたのは意外なことに、王子の方だった。

「僕、カッテリーナの覚え書きを読みました。そうしたら、子供の頃に聖者ドニエルにさらわれたことが書いてあって」

ベアーテは力なくうなずく。

「……あの子は、両親や、その他数人の人々といっしょにさらわれて、一人だけ生きて帰ってきたんだ。あいつにさらわれるまで、あの子は本当に明るい子だった。言葉を話すのも早かったし、感情も豊かで、何より人の気持ちを悟るのに長けていた。それなのに、帰ってきたとき、あの子は言葉もろくに話せなくなって、感情も忘れていた」

「カッテリーナのノートには、いつかドニエルのところへ行く、と書いてありました。必ず、復讐をする、って」

王子がそう言うと、ベアーテは苦しげに続ける。

「そう、帰ってきたあの子は……やせこけた真っ白な顔で、どこを見ているか分からない目をして、こう言ったんだ。『わたし、もどる。ドニエル、ころす』と……三日三晩、こればかり言い続けた後、ばったりと倒れた。そしてふた月ほど、目を覚まさなかった」

ベアーテは突然王子を見上げて、訴えるように言う。

「教えておくれ！　あの子は——カッテリーナは、自分の意志で行ったのかい？　ドニエルを殺すために！」

王子は首を振る。王子は一度目を閉じ、両手の拳を握って、絞り出すように言う。

「僕の、せいなんです」

「あんたの？」

「僕が、聖者ドニエルの魔法に、手を貸してしまったんです」

（おい、それ以上言うな！　彼女の恨みを買うぞ！）

パウリーノが止めても、王子は話をやめない。

「あの日、僕はすごく腹が立っていて、城を出たいと思いました。そして、聖者ドニエルに会ったんです。あいつは『何でも言うことを聞く人形』を持っていて、僕が望むなら、城の人間を人形と交換してやる、と言いました。そして僕は……そう望んでしまったんです」

ベアーテは、音を立てて息を呑み、目を大きく見開いた。

「なんてことを！」

ベアーテは座ったまま、王子の足につかみかかり、涙をこぼす。
「あんたに、何の権利があって、そんなひどいことを……！」
　その様子を見て、パウリーノは決意した。自分が介入しなければならない。こんなことのために貴重な「機会」を使いたくはなかったが、仕方がない。彼は床に下り、ベアーテの近くに寄った。ニャーと鳴いて彼女の注意を向けた後、人間に戻る。ベアーテが驚いて「ひっ」と声を上げる。
「クロちゃん、あんた……」
「王子の教育係、パウリーノです」
　ベアーテはひどく混乱している。彼女に事情が飲み込めるかどうか分からないが、時間がない。パウリーノは体をかがめ、諭すように話し始める。
「ベアーテさん。どうか、王子を責めないでいただきたい。今回のことは、彼の教育係である、私の責任です」
「王子……？」
　彼女は王子のことを、召使いの一人だと思っているのだった。
「そうです。ここにおられるのは、ルーディメント王子その人です」
　ベアーテはパウリーノの顔と王子の顔を交互に見つめ、座ったまま後ずさった。そして手で覆った顔を下に向けて言う。
「ああ、お許しを！　あたし、王子様に向かって、なんという無礼を！」
　王子は彼女の前にひざまずいて、彼女の手を取る。
「ベアーテさん、謝らなくてはならないのは僕の方です。どうか、お顔を上げてください」
　パウリーノが王子に言う。
「どういうつもりなんだ。ベアーテさんをこんなに動揺させてしまって」
「彼女の力を借りようと思って呼んだんだ。父上が城に戻ってくるまで、持ちこたえるために」
　ベアーテは顔を上げる。
「あたしの、力を……？」
「そうです。六日後に、お客が来ることになったんです。ソラッツィの副大主教と、叔父のサザリア公です。叔父は、この城を狙っています。それなのに、今この城には、僕とパウリーノしかいません。他はみんな、人形です。叔父に知られたら、すぐに城を乗っ取られます。だから、来客の日を、どうにかしないといけません」

王子の説明はたどたどしいが、ベアーテは真剣に聞いている。王子は一度立ち上がり、作業台の上にあったパンを手に取り、ベアーテに見せる。

「来客の日、食事を準備しないといけないんです。それで僕、昨日、これを作ってみました」

　ベアーテは王子の手からパンを受け取って、重さを確認するように手のひらに載せたあと、鼻を近づけて匂いをかぐ。そして少しちぎって、口の中に入れた。パンを飲み込んだ後、彼女は言う。

「なるほど……王子様の望みが何か、分かったよ。王子様は、城を守りたい。六日後に来る客に、弱点を見せたくない。そのために、あたしに料理を作らせたいんだね」

　ベアーテは気持ちが落ち着いてきたようだ。さすが、年の功だとパウリーノは思う。

「あたしは長いこと生きているけど、一国の王子様が自分でパンを焼くなんて話は、聞いたことがないよ。でも、そうせざるを得ないほど、追いつめられているんだね。このパンは、初めて焼いたにしては、悪くないよ。けれど、残念ながら、お客には出せない」

「僕も、そう思いました。だから、ベアーテさんに力を貸してほしいんです」

「分かったよ。でも、あたしは引退して十年以上経つ。王子様のご期待に応えられるかどうか、分からない。まずはこれを食べて、判断しておくれ」

　そう言って、ベアーテは手持ちのかごからパンを一つ取り出し、王子に渡した。パウリーノの方にまで、そのかぐわしい香りが漂ってくる。

「このパンは、少し前にロカッティ料理長に渡された方法で焼いたものだよ。王子様のために試作してほしいと言われてね。村のパン焼き窯で焼いたから、焼き上がりはいまいち良くないけど」

　王子はパンをちぎって、口に入れる。そしてつぶやく。

「おいしい」

　王子は口をもぐもぐと動かしながら、涙をぽろぽろとこぼした。袖で涙をぬぐう王子を、ベアーテは哀れむように眺める。

「王子様、辛かったんだね。パウリーノさん、心配しなくていいよ。あたしは王子様を責めたりしないから。それに、あたしには分かるんだ。カッテリーナは、必ず帰ってくる。あの子は一度、地獄から帰ってきた。もう一度帰ってこられないはずがない。きっと、城の人たちをみんな連れて、帰ってくる。その

ために、みんなの居場所——このお城を、守らないといけないね」

　パウリーノはベアーテに何か言おうとしたが、うまく言葉が出てこない。ベアーテが口にしたこと——パウリーノが捨てたはずの「希望」が、彼の胸につかえて、言葉を奪ってしまう。そうこうしているうちに「時間切れ」が来て、パウリーノは黒猫に戻った。ベアーテが驚く。

「ああ！　パウリーノさんがクロちゃんに戻っちまった」

　王子が言う。

「そうなんです。呪いのせいで、ちょっとの間しか、人に戻れなくて」

「そうなのかい。でも、こっちの言葉は分かるんだね？　だったら、話を続けよう。王子様、来客は六日後だね？　人数は？」

「二十人」

「そうか。大した人数じゃないが、あたしも年だ。昔ならそれぐらい一人で作れたけれど、今は手伝いが要る」

「どうしたらいいでしょう？　下の村の人たちに手伝ってもらったり、できますか？」

　ベアーテは首を振る。

「それはやめた方がいい。下の村には、城の人たちの身内も多いからね。この状況を知られたら、何が起こるか分からない」

　パウリーノも同意する。家族が聖者ドニエルにさらわれたとなれば、混乱して当然だ。ベアーテが比較的冷静でいられるのは、カッテリーナがドニエルの元から一度生還したこと、そしてカッテリーナが「復讐」を望んでいたことを知っていたからだ。

　そこまで考えて、パウリーノはふと思った。もしや、王子はこれらのことをすべて計算に入れた上で、ベアーテに協力を依頼したのだろうか？　ベアーテはゆっくりと立ち上がり、厨房を見回す。

「あそこにいる料理長のそっくりさんも、他の人たちも、人形なんだね？」

「ええ」

「聖者ドニエルの『魔法の人形』のことは、カッテリーナから聞いていたよ。何でも言うことを聞くけれど、思うように動かせなくて、ドニエルはいつも文句を言っていたそうだよ」

　それはパウリーノにとっても、王子にとっても初耳だった。あのドニエルも、人形たちをもてあましていたのだろうか。

「人形たちは、王子様の言うことを聞くのかい？　あたしの言うことを、聞かせられるだろうか？」

　首をかしげて考える王子に、パウリーノが言う。

　（きっと、お前が『ベアーテさんの命令を聞け』と人形たちに命令すれば、可能だろうな。ただ、これから来客の日までずっと命令を聞かせたいなら、期間も指定した方がいいかもしれない。『今から六日間、ベアーテさんの命令を聞け』と言ってみたらどうだ？）

「ああ、そうだね。やってみるよ」

　王子は人形たちに向かって、「これから六日間、ベアーテさんの命令を聞いてくれ」と命令してみた。すると、人形たちは目を白く光らせる。

「一応、分かったみたいだ。ベアーテさん、人形に向かって、何か命令してみてください」

　ベアーテは腕を組み、何か思案している様子で人形たちに近づき、ある一点を見つめて立ち止まった。彼女の視線の先にいるのは、料理長のすぐ後ろにいる小柄な人形——カッテリーナ人形だった。他の人形とおしゃべりを始めたカッテリーナ人形を、ベアーテはしげしげと眺める。そして言う。

「カッテリーナ、こっちへ来な」

　カッテリーナ人形はベアーテの方へ歩いてくる。ベアーテは手持ちのかごから、卵を一個取り出し、カッテリーナ人形に示す。

「カッテリーナ、この卵を割っておくれ」

　そう言いながら、ベアーテは人形に卵を渡す。パウリーノと王子は反射的に、その命令は取り消すべきだと考えた。今までの経験から、きっとうまくいかないと思ったからだ。そして案の定、カッテリーナ人形は卵を無造作につかむと、その場で片方の手のひらに載せ、もう片方の手の側面を卵めがけて叩きつけた。人形の手の上で卵は粉々に割れ、五本の指の隙間から、ドロリとした卵の中身が床の上にこぼれ落ちる。

「ああ、やっぱりこうなった」

　王子がそうつぶやいた直後、ベアーテは突然、大声を上げて笑い出した。

「あーっはっはっは！　ひぃーひっひっ！」

　驚いた彼らは、ベアーテに駆け寄る。

「ベアーテさん、どうしちゃったの！」

　王子が声をかけても、彼女は腹を押さえて、おかしくてたまらないといった

ふうに笑う。しかしその目からは涙があふれ出し、彼女の頬を濡らしている。王子もパウリーノも唖然とする。やがて彼女は笑うのをやめ、懐から布切れを取り出して涙を拭く。

「王子様、驚かせて申し訳なかったね。あんまりにも可笑しくってさ」

「可笑しいって、何が？」

「この人形、昔のカッテリーナにそっくりなんだよ。ドニエルのところから戻ったあの子に初めて料理を手伝わせようとしたとき、今とまったく同じことをやったんだ」

　ベアーテは布を顔に当て、大きな音を出して鼻をかむと、すっきりした表情に戻った。

「王子様、そしてクロちゃん——じゃなくてパウリーノさん。今ので、人形のことはだいたい分かった気がするよ。とにかく、料理のことはあたしに任せておくれ。ただし、お二人にも、たくさん手伝ってもらわないといけない。それはいいね？」

　ベアーテの言葉に、王子は口を真一文字に閉じてうなずき、パウリーノはニャーと鳴いて答えた。

❖

「とにかく、こっちの『目的』が伝わらないんだよ」

　厨房を歩き回り、調理器具の場所を一つ一つ確認しながら、ベアーテが王子に言う。

「目的？」

「そう。さっき、あの人形が卵をあんなふうに割ったのは、こっちの目的が分からないからなんだ。普通、厨房——つまり料理をする場所で『卵を割ってくれ』って言われたら、料理に使うために割るんだな、と思うだろ？　そしてそう思ったら、卵の中身を受け止める器をまず用意するものだし、できるだけ中身が壊れないように、そして殻が混ざらないように、十分気をつけて割るもんだ」

「確かに、そうですね」

「それが、昔のカッテリーナには通じなかったし、さっきの人形にも通じなかった。あの子もあの人形も、目的が分からないまま、ただ思うままに『卵を割る』ということをした」

作業台の上のパウリーノがつぶやく。

　（なるほどな。目的が分からないから、どんなふうに割るべきか、そして割った結果どうなるべきかを考えないというわけだ）

　「他にもそういうことは山ほどあったよ。本当に、大変だったんだから。あの子に何度、料理や食材を台無しにされたか分かりゃしない。エールの入った甕をテーブルに運べって言ったら、エールがじゃぶじゃぶこぼれるのもお構いなしに、ただ運ぶ。出来上がった料理を皿に盛れって言ったら、皿が汚れていようと、かまわず盛っちまう。人が飲んだり食べたりするためにそうするってことが、分からなかったのさ」

　「それで、カッテリーナはどうやって、言われたとおりのことができるようになったんですか？」

　「言われたとおりのこと、ねえ。王子様の言葉尻を捉えるつもりはないんだけど、あの子は最初からずっと、『言われたとおりのこと』をやっていたんだよ。それは間違いない。あの子はあたしの言うことに、忠実に従った。それはもう、忠実すぎるぐらいにね。ただ、あたしが言わなかった『目的』──普通なら、わざわざ言わなくてもいいことを理解できなかったせいで、おかしなことになっただけだ」

　（そこは人形とも共通しているな。人形たちも、こちらの命令には忠実に従おうとするが、こちらが暗黙のうちに持っている目的を共有できていないときには、期待した結果が得られない）

　「とにかく、いくら言って聞かせても駄目だったからねえ。『これは食べるものだから、汚いお皿に盛っちゃだめだ』とか、『これは飲むものだから、こぼしたら台無しになる』とか言っても、全然通じないんだよ。そもそも『目的』ってことが何なのか、分かっていないようだったね。そういう状況、想像できるかい？」

　王子はよく分からなかったが、パウリーノが口を挟む。

　（確かに、『目的』という概念そのものが分からない相手に、それが何であるかを教えるのは難しいだろうな）

　「仕方ないから、あたしはカッテリーナに『目的』を説明するのをやめた。そして、まったく別の方法でやってみることにしたんだ。『動きだけを、こと細かく言い聞かせる』っていう方法でね」

　「動きだけを、こと細かく言い聞かせる？」

「そう。たとえば、卵を割らせる場合は、まず棚から器を取らせる。そしてそれを作業台の上に置いて、それから卵を手に取らせるんだ。卵にひびを入れるときの、手の使い方、力の入れ方も細かく伝えて、ね。普通の人間には『卵を割れ』って一言で言えば済むところを、あの子には長々と言葉を尽くして伝えなきゃならなかった」

　王子とパウリーノは、カッテリーナのノートのことを思い出していた。彼女が城で習ったこと——さまざまな料理の作り方や給仕の仕方を異常な細かさで書いていたあのノートは、確かに今のベアーテの話の延長線上にある。

「本当に、苦労させられたよ。でも、あの子が——カッテリーナがふざけたり、あたしを困らせようとしたりしておかしなことをしているんじゃないってことは、最初から分かってた。あの子はいつも、痛々しいほど真剣だった。だから、できるだけ早く、普通に働けるようにしてやりたかったんだ」

　パウリーノが王子に言う。

（それで、カッテリーナの場合は『動作だけを細かく言い聞かせる』という方法で、うまくいったのだろうか？）

　王子がパウリーノの疑問をベアーテに伝えると、彼女はこう言う。

「ある程度は、うまくいったよ。でも、何度か思いがけない失敗があった。そうそう、あれは『焼き串』で肉を焼かせようとしたときだ」

　ベアーテはかまどの近くに置いてあった長い焼き串を一本手に取る。

「ある日、こういう焼き串に肉を刺して、カッテリーナに渡したんだ。そして、火の上で、焼き串を回すように言ったんだ。焼き串を回しながら肉を焼くときどうするか、王子様は知っているだろうね？」

「もちろん」

　王子はベアーテから焼き串を受け取る。かまどの両側には、二つの鉄の竿が立っており、その先端は二股に割れている。焼き串に刺した肉を焼くときは、焼き串を二つの竿の上に渡して、片方の端を持ってひねるように串を回す。そうすると火の上で肉が回って、火が肉にまんべんなくあたる。王子がやってみせると、ベアーテはうなずく。

「そう、普通は、そうなんだよ。でも、カッテリーナに『焼き串を回せ』って言ったとき、あの子は、こうしたんだ」

　そう言ってベアーテは王子の手から焼き串を受け取り、王子とパウリーノに少し離れるように言うと、両手を使って焼き串を風車のように回し始めた。

王子とパウリーノは呆気にとられた。そして同時に、カッテリーナがそうしたときのベアーテの驚きと、落胆ぶりが分かる気がした。

　（なるほどな。同じ『回す』でも、どこを回転の中心と考えるかで、解釈が変わるわけか。『動作だけを伝える』というのも、やはり簡単ではないんだな）

「結局、動きだけを言えばいいと思っていたあたしも、無意識に『動きの目的』を念頭に置いてしまっていたんだよねえ。根深い問題だったよ、あれは」

　王子は考える。彼の知っているカッテリーナは、要領の悪い、鈍い少女だった。しかし、そこまで奇妙な行動をしていたという印象はない。あくまで「普通」の範囲に収まっていた。

「それで、カッテリーナはいつ、『普通』になったんですか？」

　彼女は焼き串を元の場所に仕舞いながら、しばらく黙り込む。なぜ、答えないのか。王子とパウリーノが奇妙に感じたとき、ベアーテは口を開いた。

「あの子が元に戻り始めたのは……あの子が『復讐』を思い出してからだ」

「復讐を？」

「さっき話したように、あの子はドニエルのところから帰ってきた後、二ヶ月ほど眠り続けた。そして目を覚ましてしばらくの間は、あの子は自分の思いを口にすることが無かった。あの子が言うことと言ったら、『テーブルの上に白いお皿がある』とか、『おばあさんが椅子に座った』とか、目の前で起こっていることばかりだったんだ。それはそれで困ったんだけど、ドニエルのこと、そして復讐のことを忘れてくれたようで、少し安心していたんだ。

　でもね、一年経った頃だったろうか……あの子はついに、自分が持ち帰ってきたたった一つのもの——いつかドニエルを殺すという『目的』を、思い出してしまった。そしてそのことによって、あの子は『目的』というものを理解した。そのうち、人の行いにはさまざまな目的があること、自分以外の他人も目的を持っていることを理解するようになった。もちろんそれは、あの子にとっては最初の一歩に過ぎなかったけれど、それでも大きな一歩には違いなかった」

　ベアーテはそこまで言うと、口をつぐんだ。王子も何と言ってよいか分からなかった。カッテリーナが胸に秘めた「復讐」——ベアーテが恐れている「思い」が、結果的に彼女に「目的」というものを理解させてしまったのだ。王子は、そういう状況、そしてそれに対する自分の思いを、どう言い表したらいいか分からなかった。そこに、パウリーノが「皮肉なことだな」とつぶやく。そ

うだ、こういう状況を、「皮肉」って言うんだ、と王子は一人納得する。ベアーテはやや沈んだような表情をしていたが、すぐに顔を起こす。

「さて、カッテリーナの話は、これぐらいでやめとこう。今話し合うべきなのは、来客にどんな料理を出すかだ。これを決めないと何も始まらないからね。さっそく、相談しよう」

「え、相談？」

　王子は、相談する必要があるのだろうか、と思う。

「料理は、ベアーテさんが適当に考えてくれればいいと思いますけど」

　そう言うと、ベアーテは首を振る。

「そういうわけにはいかない。宴の目的が分からないと、料理を決められない。どんな『もてなし』にも、何か目的があるものさ。何かのお祝いなのか、交渉を成功させるためなのか。客に何を思わせたいのか、あるいは思わせたくないのか。客から何を引き出したいのか、あるいは引き出したくないのか。とにかく、人をもてなすには、こちらの目的にふさわしい料理を出すもんだ」

「そういうものなの？」

　王子はパウリーノの方を見る。

（そうだな、彼女の言うとおりだ。まずは客が何を目的にしてここへ来るのかを予測し、それに対してどうもてなすかを決めるべきだろうな）

「来客の目的って……『おいしいものを食べたい』ぐらいしか思いつかないけど？　だから、おいしいものを出してもてなせばいいんじゃないかな」

（この城の料理は高い評判を得ているから、客は当然、おいしいものが食べられると期待して来るだろう。しかし、それだけのために、わざわざ金と手間をかけてここへ来るだろうか？　とくに、今回副大主教とともに、王弟サザリア公殿が来る理由も考えなくてはならない）

「うーん……でも、分からないよ。他人が考えていることなんて。あの手紙にも、目的は書かれてなかったし」

（そうだったな。だから、我々には想像することしかできない。しかし、国王陛下が留守の間にわざわざやってくるのだから、陛下との面会が目的ではないことは明らかだ。しかも、副大主教の手紙には、『ガリアッツィ殿やパウリーノ殿ではなく、ルーディメント王子本人に接待してほしい』というようなことが、書かれていなかったか？）

　王子は思い出した。確かに、そのように書かれていた。王子本人による接待

を、副大主教が望んでいる、と。それはつまり……。

「もしかして、『僕』を見に来るの？　それが、目的？」

　パウリーノは小さな口をつぐんだまま、青い目で王子をじっと見つめる。

　（おそらく、そうだ。副大主教は、お前の『人となり』を見たいのだろう。そしてそうするように副大主教に進言したのは、王弟殿だろうな）

　なぜ、叔父上が？　王子は考える。叔父はこの城をねらっているし、王位もねらっているだろう。つまり叔父にとって、自分は邪魔者——いずれ排除したい存在だ。そんな自分を、副大主教に見せる理由は何だ？

「もしかして……」

　王子は、思いついたことを口にしようとして、続きの言葉を飲み込んだ。自分でそれを言うのは、王子の心にとっては耐え難いことだったからだ。かわりに、パウリーノが言う。

　（王弟殿は、お前の評判を下げようとしているのだろうな。お前が次期国王にふさわしくない無能な人物であると、副大主教に印象づけたいのだ。もしかすると、すでに王弟殿は副大主教に、お前の悪い噂をあることないこと吹き込んでいるかもしれん）

　王子はぐっと拳を握る。やっぱり、そうか。王子は震える声で尋ねる。

「その……もし、副大主教が僕を無能だと思ったら、どうなるの？」

　（副大主教は当然、ソラッツィ主教会の大主教、ピアトポス八世にそのように報告するだろう。そして、大主教ともども、王弟殿を次期国王にするよう、支援するかもしれない。あるいは、王弟殿が何らかの理由をつけてお前を排除したとしても、咎めることなく黙認するかもしれん。いずれにしても、王弟殿にとっては、自分が支障なく王位を手に入れるために、お前の評判を落としておくことは重要だ）

　王子とパウリーノの話し合いをじっと眺めていたベアーテが言う。

「あたしにはクロちゃんの言葉が分からないから、話が全部見えてるわけじゃないけれど……とにかく客は、王子様がどんな人かを見に来るんだね？」

「ええ。そして……叔父は、僕の評判を下げたいようです。僕が無能だって、副大主教がそう思ったらいいと、叔父は思ってるみたいです」

　王子の沈んだ顔を見て、ベアーテが言う。

「ふうむ。それだったら、むしろ今回は好機だと思うんだね」

「好機？」

「そう。王子様が有能で、次の王様になるべき人物だってことを、副大主教に見せつければいいんだよ！」

「ええっ！」

パウリーノも同意する。

（確かにそうだ。副大主教がお前を見て、国王にふさわしい資質を備えていると思えば、何の問題もない。むしろ、王弟殿の計画をくじくことができる）

「でも、王にふさわしいシシツって何？」

ベアーテとパウリーノは口々に言う。

「やっぱり頭の良さかしらねえ。あと、人としての魅力」

（決断力だな。大胆でありながら、抜け目のない緻密な判断ができること）

「それから、他人の気持ちが分かることかねえ」

（臨機応変さ、機転が利くことも重要だ）

「危機を好機に変えたり、敵を味方に変えたりもね」

（それに、視野の広さもなければならない。時代の先の先まで読んでいかないといけないからな）

二人の言うことを聞きながら、王子は気が滅入っていった。王子にかまわず、二人はまだ言い続ける。

「それに、やっぱり王様は強くないとねえ」

（確かに、勇敢さは重要だ）

「大勢の人々を引っ張っていく力も」

（そうだ、圧倒的な統率力）

「駆け引きのうまさも……ああそれから、絶対に外せないものがある。見た目の美しさ、物腰の優雅さだよ！」

「もう、やめてよ！」

王子がそう叫ぶと、二人はぴったりと黙った。

「王子様、どうしたのさ？」

「僕……無理だよ。だって、そういうものは、一つも、僕の中にないから」

ベアーテもパウリーノもぽかんとして王子を見る。やがてベアーテが諭すように言った。

「王子様、勘違いしちゃいけないよ。今言ったのは、あくまで『いい王様』って聞いたときに思い浮かぶ、ただの印象だよ。世の中には王様はいっぱいいるけど、あたしが言った点をすべて備えている人なんて、きっといやしないよ。

せいぜい一つか二つ、持ってればいい方だ」

（そうだ。それに今、お前がそれらを持っていないことは問題にならない）

「どういうこと？」

ベアーテが言う。

「つまり王子様はね、お客さんたちの前でだけ、そういう資質を持った『理想の王子』を演じればいいんだよ」

（そのとおり。大切なのは、演出なんだ。料理や、その他のもてなしを利用して、お前が優れた人間であることを演出するんだ）

「演じる……演出……」

王子はごくりと唾を飲み込む。そんなこと、できるだろうか？

「あんまり自信ないかい？　でもね、人は他人の内面を直接見ることはできないんだよ。他人の行動を見て、そこから内面を推測するしかないんだ。つまり、王子様は、『理想の王子』としての行動を完全に決めておいて、そのとおりに体を動かせばいいんだよ」

そう言われて、王子は少し考える。

「行動を完全に決めて、そのとおりに体を動かす……ベアーテさんが、昔カッテリーナにそうさせていたように？」

王子の言葉に、ベアーテはぱっと目を見開く。

「ああ、まさにそうだよ。とにかく、動作やせりふを細かく決めるんだ。人形たちにも、そうさせたらいいね。お客が来る日は、人形たちもうまく動かさないといけないんだろ？」

「はい」

「だったら、王子様自身と、人形たちの行動を完璧に決めないといけないね。悪いけど、あたしは料理と、手伝いの人形たちを動かすことに専念したいから、そのあたりはクロちゃん——パウリーノさんが決めてくれるかい？」

パウリーノはニャーと鳴いてベアーテに返事した。そしてまだ不安げな王子に対して、こうささやく。

（安心しろ。きっとお前は、やってのけられる）

「そうかな？」

（大丈夫だ。それにお前には、実際に優れた資質もあるからな）

パウリーノが自分にそんなことを言うのは、初めてではないだろうか。王子は嬉しさよりも、戸惑いを感じた。

「そんなこと、僕を安心させようとして言ってるんでしょ？」

（そんなことはない。ベアーテさんに手伝いを依頼するというお前の決断は、正しかった。この状況でこういうことを依頼できる相手は、彼女の他にいなかっただろうし、彼女を味方にしたことで、危機を回避できる希望が見えた。お前の大胆かつ、緻密な判断の結果だ。そしてそれは私が考えるに、王となる人間に必要な資質のうち、もっとも重要なものだ）

◈

　まずは、主賓——つまり副大主教がどういう人物かを調べてくれ、とベアーテは言う。貯蔵庫や畑、果樹園の食材を確認したいと言うベアーテを残し、王子とパウリーノは家令ガリアッツィの執務室に移動した。ガリアッツィはその職務上、近隣の王族や要人に関する情報を集めている。

　ガリアッツィの持つ資料は膨大だ。棚はわかりやすく整理されているが、ソラッツィ主教会の関係者に関する資料だけでも、分厚い冊子が数十冊ある。

　（この中から、今の副大主教、キーユ・オ・ホーニックに関する情報を得ないといけないのか。骨が折れそうだな。ガリアッツィ殿はきっと、誰の情報がどの辺にあるか、すべて頭に入っていたのだろうが）

「そうだね。でも、とにかく始めないと」

　王子は冊子の一つを広げ、一ページずつめくっていく。しかし字は細かく、ページの中にぎっしりと詰まっている。王子はすぐに、目が痛くなってきた。これでは、すべての資料に目を通すのに何日もかかってしまう。

　王子は部屋を見回す。ガリアッツィ人形はいなかったが、彼の二人の息子で、王子の遊び相手であったフラタナスとヴィッテリオの顔をした二体の人形が、部屋の隅の方にいた。王子は二体を呼ぶ。

「フラタナス、ヴィッテリオ、こっちへ来て」

　王子は彼らを机の前に座らせる。そしてしばらく考えて、彼らに言う。

「フラタナス、ヴィッテリオ。本のページをめくって、『副大主教』っていう言葉と『キーユ・オ・ホーニック』っていう言葉を見つけたら、『ありました』って言って教えてくれ」

　二体の人形は目を白く光らせる。そして二体とも、すぐ近くにある冊子に手を伸ばし、最初のページを開いた。

　（彼らに手伝わせるわけだな）

「うん。うまくいくかな？」

　しかしフラタナス人形もヴィッテリオ人形も、最初のページを見ただけで、動きを止めてしまった。次のページをめくろうとしない。

「あれ？」

　王子が首をかしげる前で、パウリーノはフラタナスの膝に飛び乗り、机のへりに両方の前足をかけて立って、彼が開いている資料の最初のページをのぞき込む。

（おい、このページには、『キーユ・オ・ホーニック』っていう言葉が入っているぞ）

「本当？」

　王子もそのページを見に行った。確かに、パウリーノの言うとおりだ。それなのに、なぜフラタナスは「ありました」と言わなかったのだろうか。

「どうしてなんだろうねえ。ねえ、パウリーノ？」

　問いかけるが、返事がない。パウリーノの方を見ると、いつのまにか、彼はフラタナス人形の膝の上で丸くなっていた。

「まさか、寝るんじゃないだろうね？」

　王子が体を屈めてパウリーノの顔をのぞき込むと、すでに猫の目は閉じられていた。短く浅い呼吸のかすかな音だけが、彼に応える。

（またか。なぜこんなに、唐突に寝るんだろう）

　それに、日を経るごとに、寝る時間が長くなっているような気がする。もしかして、体調が悪いのではないだろうか。王子は、にわかに襲ってきた不安を振り払い、今の問題に戻ろうとする。

（まず、どうして二人が、最初のページしか見なかったのかという問題だ）

　これについては、王子は前にも似たような経験をした覚えがあった。あれは、昨日……そうだ、衛兵人形に、散らばった矢を片づけさせようとしたときだ。「矢を拾え」と命令したのに、人形は矢を一本拾っただけでやめてしまったのだ。あれについては、パウリーノが何か言っていた。

（何だったっけ。ええと……本数を言わないで、ただ『矢』と言ったのがよくなかったんだ、確か）

　そうだ、と王子は徐々に思い出す。ただ「矢」とか「パン」とか言うと、人形は「一本の矢」、「一個のパン」と考えてしまうのだ。だから、矢を全部拾ってほしいときは、「全部」とはっきり言わないとだめだし、パンを二個取って

ほしいときは「二個」と言わなければならない。

（さっき僕は、『本のページをめくって』という言い方をした。『本』が何冊の本のことを指しているのか、『ページ』が何ページぶんのことなのか、何も言っていない。だから、フラタナスもヴィッテリオも、『一冊の本』『一枚のページ』だと思ってるのか）

王子にはだんだん分かってきた。そして二体の人形にこう命令する。

「フラタナス、ヴィッテリオ。ここにある全部の本の全部のページをめくって、『副大主教』っていう言葉と『キーユ・オ・ホーニック』っていう言葉を見つけたら、『ありました』って言って教えてくれ」

すると二体は、続きのページをめくり始めた。意図がうまく伝わったようで王子は安心したが、まだ別の問題があることを思い出し、慌てて考え始める。別の問題とは、さっきフラタナスが開いていたページに「キーユ・オ・ホーニック」という副大主教の本名があったのに、フラタナスが「ありました」と言わなかった点だ。

（どうして？　『副大主教』っていう言葉と『キーユ・オ・ホーニック』っていう言葉を見つけたら、『ありました』と言え、と命令したのに）

どう考えても、自分の命令に落ち度は見つからない。そのとき、フラタナスが本から顔を上げ、「ありました」と言う。王子は急いでページを見に行く。するとそのページには、「副大主教となったキーユ・オ・ホーニックは……」という文があった。

「なんだ、できるじゃないか、フラタナス」

自分の命令は、やっぱり正しかった。王子は喜んでそのページに目印の色糸を挟む。王子がそれを終えないうちに、フラタナスは次のページをめくり始める。王子は指を挟まれそうになり、慌てて手を離す。そのうちに、今度はヴィッテリオの方が「ありました」と言う。そしてそちらにも、「キーユ・オ・ホーニック、すなわち現在の副大主教が……」という一節がある。王子はそちらにも色糸を挟む。

二、三回、そういうことが続き、フラタナスたちは最初の冊子を読み終え、それぞれ次の冊子をめくり始める。王子は彼らが読み終えた冊子を手に取り、目印のあるページをめくる。最初に見たページに書かれていることは、王子にはほとんど理解できなかった。「何か、大人が話す難しいこと」ということしか分からない。それでも何か分からないかと、王子は目を皿のようにして文

字を追う。次のページにも、副大主教についての話が続くが、そのページには「目印の色糸」を挟んでいない。王子はふと、疑問に思う。

（このページにも『副大主教』という言葉は出てきているのに、彼らは何も言わなかったんだな）

やっぱり、何かおかしい。王子は他のページもめくる。五ページほど後にも「キーユ・オ・ホーニック」という言葉が出てきているのに、目印を付けていない。つまりこのページについても、彼らは報告をしなかったのだ。なぜだろう。

（あ……もしかして）

王子は目印の色糸を挟んだページを次々に開いて目を通す。そして、ある共通点に気がついた。それらのどのページにも、「副大主教」と「キーユ・オ・ホーニック」の両方が入っているのだ。そして目印のないページは、「副大主教」か「キーユ・オ・ホーニック」のうち、片方しか入っていない。

（そうか、『副大主教』と『キーユ・オ・ホーニック』の両方が入っているページを見つけたときだけ、彼らは『ありました』と言うんだ）

彼らがそうしているのはなぜかというと、王子の命令がそうなっていたからに違いない。でも、「『副大主教』っていう言葉と『キーユ・オ・ホーニック』っていう言葉を見つけたら、『ありました』って言って教えてくれ」という命令のどこがおかしかったのか？

（僕は、二つの言葉のうち、一つでも見かけたら教えてほしかった。それなのに、彼らは二つの言葉の両方を目にしたときだけ、『ありました』と言った）

どうしてそんなことに？　王子は本をめくり続ける二体の人形を見ながら考える。でも、やっぱり分からない。しかし彼らを見ているうちに、本物のフラタナスとヴィッテリオのことが頭に浮かんだ。そして、四日前の「宝探し遊び」のことも。あの日、王子は自分の「剣」と「冠」を城の中に隠し、二人に探させようとした。そのとき自分は、彼らに何と言ったか？

（そうだ、『剣と冠を探し出せたら、今日一日だけ王子にしてやる』と言ったんだ）

王子は考える。あのとき王子は、二人のうち、「剣と冠の両方」を探し出した方を、王子にしてやるつもりだった。「剣」か「冠」のどちらかではなくて。さっきの、二つの言葉を探させる命令と似た言い方をしている。それなのに、自分は「異なるつもり」でしゃべっていたことに、王子は気がついた。

（これも、『二つ一緒に』と、『それぞれ別に』の話なのかな？）

　それ以上のことは考えても分からない。王子はパウリーノが目を覚ましたら聞いてみようと思った。そのとき、ヴィッテリオ人形が「ありました」と言ったので、王子は我に返り、資料に集中する。

　相変わらず、フラタナス人形とヴィッテリオ人形は、「副大主教」と「キーユ・オ・ホーニック」が両方目に付いたときしか報告しなかったが、それでも目印をつけたページはかなり多くなった。それらをかたっぱしから読んだ結果、王子にやっと分かったのは、副大主教がエトロ王国という、ソラッツィ大主教領よりもはるか東にある国の王子だったということだ。彼は王位継承者だったが、三十年前、十八歳のときに突然その地位を捨て、聖職を志してソラッツィ主教会に入ったという。

（この人、僕と同じように、王子だったのか。でも、王様にならずに、主教会に入るなんて……）

　王子はさらに先を読む。彼が副大主教になったのは十五年前のことで、次の大主教のもっとも有力な候補だということだ。世間知らずの王子も、彼が非常に重要な人物であることだけは、いやというほど理解した。

　そして、最後に手に取った資料には、きわめて重要なことが書いてあった。なんと、キーユ・オ・ホーニックは、副大主教になったばかりの十五年前に、一度この城を訪れているというのだ。王子はそのページを食い入るように読む。読みながら、思わず、そこに書いてあることをぶつぶつとつぶやく。

「『副大主教殿はまず、城の中庭を誉められた。この季節、花は咲いていなかったが、庭に雑草のないことに感銘を受けられたようだった。城内にご案内すると、城の内部の清潔さにも目を見張られていた。埃や塵のない大広間を、まるで神が宿っているようだと形容された』……」

　そうか。副大主教は、綺麗好きなのだ。これは重要な情報だ、と王子は思う。記述はさらに続き、食事の話になった。

「『事前の情報では、副大主教殿は質素な食事を好み、いわゆる宴の食事——つまり派手で贅沢な食事は好まれないとのことだった。よって、厨房と相談し、料理を鳥の羽などで派手に飾り付けるのはやめにし、料理そのものを美しく見せることに決めた。また、遠くから取り寄せた高価な食材も極力使わないことにし、むしろ、近隣で取れた新鮮な食材を使って最高の味を引き出すよう指示した。その結果、副大主教殿はこの城での食事を大いに楽しまれた。とく

に、鴨とキノコのパイに関しては、これはよそでは食べられない、これを食べるためだけにもう一度訪れたいものだと語られた。一つ残念だったのは、食後に珈琲と茶をお出ししなかったことだ。後で知ったところによると、副大主教殿は、この城でそれらの珍しい飲み物を最高の状態で保管していることをご存じで、興味を持っておられたそうだ。贅沢なものを出すまいとする気遣いが裏目に出た。私の失態だ』」

　王子は目を見開く。そうか、珈琲と茶を出せばいいんだ。そうすれば……。王子は興奮して、熱にうかされたような気分になった。何かを読んで、こんな気分になったのは初めてだ。文字を追っているだけなのに、会ったこともない副大主教の印象が少しずつ、自分の中で形をとっていく。

　最後の冊子も終わりに近づく。情報はもうないだろうかと思ったところに、次の一節が目に入った。

「『副大主教殿は、温厚で思慮深い人物だと評されている。しかし、各国から情報を集めたところ、トカッティ公国での祝宴中に気分を害され、宴が終わる前に退席されたということだった。その理由は、トカッティ公が宴の余興として、ひとりでに動く人形を披露したためだと言われている。副大主教殿の真意は分からないが、それ以来、口の悪いトカッティ公は副大主教殿のことを、『あの人形嫌いの坊主』と揶揄しているという』」

　王子の高揚した気分はすっかり失せて、頭から血の気が引いた。人形嫌い、だって？　そんな人物が、人形だらけのこの城に来るのか？

（どうした）

　見ると、パウリーノが机の上にちょこんと乗って、こちらを見ていた。

「起きたの？」

（ああ。急に寝てすまなかった。しかし、顔が青いぞ。気分でも悪いのか？）

　王子は今調べたことを、パウリーノに話した。

（なるほど、短時間で、よく調べたな。お前が読んで分からなかったところは、後で私が読んでおこう）

「でも、どうしよう。人形嫌い、だって」

（トカッティ公の人形については、聞いたことがある。おそらくそれも古代に作られた人形の一つだろうが、それほど高度なものではない。ここの人形たちに比べれば、はるかに劣っているだろう。とにかく副大主教に、ここの者たちが人形であることを悟られなければいい）

「でも、もし何か感づかれたら？」

（もし彼が本当に『人形嫌い』なんだったら、悪い冗談、あるいは自分に対する嫌がらせだと思うだろうな。だから、けっして感づかれてはいけない。お前が人形たちを操る『腕』次第だ）

◈

王子とパウリーノが厨房に戻ると、そこにはここ数日失われていた活気が蘇っていた。いくつかのかまどに火が入れられ、そのうちの一つでは、つり下げられた大鍋に湯が沸いていた。そして誰かが大鍋の中身を、木じゃくしでかきまぜている。驚いたことにそれはベアーテではなく、カッテリーナ人形だった。ベアーテは人形のそばに立ち、しきりに声をかけている。

「そうだ、そういうふうに、半径25サンティグアの円の形に木じゃくしを動かし続けておくれ。いや、やっぱりやめとくれ。半径28サンティグアの円の形に木じゃくしを動かしておくれ。そう。そして、木じゃくしを今よりも3サンティグア、下に沈めておくれ。そうだ。位置はちょうどいい。でも、まだ早すぎるねえ。よし、十秒かけて、木じゃくしで半径28サンティグアの円を一回描くようにしておくれ。そう、そのままそれを続けて」

ベアーテが指示を出すたびに、人形は動きを少しずつ調整する。ベアーテが王子とパウリーノに気づいたとき、王子は彼女に言った。

「すごいですね。なんか、思いどおりに人形を動かしてるみたい」

「ああ、これはね。本物のカッテリーナを相手にしたときにやっていたのを思い出して、そのとおりにやってみているのさ」

パウリーノがつぶやく。

（指示を出すときに、細かく数値を指定するのが『こつ』であるようだな）

王子がそのとおりにベアーテに伝えると、彼女はこう答えた。

「そうなんだよ。カッテリーナに指示を出すとき、こうするのが一番効率がよかったんだ。何せ、ドニエルのところから帰ってきてしばらくの間、あの子には『ゆっくり』とか『厚めに』とか『大きく』とか、そういう言葉がまったく通じなかったからね。それはここの人形たちも同じみたいだ」

「通じないって、どういうことですか？」

「『鍋の中身をゆっくりかきまぜて』とか、『人参を厚めに輪切りにして』とか言っても、加減が分からないんだよ。そのかわり、『十秒』とか、『3サンティ

152

グア』とか、数を出したら分かるし、しかも正確にやろうとするんだ」

　王子は考えた。なぜ、「ゆっくり」とか「厚めに」が通じないんだろう。パウリーノが言う。

　（人形にそれらが分からないのは、我々人間が『ゆっくり』だとか『厚めに』のような、『程度』を表す表現を使うとき、状況に応じて異なる『速さの標準』や『厚さの標準』を念頭に置くからだろうな）

　王子にはパウリーノの言っていることが分からない。

「どういうこと？」

　（たとえば、同じ『ゆっくり』でも、場合によって異なる速度を表す。『ゆっくり歩く』と『ゆっくり走る』では、速さが明らかに違うだろう？）

　王子は考える。

「ええと、確かに、『ゆっくり走る』ときの速さは、急いで歩くぐらいの速さかもしれない」

　（そうだろう。それはなぜかというと、我々が考えている『普通に歩くときの速度』と『普通に走るときの速度』が異なるからだ。そして、『ゆっくり歩く』のときは『普通に歩くときの速度よりも遅い速度で歩く』という意味になり、『ゆっくり走る』のときは、『普通に走るときの速度よりも遅い速度で走る』という意味になる。

　『厚めに輪切りにする』のような言い方にも、同じことが起こる。人参のような太さのものを『厚めに』輪切りにする場合、厚さは1サンティグアぐらいにするだろう。しかし、もし人参よりもずっとずっと太いもの——たとえば太い丸太を1サンティグアの厚さで輪切りにしても、それを『厚め』とは言わないだろう。むしろ『薄く切った』ことになる）

　王子は納得した。ベアーテは「クロちゃんが何を言ったか教えてくれ」と言い、パウリーノも「ベアーテさんに説明してあげてくれ」とせかす。

「ええと……同じ『ゆっくり』でも意味が違うっていうことで……」

　王子は、自分の言葉に不自由さを感じた。自分ではきっちり分かったつもりなのに、それを伝えようとすると、頭がこんがらがってうまく言えない。言葉が続かなくなった王子に、パウリーノが言う。

　（どうした？）

「なんか、どう言ったら分かんなくなって」

　（それでも、とにかく言ってみたらいい）

王子は再びベアーテに向き合って、口から出てくるままに話す。

「ええと、『ゆっくり走る』と、『ゆっくり歩く』は違うってことです」

王子はもう少し何か言いたかったが、それ以上続かない。ベアーテはしばらく考えて、こう言った。

「ふむ。王子様が言いたいのは、何を『ゆっくり』するのかによって、『ゆっくり』が表す速さが変わるってことかい？」

「そう、そうです！」

「確かにそういう例はたくさんあるね。たとえば『大きい蟻』と『大きい豚』は、『大きい』が表す大きさが違う。『固いパン』と『固い石』の固さも、普通は違うと考えるだろうね」

ベアーテに理解してもらえてよかったが、王子は自分がパウリーノの言葉——正しくは自分が「理解した」と思ったことをうまく伝えられなかったことを、残念に感じた。パウリーノが言う。

（ベアーテさんは、頭のいい人だな）

「僕の説明が悪いって言いたいんだろう？」

（別にそんなつもりはない。確かによかったとは言えないが、それは単に、お前が自分の言葉を使うことに慣れていないからだ。練習すれば、もっと楽にできるようになる）

ベアーテが言う。

「ところで、お客については、何か分かったかい？」

王子はさっきの自分の発見を話した。副大主教が「鴨とキノコのパイ」をいたく気に入っていたという話をすると、ベアーテの目が輝く。

「そうかい！ それは、あたしの得意料理だよ。前の料理長は、大切なお客にそれを出すときには、必ずあたしに作らせたものさ。もしかすると、そのお客が前に食べたパイも、あたしが作ったものかもしれないね」

「本当ですか？ 今度も、作れますか？」

「鴨を手に入れないといけないね。下の村の男たちに、入手するように言っておくよ。二十人分だったら、よそから買わなくてもどうにかなるだろう。キノコはうちの隣のじいさんに取ってきてもらう」

早速、「鴨とキノコのパイ」を献立に加えることが決まった。副大主教が、見た目の華美さよりも素材の良さを好むことを伝えると、他の献立も次々に決まっていく。おおよそ決まりかけたところで、ベアーテが言う。

「ところで、今回のお客は、王子様を見に来るんだろ？　何か、王子様らしい料理も一品、欲しいねえ。たとえば、王子様が好きな料理で、お客に食べさせたいものとかないかい？」

　王子は考える。そして思いついた。

「あの、最近ポーレットが食べさせてくれたものなんですが」

　王子はそう言って、あの「栗の蜂蜜のかかった白いチーズ」の話をした。ベアーテは真剣に聞いている。

「それはあたしの知らない料理だ。でも、作りたての白いチーズに、栗の蜂蜜をかけたら、それは美味しいだろうね。見た目は地味になるけど、副大主教が見た目より素材の良さを好む人なんだったら、きっと気に入るだろう」

「それに、その料理、茶にも珈琲にもすごく合うんです。副大主教様は、前回ここに来たとき茶と珈琲を飲めなかったみたいだから、一緒に出したら、きっと……」

「ほう！　それならなおさら、その料理は外せないね」

　その後ベアーテはあっという間に、すべての料理とその順番、飲み物まで決めてしまった。貯蔵庫、城内の畑や果樹園にある食材に、下の村から少し追加するだけで、二十人分作れるという。

「それじゃ、あたしはとりあえず、試作にかかるよ。人形たちをどんなふうに使うかを見極めるためにも、何度か試作しないといけないからね」

「僕らは、手伝わなくていいんですか？」

「必要になったらお願いするかもしれないけれど、王子様たちにはもっと重要な仕事がある。食事をする場所——大広間に一度、宴のときのとおりにテーブルを置いてみてほしいんだ。お客と料理をどう配置するか、決めないといけないからね」

　パウリーノも言う。

（それから、食事中の給仕のときに人形たちをどう動かすか決めて、当日そのとおりに彼らを操れるように練習しなければならないな。お前は客に気づかれないように、人形たちに指示を出す必要がある）

「ええと、僕はそれをしながら料理を食べて、しかもお客さんたちと話したりしないといけないんだね。しかも、『いい王子』のふりをしないといけないんだよね？」

（そうだ。きっと大変なことだから、何度も練習する必要があるぞ）

王子とパウリーノが大広間に入ると、そこは相変わらず薄暗いままだった。数体の人形たちが部屋のあちこちにぼんやりと立っている。入るなり、王子はせき込む。

「なんか、埃っぽいね」

（召使いたちが消えてから、今日で四日目か。その間だけで、これだけ埃が溜まるのだな）

　王子は近くにいるアン＝マリー人形に、「カーテンを開けてくれ」と命令した。アン＝マリー人形がすぐ近くのカーテンを開けると、そこから白い光が射し込んだ。アン＝マリーが他のカーテンを開けようとしないのを見て、王子はすぐに思い出し、「すべてのカーテンを開けてくれ」と命令し直す。

　よく見ると、窓から差し込む光の中に、埃が浮いているのが分かった。やっぱり、一度掃除しないとだめだ。

「人形に、『掃除をしろ』って言ったら、通じるかな？」

（どうだろうな。あまり期待できないが、とりあえず言ってみたらどうだ？）

　王子が人形たちに向かって「掃除をしろ」と命令すると、人形たちは広間の左隣の物置部屋に入っていき、みな箒を手に戻ってきた。

（おや？　分かったのだろうか？）

　見ていると、人形たちはいっせいに、床を掃き始める。

「すごい！　掃除はちゃんとできるんだね！」

　しかし、しばらく見ていると、おかしなことに気がついた。みなが、それぞれの方向に向かって掃くので、ごみが集まらない。誰かが一方に寄せたごみを、他の誰かがわざわざ掃き広げたりもする。そしてごみは散らばり、さっきよりも舞い上がっていく。王子は再びせき込み、パウリーノは少し高い窓枠に飛び上がって避難する。

（どうやら、掃除をするときの動作は分かっているようだが、『ごみを集めて捨てる』という目的が分かっていないようだな）

　そうか、これもカッテリーナが言っていた「目的が分からない」ということなのか。どうしたらいいのか。王子は少し考えて、こう言う。

「みんな、広間の真ん中に向かって、ごみを掃いてくれ」

　そう言うと、人形たちは目を光らせ、広間の中央に向かって掃いていく。埃

や小さなごみが、中央に集まっていく。

（なるほど、考えたな。しかし、私が乗っている窓枠にも、埃が溜まっているぞ。誰かにはたきを使わせないと）

王子はサンギオ人形とドゥーロ人形に、はたきを持ってくるように言い、窓枠の埃をはたくように言った。彼らはすぐにそうしたが、ドゥーロ人形は王子とパウリーノがすぐ近くにいるのもかまわず、激しく埃をはたいた。王子はまたせき込み、パウリーノは逃げる。

「げほっ、げほっ！　ああもう、この人形たちは『気遣い』ってものを知らないのかな。王子を埃まみれにして、どうして平気でいられるんだろう」

（特定の状況ならともかく、『気遣い』全般を人形が実現するのは難しいだろうな。そもそも『はたきを使ったら埃が舞う』『人が埃を吸ったらせき込む』のような因果関係を知っていなければならないし、『埃を吸ったら人は不快に思う』のような共感もなければならないし、『他人が不快に思うようなことは、避けなければならない』のような目的意識も必要だ。なおかつ、『他人が不快に思うようなことは、避けなければならない』という目的と、『埃をはたく』という目的の両方を、『板挟み』を避けながら実現する知恵も必要だ）

やっぱり、人形を使うのは簡単ではない。それでも、広間は徐々にきれいになっていく。中央に集められたごみを捨てさせると、王子はすっきりとした気分になった。パウリーノは、「次はテーブルの設置だ」と言う。来客用のテーブルも、左隣の部屋に収納してあった。まずは主賓用の三人掛けテーブルを一つ、人形に運ばせなくてはならない。王子は「ポーレットとアン＝マリー、テーブルを大広間に運んでくれ」と言って、すぐに取り消した。二体の人形が、それぞれ、別のテーブルに手を伸ばしたからだ。

「二人の人形に命令したら、別々にやろうとするんだったね」

王子は「ポーレットとアン＝マリー、二人で一緒にテーブルを一つ、大広間に運んでくれ」と言い直す。二体は三人掛けテーブルを広間に運ぶ。王子は同じようにして、最大十人が掛けられる長テーブルを二つ、広間に運ばせた。三人掛けテーブルは、広間の奥に横に置かせ、二つの長テーブルは、三人掛けテーブルの両端から広間の手前にかけて、「コ」の字になるように置く。

「で、三人掛けの真ん中に副大主教を座らせるんだね？　で、右には叔父上、左に僕が座る、と」

（そうだ。そして、その他の十八人は、九人ずつ、左右の長テーブルに座らせ

る。部屋の飾り付けも考えなくてはならないが、まずはテーブルの上に布を敷いてみよう）

　王子は真っ白なテーブルクロスを持ってきて、各テーブルの上に広げる。テーブルクロスはなかなかきれいに広がらず王子は苦労したが、どうにか整えてテーブル全体を見ると、急に食事の場らしくなった。不意に、王子のお腹が鳴った。

「お腹がすいちゃった。おいしそうな匂いもするけど、気のせいかな？」

（そうじゃないみたいだぞ。配膳室を見ろ）

　王子が配膳室の方に目をやると、ベアーテが数体の人形たちを従えて立っていた。いつのまにか、厨房から上ってきたのだ。人形たちは、料理の載った大皿をいくつか持っており、ベアーテがあれこれ命令すると、それらを配膳台の上に置く。

「最初の試作品ができたよ。鴨とキノコのパイと、カワカマスの揚げ物以外は、今ある材料で作れた。王子様が言っていた『白チーズの栗の蜂蜜がけ』も作ってみたから、食べてみて感想を教えておくれ」

　王子の口の中が、唾でいっぱいになる。料理を見ようと配膳室へ行こうとする王子を、ベアーテが止める。

「王子様は、自分の席に座るんだ」

「え？　運んでくれるの？」

「いいや、王子様が運ぶんだよ。そっちの部屋の人形たちを使って、ね。つまり来客の日のための練習さ。当日も、この配膳室までは、あたしが人形たちに運ばせることができる。でも配膳室から大広間のテーブルまでは、王子様が給仕係の人形たちを使って運ばせないといけない」

　そうか、そうしなければならないのか。王子は三人掛けの席に座り、正面を向く。しかしそうすると、配膳室が見えない。

「困ったな。配膳室が見えないんだけど」

（『遠見の瞳』を使うしかないな。当日もそうすべきだろう）

　そうパウリーノに言われ、王子は三回瞬きをして、左目に現れた視界の中から、配膳室を映す「同時像」を見つけた。その像の中では、配膳室の様子が少し上から見える。王子は自分の近くにいるアン＝マリー人形に命令する。

「アン＝マリー、配膳室から卵のスフレが載った皿を持ってきてくれ」

　アン＝マリー人形は配膳室へ行く。同時像で確認すると、人形は台の上から

皿を手に取る。しかし、その取り方は乱暴で、スフレが皿から落ちそうになった。慌ててベアーテが皿を支え、王子に向かって言う。

「王子様、今の命令だと、人形は『皿』にだけ注目して、上の料理がどうなろうとかまわず皿を取ろうとするよ」

「ええと、それじゃあ、どう言ったらいい？　皿じゃなくて、『卵のスフレ』を持ってきてくれって言えばいいの？」

「あたしもさっきはそれをやった。でもそうしたら、料理を手でつかもうとするんだ。だから、やめた方がいい。あたしが使った言い方はこうだ。『卵のスフレを皿に載せたまま、皿を持ってきておくれ』」

　なるほど、そういう言い方があったか。王子がそのとおりに命令すると、アン＝マリー人形はさきほどよりもゆっくりとした動作で皿を持ち、運んでくる。ベアーテが言う。

「料理は、テーブルのどこに置いてもいいわけじゃないからね。配置が細かく決まっているから、うまく調整しないと」

　ベアーテの言う「正しい場所」に皿を置かせるのは、皿を持ってこさせるのよりも骨が折れた。そして人形が皿を置いたとき、ゴトッという大きな音がした。王子の近くに来てその様子を見ていたベアーテがつぶやく。

「うーん、置き方が乱暴だねえ。それに姿勢も悪い。とてもじゃないけど、気持ちのいい給仕の仕方じゃないねえ。王子様には悪いけど、やり直そう」

　今にも料理に手を伸ばそうとしていた王子は、ベアーテの言葉に落胆する。そしてその後も、皿を持った人形を何度も往復させる羽目になった。ようやくベアーテが首を縦に振り、王子は食事に手をつけようとしたが、今度はパウリーノから「待て」と言われる。

（お前自身も、姿勢と作法に気をつけるべきだ。客がお前を見に来るということを忘れるな。どの方向から見ても美しく見えるように座り、食べ物も静かに食べるのだ）

「でも、もう、僕、お腹がすいてるんだ。人形を動かすので疲れたし、姿勢とか、作法とか、何も考えずに食べたいよ！」

（いいか？　当日はもっと大変なんだぞ。人形を動かし、副大主教の話し相手をしながら、自分も優雅に食事をしないといけないのだ。少しでも練習しておく必要がある）

　空腹の限界を迎えた王子は半分泣き顔になりながら、姿勢を正す。まず手洗

いが必要であることを思い出し、人形に手洗い用の水と亜麻のタオルを持って
こさせる。ベアーテがあらかじめ用意してくれていたが、人形にそれらを運ば
せ、適切な位置に置かせるのに、また手間がかかった。そしてやっと、食べ物
を口に入れる。ベアーテの料理は、少し冷めかけてはいたものの、とびっきり
美味しかった。王子は思わず次々と口に運ぶが、それを見ながらパウリーノと
ベアーテがあれこれ口を出す。

「ああ、王子様、音を立てちゃいけないよ」

（そうだ。それに、姿勢が崩れているぞ。皿に顔を近づけてはいけない）

「それにね、ナイフはもっと柔らかく持つべきだ。そんな、兵士が短剣を握る
みたいな持ち方しちゃあいけない。ナイフの端が1サンティグア見えるぐらい
の場所を持つんだ。そして、脇もぴったり締めて」

（おい、口の周りにソースが付いているぞ。早く拭うんだ。そのまま飲み物の
コップに口をつけたら、コップに油分が付いて汚いからな。最初から料理を
もっと細かく切って口に入れれば、ソースが顔に付かなくて済む。お前の口
だったら、2サンティグア四方を目安に切ればいい）

「もうちょっと、顎をひいて……そう、あと1.5サンティグアぐらい。それか
ら、食べ物を噛むときは口をぴったり閉じたほうがいいね」

（肩の力も抜くんだ。ああ、言ったそばから力が入ってるな）

　王子はたまらず、二人に向かって叫ぶ。

「もう、黙っててよ！　1サンティグアとか2サンティグアとか……僕は人形
じゃないんだから！」

「ちょっと、王子様。食べ物を口に入れたまま、しゃべっちゃダメだ。それだ
けは、絶対にやっちゃいけないよ！」

　彼らに口を出され続けているうちに、王子は辛くなってしまい、おいしいは
ずの料理の味も分からなくなってきた。やっと、危機を乗り越える道が見えた
と思ったのに、目標にたどり着くまでの道のりの、なんと遠いことか。自分の
振る舞い方だけでも、こんなに多くのことを直さなくてはならないなんて。こ
の上人形を操り、客の相手をすることを考えると、王子はもう、頭が破裂して
しまいそうな気がした。そこへ、パウリーノが追い打ちをかける。

（背筋が曲がってきたぞ。頭のてっぺんを3サンティグアぐらい後ろにやっ
て、顎を1サンティグアぐらい引くんだ）

　とうとう限界が来た。王子はナイフを置き、テーブルの上に突っ伏して頭を

抱える。

「僕、もう、駄目だよ……一度にそんなにたくさんのこと、できない。人形に
できても、僕にはできない」

　それを聞いて二人は一度黙り込んだが、やがてベアーテが口を開く。

「あのね、王子様。あたしたちはいろいろ言ったけど、一言にまとめるとこう
だ。『見ている人が心地いいと思えるように振る舞う』ってことさ」

　王子はテーブルから顔を上げる。

「見ている人が、心地いいと思うように？」

「そうだよ。こんな言い方、人形には絶対に伝わらないだろうけど、王子様は
人間だから、分かるだろ？」

「分かんない、そんなの」

「いいや、分かるよ。王子様も今まで、誰かの姿勢とか動き方を見て、美しい
とか、見ていて気持ちがいいとか思ったこと、あるはずだよ。それを思い出し
て、その人と同じようにすればいいんだ」

　見ていて気持ちがいい動き？　すぐに王子の脳裏に浮かぶ人物がいる。

「ああ……そういえば」

　王子がいつも見ていた、ポーレットの姿。彼女はいつも姿勢を正しくし、速
すぎず、遅すぎず、無駄のいっさいない動きをしていた。そして彼女の指に
は、その先まで心遣いが行き届いていた。彼女が食事をしているところを見る
機会はそれほど多くなかったが、王子が覚えている限りでは、彼女は給仕をす
るときのあの美しい動作そのままに、食べ物を扱い、あの美しい口元に運んで
いた。今思うと、ポーレットは王子に対してだけではなく、自分自身に対して
も、そしてあらゆる他人に対しても、「丁寧に、敬意をもって振る舞う」とい
うことを心がけていたのだろう。そしてそういうポーレットの振る舞いは、王
子の目にはとても心地よいものだった。王子が彼女に特別な感情を持っていた
ことを差し引いても、それは間違いのないことだ。

　王子は再び、椅子の上で姿勢を正し、テーブルの料理と向き合う。そして
ポーレットのことを思い浮かべながら、自分が彼女のようになったつもりで、
再びナイフに手を伸ばす。

　それからしばらく、ベアーテとパウリーノは、無言で王子の様子を見守っ
た。王子の所作はまだぎこちなかったが、彼の「目指している方向」が正しい
ことは、二人にもすぐ分かった。ベアーテは何も言わず、頭だけを動かしてう

なずく。出された料理を王子がすべて食べた後、パウリーノが言う。

　（今の動きは、悪くなかったぞ。そのまま練習すれば、もっと良くなる）

「本当？」

　ベアーテが配膳室に行き、自ら皿を持ってきて、王子の前に置いた。濃い色の蜂蜜のかかった、白いチーズ。そして銀のカップが二つ。琥珀色の液体の入ったポットが二つ——珈琲（カッフェ）と茶（テ）だ。ベアーテは優しい口調で言う。

「王子様、さっきの王子様の食べ方には、王家の人間の品格が見えたよ。きっと来客の日には、どこに出ても恥ずかしくない立派な王子様として、お客の前に立てるはずだ。お疲れだろうから、最後のこの料理は、姿勢とか作法とか気にせずに、気楽に食べておくれ」

　王子の顔に、笑みが広がる。二人に誉められたのは、素直に嬉しかった。そして、道のりはまだあるけれど、きっと目標にたどり着けるという手応えのようなものを感じていた。ベアーテは気楽にしろと言うものの、王子は姿勢を崩さず、チーズの皿と、二つのカップと向き合う。ベアーテが珈琲（カッフェ）のポットに手を伸ばそうとしたとき、王子はそれを止めた。

「ベアーテさん、来客の日は、珈琲（カッフェ）と茶（テ）も人形に給仕させるんですよね？」

「そうだ。人形たちを使って、ポットからカップに注がせないといけない」

「それ、今、やってみます。練習のために」

　王子はそう言って、すぐ近くにいるアン＝マリー人形に、「アン＝マリー、カップに珈琲（カッフェ）と茶（テ）を注いでくれ」と命令した。アン＝マリー人形は珈琲（カッフェ）のポットに手を伸ばし、王子の目の前の二つのカップのうちの一つに注ぐ。その動作はやや雑だが、調整すればどうにかなる、と王子は思った。そしてアン＝マリー人形は茶（テ）の入ったポットを手に取る。そこまでは順調に見えたが、人形が次に取った行動に、王子は思わず叫んだ。

「え？　ああっ！！」

　アン＝マリー人形は、さっき彼女が珈琲（カッフェ）を注いだのと同じカップに、茶（テ）を注いだのだ。カップの中で、珈琲（カッフェ）と茶（テ）が混ざっていく。

「どうして！？　……ああ、そうか。僕は珈琲（カッフェ）と茶（テ）を『それぞれ別に』カップに注いでほしかったのに、人形は『両方とも』同じカップに注いだんだ」

　（なるほど。『何かと何かをどうにかしてくれ』のような命令だった場合、人形は『どちらも一緒に』と考えるんだな）

　貴重な飲み物が台無しになったのを見て、王子はがっくりとうなだれた。目

標までの道のりは、まだまだ遠い。

◈

　それから毎日、ベアーテは早朝から夕方まで城に通い詰め、料理の試作に励んだ。王子は、人形たちの操作の練習に励む一方で、立ち居振る舞いや礼儀作法をパウリーノから徹底的に仕込まれた。まずは、表門で副大主教の一行を出迎えるときの挨拶の仕方。大広間へ案内するときの歩き方。着席の仕方、正餐を開始するときの挨拶など、王子にはきりがないように思われた。パウリーノは出迎えから見送りまでの一連の流れを、王子に何度も練習させる。それをすべて完璧に、しかも易々とこなせるようでなければ、それをしながら人形を操ることはできないからだ。

　さらにパウリーノは、副大主教がどのような話題を持ち出すかを想定して、それに対する「受け答え」も用意した。そして滞りなく会話しながら、食卓と配膳室の様子を見て、人形たちに給仕させる練習もさせた。毎日朝から練習をさせられ、夕方になるころには王子はへとへとになっていた。日が暮れるとすぐにパウリーノの部屋のベッドに寝転がり、夜明けまで目を覚まさなかった。王子は寝ながら、うんうんと唸った。目覚めた後の王子の話では、夢の中にまでパウリーノが出てきて、王子に「練習」をさせているらしい。

　パウリーノは夜間、寝室で寝ている王子の様子を見て、「遠見の部屋」で城の周囲の様子をうかがうということを繰り返していた。昼間、王子にも時々「左目」で外の様子を見させているが、ここ数日、変わった様子はない。あの王弟の密偵グレアも、あの日以来、城壁の周辺に姿を現していない。副大主教の来訪の日よりも前に、こちらに何かをしかけてくる気はなさそうだ。

　努力の甲斐あって、日を経るごとに、王子の立ち居振る舞いは自然になってきた。人形の操り方にも、明らかに慣れてきている。ベアーテは、さすがに子供は飲み込みが早いと、いたく感心した。ベアーテの作る食事が良いからか、王子の血色は日に日によくなっていく。宴の二日前、いつもの予行練習に加えて、広間の飾り付けをした。人形に指示をしながら王子も働いたが、その体の動きは軽やかだ。王子はベアーテが来た日から毎日体を洗っているし、カッテリーナの覚え書きに書かれていた「王子様の服の着せ方」を見ながら自分で服を着られるようになった。城の者たちがいなくなって以来、失っていた「王子らしさ」を、徐々に取り戻しているように見える。さらに王子は、パウリーノ

の指示のとおりに振る舞うだけでなく、自分から「こうした方がいいんじゃないか」という意見を言うようになった。それらの意見の中には、なかなか核心をついたものもあった。

（『頭の良い子』、か）

パウリーノは心の中でつぶやく。やはりポーレットはこの子の中に、何かを見ていたのだろう。

しかし、宴の前日、新たな課題が持ち上がった。城の庭の草むしりだ。城の者たちがいなくなった日からそれほど経っていないのに、庭では、成長の早い雑草が伸び放題に伸びていた。王子もパウリーノも、人形たちに手伝わせればすぐに草むしりが終わるだろうと考えていたが、いざ始めてみるととんでもない落とし穴があった。

「だから、雑草！　雑草を全部抜いてくれよ！」

王子は声を荒らげて何度も人形たちに命令するが、人形たちは動く様子がない。目が赤く光るので、おそらく命令の意味が分かっていないのだろう。

「何で分からないのさ……」

ため息をつく王子に、パウリーノが言う。

（おい、草をどれか指さして、『この草を抜いてくれ』と言ってみてくれ）

「え？　どうして？」

「人形たちがお前の命令を理解できないのは、『雑草』という言葉か、『抜く』という言葉のどちらかが分からないからに違いない。まずは、『抜く』という言葉を知っているかどうか確かめるんだ」

王子はうなずいて、近くにいる人形に雑草を一本指さして見せ、「この草を抜いてくれ」と命令した。するとその人形は、王子が指し示した草を抜く。

「『抜く』っていう言葉は、分かるんだね」

（だとしたら、問題は『雑草』か。なぜこれが分からないのか……。ああ、そういえば、似たような話があったな）

パウリーノは思い出した。かなり昔、魔術の師匠のベルナルドが「人形には、『ごみ』という言葉が伝わらない」という古代の記述を見つけたことがあったのだ。

「『ごみ』が分からないの？」

（どうやらそうらしい。古代の記録には、散らかった部屋を片づけさせようとして人形に『ごみを拾え』と言ったが、まったく伝わらなかったという話があ

るそうだ。今の話と似ていないか？）

「確かに、似ているね。『雑草』も『ごみ』も、『要らないもの』だしね。でも、何でそんな簡単なことが分からないんだろう。『珈琲』と『茶』の違いも分かるのに」

　パウリーノと王子はこれまでの経験で、人形が実に多くの知識を持っており、そしてかなり細かく「もの」を識別できることを知っていた。たとえば「珈琲」と「茶」はどちらも大変珍しい飲み物で、庶民はもちろん知らないし、このあたりの国々の王族でも、実物を知っている者はほとんどいないと思われる。にもかかわらず、人形たちは最初からこれらを識別できた。それなのに、「雑草」や「ごみ」のような、誰でも知っているものが分からないというのは、実に不可解に思える。

「ということはさ、人形には『要らないもの』が分からないってことなの？」

（いいところに気がついたな。我が師ベルナルドは、こういう仮説を立てていた。『時と場合によって、人がものに貼り付けたり剥がしたりする言葉は、人形に理解できない』、と）

「ものに貼り付けたり、剥がしたりする言葉？」

（そうだ。『ごみ』を例に挙げると、我々が何らかのものを『要らないから捨てよう』と判断したとき、それに『ごみ』という言葉を貼り付けたことになる。しかし、『やっぱり必要だ』と思い直したりすると、その物体は『ごみ』ではなくなる。つまり、『ごみ』という言葉を剥がしたことになるんだ）

　よく分かっていない顔をする王子に、パウリーノはさらに説明をする。

（たとえば、この前アン＝マリー人形に破かれたお前の服だが、お前はあれを捨てるつもりか？）

「うん、捨てると思うよ。破れてみっともないから、着られないし」

（だとしたら、あの服はもともとお前にとって『ごみ』ではなかったが、今は『ごみ』であるわけだ。でも、もし仮に、誰かが元どおりに直してくれると言ったらどうする？　やっぱり捨てるか？）

「ええと、元どおりにしてもらえるなら、捨てないと思う」

（ならばその時点で、あの服は『ごみ』ではなくなるわけだ。そのような、人の『心づもり』によってころころ変わる言葉を、人形に理解させるのは難しいと思わないか？）

　王子は腕を組み、眉間にしわを寄せて考えている。

「うーん……なんとなく、分かった気がする。でもさ、部屋の埃だとか、切った野菜の皮とか、そういうのはいつだって『ごみ』だよね？」

（確かに、最初から最後まで『ごみ』としか言いようがないものもある。しかしそれは、多くの人にとって、それらが必要になる機会がないからに過ぎない。万一、誰かが何らかの理由で埃や野菜の屑を必要としたら、それらはその人にとっては『ごみ』ではなくなるだろう）

「ふーん。で、『雑草』も同じだってこと？」

（おそらくな。『雑草』という言葉も、我々が時と場合によって特定の草に『張り付けたり剝がしたりする』言葉なのだろう。実際、どの草を雑草と見なすかは、人によっても違うし、地方によっても違うことがあるようだ。たとえばこの草だが）

パウリーノは草の中をぴょんと飛び跳ねて、伸びた雑草の一つに近づく。小さな黄色い花がついた草だ。

（このニポポソウは、遠いバアシュリィ国では大切にされていて、国の紋章にも描かれているほどだ。しかし今、我々にとっては雑草に過ぎない）

「なるほどね」

話している間に、日が高くなってきた。二人は考えるのをやめ、とにかく作業を進めることにした。「雑草」という言葉が使えないことを知った今、いろいろと言い方を工夫してみたが、なかなかうまくいかない。王子が雑草の一つを指さして「この草と同じものを全部抜いてくれ」と言えば、人形はその草だけを抜いて、作業をやめてしまう。「同じもの」がまずかったのかと考えて「この草と似ているものを全部抜いてくれ」と言うと、人形は他の雑草も抜き始めたが、そのうち雑草ではない草まで抜き始めたので、王子は慌てて命令を取り消した。結局、名前が分かる雑草については、「ニポポソウを全部抜いてくれ」のような命令で、人形たちを思いどおりに動かすことができた。しかし名前が分からないものについてはどうしようもないので、王子は自分で草むしりをする羽目になった。

苦労の甲斐あって、中庭——少なくとも、明日副大主教の目に付くであろう範囲の雑草はすべて取り除くことができた。しかし王子の手には雑草の汁の跡が残り、水で洗ってもなかなかとれない。

（ああ、まるで農民の手だな。来客は明日だというのに。どうにか『しみ』が消えるといいが）

王子は自分の手をしげしげと眺めて言う。
「いいよ、しみが残ったら、そのままで」
（なぜだ？）
「副大主教にこの手を見せて、僕が自分で草むしりをしたって言うんだ。王子が自分を迎えるためにそんなことをしたって聞いたら、副大主教もびっくりするだろうし、きっと嬉しいと思うんじゃない？」
　パウリーノは青い目を見開いて王子を見る。確かに、そうかもしれない。
（この王子は、私が思っていたより、したたか者なのかもしれないな）
　しかし、やはり子供は子供だ。その日の夜、王子はなかなか寝付けずにいた。そしてパウリーノに、ぽつりと言った。
「パウリーノ。僕、怖い」
（怖い？）
　王子はうなずいて言葉を継ぐ。
「明日、うまくいかなくって、そのあと叔父上が攻めてきたら、僕……」
　王子はそこまで言って、口をつぐんだ。怖くて、言いたくないのだろう。パウリーノが言う。
（怖いのは、私も同じだ）
「え……」
（誰だって、戦いは怖い。戦いをしかけられる側だけでなく、しかける方だって怖いはずだ。つまり、王弟殿もな）
「叔父上が？　それじゃあ、どうして攻めてくるのさ？」
（怖さよりも、欲望が勝っているのだろうな。また、ある程度、勝算もあるのだろうが）
　王子はベッドの上にうずくまり、自分の体を両腕で抱え込むようにした。
「やっぱり、僕には、無理だよ。叔父上のことを考えると、怖くてたまらないんだ。きっと本人を見たら、何にもできなくなる」
　パウリーノは、王子にかけるべき言葉を探す。
（王子。さっきも言ったが、怖いのは王弟殿も同じだ。それに王弟殿は、副大主教殿のことも怖がっている。そのことを忘れてはいけない）
「叔父上が、副大主教を？」
（そうだ。副大主教が王弟殿にとって恐ろしい存在だからこそ、王弟殿は必死になって味方につけようとしているのだ。いくら王弟殿でも、副大主教と、そ

の背後にあるソラッツィ主教会の威光に逆らうことはできない。立場上、副大主教から何かをしろと言われたらせざるを得ないし、するなと言われたらやめざるを得ない。ある意味、副大主教殿にとっては、主教会に忠誠を誓う国々の王族は『言ったことに従う人形』のようなものだ）

　それを聞いた王子は体を抱えるのをやめ、顔をまっすぐに上げる。パウリーノは続ける。

（それからもう一つ、言っておくことがある。衛兵人形たちに戦いの準備をさせた日のこと、覚えているか？　あの日、お前は『戦いに勝つ』ということは、敵を皆殺しにすることだと言ったな）

「うん、そう言ったけど」

（敵を皆殺しにできれば、戦いに勝つ。それはそうかもしれない。しかし、すべての勝利が『敵の皆殺し』で得られるわけではない）

「どういうこと？」

（敵を殺さなくても、勝利することがあるからだ。むしろ、敵を皆殺しできることの方が少ないし、それにこだわり過ぎたために負けた例がたくさんある）

「敵をやっつけないで、どうやって勝てるのさ？」

　首をかしげる王子に、パウリーノは言う。

（難しく考える必要はない。単に『敵に戦う気をなくさせる』ということだ。そうすれば、こちらの勝ちだ）

「戦う気を、なくさせる……？」

（そうだ。人は、さまざまな理由で戦う気を失う。実際のところ、『気持ちの問題』なんだ。戦いをしかけるのも、やめるのも、人の心が決める。重要なのは、どうすれば敵が『戦いをやめよう』と思うかだ。それを予想して、実際に敵がそう思うようにしむけることだ）

「どうすれば……うーん、難しいな」

（別に、今この場で具体的に考える必要はない。ただ、戦いに勝つのは必ずしも、敵や味方の血を流すことではないと言いたかったのだ。そして、『敵に戦う気をなくさせる』ことが勝利だと考えると、お前のような子供でも、王弟殿に勝てるかもしれない、と）

　王子は考え込む。パウリーノは、こう言ったものの、やはり王弟の不意の攻撃から王子を守る必要があると感じた。彼はふと思い出して、王子に言う。

（ベッドの隣の棚の、小さな袋を取ってくれ。ポーレットの手紙が入った箱の

隣にあるやつだ）

　パウリーノの言う「袋」は、複雑な幾何学模様の刺繍がなされた布の袋だった。パウリーノは、その中身を出すように言う。王子がそうすると、鎖のついた小さな瓶が出てきた。中には、薄く青みがかった液体が入っている。

（その瓶は、鎖で首にかけられるようになっている。明日は、それを必ず身につけておくんだ。そして万一、誰かに襲われて傷つくことがあったら、その中身を飲め）

「これ、何なの？」

（稀少な霊薬だ。どんなに深い傷も、たちどころに治す。ただし一回分しかないから、よく考えて使えよ）

「どうして、こんなものがあるの？」

（ガリアッツィ殿が取り寄せたんだ。陛下の留守中、お前に万一のことがあったときのために、な。めったに入手できないものらしく、あのガリアッツィ殿もなかなか苦労していた。あちこちに手を回したが、ひと瓶手に入れるのがやっとだったそうだ）

　王子は瓶をしばらく眺め、ぎゅっと握って胸に押し当てた。そして言う。

「僕……」

（何だ？）

「父上が戻ってきて、この城がもう大丈夫ってことになったら……やっぱり、みんなを助けに行きたい」

　パウリーノは動かずに、王子の顔を見つめる。

（前にも言ったが、ドニエルはどこにいるか分からないんだぞ。それに、もうすでに手遅れかもしれん）

「うん、分かってる。それでもやっぱり、行きたい」

　パウリーノは、ポーレットの手紙の詰まった箱に目をやる。そして一度頭を下に下げた後、王子の目を見て言う。

（お前がどうしてもと言うなら、仕方ないな。私に止める権限はない。そして……お前が行くなら、私も行こう）

「本当に？　一緒に来てくれるの？」

（猫にどれほどのことができるか分からんがな。とにかくそのためにも、明日の宴は成功させよう）

　パウリーノがそう言うと、王子は少し落ち着いたのか、ベッドに横になっ

た。そしてすぐに、寝息を立てて寝始める。王子が熟睡したのを見届けると、パウリーノは足音を立てずに、「遠見の部屋」へ行く。今夜も、城の周囲に異常はない。

（問題は、明日よりも後だ。王弟殿は、明示的にであれ暗黙にであれ、ソラッツィ主教会の後押し——つまり自分がこの城と王位継承権を手に入れることに対する、副大主教の承認が欲しいはずだ。そしてそれが得られたら、陛下が戻られる前に行動を起こすだろう）

そしてすでにおおよそ、王弟は副大主教から承認が得られる目処を付けているはずだ。彼らの「訪問」は、おそらく「最後の一押し」に過ぎない。

（明日、王子がどうにか来客に対応できたとしても、今の流れが覆ることはあまり期待できない。だとしたら、王子をどう守ったらいいのか……）

とにかく王子だけは、守らなければならない。ポーレットが、大切に育ててきた王子を。生きているか、死んでいるかも分からない彼女。ポーレットのために自分が今できることは、彼女が可愛がってきた王子を危機から遠ざけるために、知恵を尽くすことだけだ。王子が敵の手に落ちることは、絶対に避けなければならない。そんなことになったら、無力な今の自分は王子を助けることができないからだ。

（『人に戻れる機会』は、残り一回だ。しかし、その『機会』は、存在しないものと考えなくてはならない。その機会を使ってしまったら、『意識の消滅』が来てしまう）

パウリーノには分かっていた。遅かれ早かれ、この「猫の体」が、「人間の意識」——つまりパウリーノとしての意識を保てなくなることを。つまり、「人としての死」だ。しかしどうにかして、その時期を遅らせなくてはならない。ついさっき約束したように、王子と一緒にポーレットたちを探しに行く、そのときまで。

しかし、そのためにはどうしたらいいのか？　もっと考えたい、考えなければならないのに、疲れた猫の頭の中では徐々に、人の言葉が無意味な音と化していく。体から力が抜け、瞼が重くなってくる。頭の中に霧がかかったような逆らいがたい感覚がやってきて、パウリーノは眠りに落ちた。

第 **6** 章

逡巡と決断

　影の中で彼女は一人、息を殺していた。

　あらゆる音を吸い込んでしまいそうな、ざらついた石壁。窓のない通路と、そこを満たす重たい空気。通路の壁から突き出した、蛇の頭の彫像。それらの両目からは、通る者を監視するための黄緑色の光が放たれ、通路を明々と照らす。その光が途切れたわずかな闇の中に、カッテリーナは立っていた。

　どうしよう、どうしようどうしよう……。カッテリーナは心の中で、ずっとそう繰り返している。ここへ来ること、それは彼女がずっと望んでいたことだ。しかし、このような形で「あいつ」に再び連れ去られるとは思わなかった。そもそも、ここへ連れられてきてから、何日が過ぎたのだろうか。

　（つまり何日間、私は『あいつの術中』にいたの？）

　考えても分からない。確かなのは、今この状況に「気づいて」いるのは、自分一人だということだ。

　足音がする。カッテリーナは警戒して、壁に体をぴったりとつける。向こうに見える人影は、「仲間」のそれだ。カッテリーナは胸をなで下ろす。よかった、「あいつ」じゃない。彼女は警戒を解くが、それでも壁から体を離さない。人影は近づき、カッテリーナに気づかずに、目の前を通り過ぎる。その横顔は、貯蔵庫管理人のナモーリオだった。食物庫へ向かっているのだ。

　（みんな、あいつの『術』に操られている。私以外、みんな）

　自分以外の仲間を支配している「術」。それは、相手に「ここ」を「自分の本来の居場所」と錯覚させるものだ。仲間たちは、聖者ドニエルの居城にいるこ

とを知らず、相変わらず、ハルヴァ王国のクリオ城にいると思い込んでいる。さっきのナモーリオも、貯蔵庫管理人の務めを果たすために、ドニエルの食物庫に向かっているのだ。クリオ城の貯蔵庫とは、城の中での位置も、間取りもまったく異なるにもかかわらず。

　ほんの数分前まで、自分もきっと同じだったのだと、カッテリーナは確信している。夢の中で起こることをまったく疑わずに受け入れてしまうのと同じように、ここにいることに違和感を感じていなかった。しかし、ほんの少し前……アン＝マリーに掃除するよう言いつけられた部屋で、カッテリーナは突然、我に返った。クリオ城内の一室だと思いこんでいたその部屋に入ったとき、カッテリーナはひどい悪寒がして、思わず床にうずくまった。頭蓋を内側から鈍器で打たれるような痛みと、胃袋が丸ごと出てきそうな吐き気。しばらく苦しみ、ようやく収まって顔を上げたとき、視界に飛び込んできたのは磨かれた一枚板でできた「台」だった。

　部屋にいくつも、整然と並べられたそれを見たとき、カッテリーナの中の忌まわしい思い出が完全に蘇った。八年前、一緒に連れてこられた人のほとんどが、「あの上」で死んだ。そして自分もあそこに寝かされ……。

　そこまで思い出したとき、彼女は反射的に、部屋の隅へ身を寄せた。動かずにいたら、あいつに見られる。そのことを、頭よりも先に体が思い出していた。あいつは城じゅうに「目」を張り巡らせているのだ。そしてそれから逃れるには、「死角」に入るしかない。八年経った今でも、カッテリーナは城のほぼすべての死角を完璧に覚えていた。カッテリーナは死角をたどって、この通路までやってきた。しかしここにだけは、死角がない。通路の向こう側へ行くには、あいつの目に入ることを覚悟しなくてはならない。

　（あいつの『目』に見られるのは仕方ない。その前に、考えを整理しないと）

　カッテリーナの頭はまだ、目覚めた直後のように朦朧としていた。そもそも、いつ、どのようにしてここに連れてこられたのか。思い出そうとすると、少しずつ、記憶がはっきりとしてくる。

　　　　　　　　　　　　　◆

　そう、あれは、王子様のお食事が終わって、片づけが終わって、仕立て部屋で手伝いをしていたときだった。大広間の方で突然、大きな音がした。何事かと思って行ってみると——「あいつ」がいたのだ。「あいつ」は道化の服を着

て、肩には王子様を抱えていた。「あいつ」が片手を上げると、大広間の窓に
かかっているカーテンがすべて、いっせいに閉じた。光の遮られた暗い広間の
中央で、「あいつ」は高らかに叫ぶ。

「この城の者たちよ。私は聖者ドニエル。私はルーディメント王子から『言
葉』を授かった。その言葉を、これから我が守護神、アトゥーに届ける。そう
すれば、お前たちは今日から、私の僕だ」

「あいつ」はそう言うと、王子様を乱暴に床に投げ捨てた。あまりのことに、
みな口を開いたまま、身じろぎ一つできなかった。異変に気がついて広間に駆
けつけたガリアッツィ様も、みなと同じように固まった。そして私自身も、自
分の見ているものが信じられなかった。

そんな中、ポーレットさんだけが動いた。彼女は気を失っている王子様に駆
け寄り、抱きかかえながら「あいつ」にはっきりと言った。

「私たちの主は、このルーディメント王子です。私たちは、誰のところにも
行きません！」

「あいつ」はポーレットさんを冷たく見ながら――そう、青緑色に淀んだ池
の水みたいな、あの目で見ながら――こう言った。

「勇敢な娘だな。だが、お前たちを私に譲ると約束したのは、他でもない、
ルーディメント王子なのだぞ。お前たち全員と、私の持つ『人形たち』を交換
したいと望んだのだ。王子はな、お前たちに嫌気がさして、何でも言うことを
聞く人形をご所望なのだ」

「え……？」

みなが恐怖におののく中、「あいつ」はポーレットさんの方ににじり寄り、
手を伸ばそうとした。そのとき、立ちふさがるように、黒い影が現れた。パウ
リーノさんだった。パウリーノさんが何かを唱えると、「あいつ」の周囲の床
から氷の柱がせり上がり、それが伸び広がって「あいつ」をすっかり閉じこめ
てしまった。パウリーノさんは、みんなに向かって叫んだ。

「早く逃げろ！　急いで城から出るんだ！　ガリアッツィ殿、みなの先導と、
外の兵士たちへの連絡を！」

それまで身動きできなかったガリアッツィ様も、その言葉に我に返ったよう
だった。

「分かった！　パウリーノ殿、あとは頼む！　さあ、みんな、外へ出るんだ！」

他の者たちも突き動かされるように、それぞれ近い出口へ向かって走り始め

た。でもポーレットさんは、気を失った王子様を抱えたまま動かない。

「ポーレット、君も早く逃げろ！」

「でも、王子様が！」

「王子は私が連れていく！　『氷の檻』が奴を捉えている間に、君は早く！」

　そう言いながらパウリーノさんは、王子を自分の腕に抱え始める。ポーレットさんもようやく腰を上げて、逃げようとした。そして私も、やっと我に返った。目の前に、「あいつ」がいる。それがようやく、現実のものだと感じられた。背中に戦慄が走り、心臓の鼓動が速まる。

　（『あいつ』が今、そこにいる）

　そうだ、今こそ、「あいつ」を……。

　呼吸を乱しながらあいつの方へ駆け出そうとする自分を、別の自分が止める。衝動のままに飛びかかっても失敗するだけだ、と。私が混乱している間に、「あいつ」を取り囲んでいた「氷の檻」にひびが入った。王子様を抱えて走り始めていたパウリーノさんが振り向く。檻は粉々に割れ、白い破片の中から「あいつ」が姿を現す。「あいつ」は、笑みを浮かべながら言う。

「ベルナルドの弟子、パウリーノだな？　その若さで『氷の檻』を操るとは、噂どおりの男だ」

　王子様を抱えたまま、パウリーノさんは「あいつ」を睨む。

「パウリーノよ。『氷の檻』を破った私に何が通用するか、考えているのだな？しかし残念ながら、お前の人生は、今日でおしまいだ。なぜなら王子が、私にそのように望んだからな」

　パウリーノさんの表情が凍り付く。

「どういうことだ？」

「ルーディメント王子は、『王族の言葉』をもって、こう望んだのだ。お前を、無力な生き物に変えてほしいとな。王族の言葉をもってすれば、私が仕える邪神アトゥーを動かし、それを実現するのはたやすいこと。つまりお前は今日から残りの人生を、何もできない弱い動物として過ごすのだ」

「あいつ」はパウリーノさんを見ながら、何やら短い呪文を唱えた。すると「あいつ」の頭上に、二つの緑色の目玉が出現した。危険を察したのか、パウリーノさんは王子様を抱えたまま逃げようとする。しかし、間に合わなかった。「緑色の目玉」から出た光がパウリーノさんを捉える。

　パウリーノさんの姿が消え、王子様の体が広間の床に落ちた。その傍らに現

れた小さな影は、黒い猫のそれだった。黒猫はすぐに、王子様の体のそばに倒れ込む。

「パウリーノさん！」

大広間の扉まで逃げていたポーレットさんが、彼らの方へ引き返そうとする。それまで身動きできなかった私は、反射的にポーレットさんに駆け寄ろうとした。そのとき、また「あいつ」の頭上の「緑色の目玉」が光った。

すると、ポーレットさんの後ろに、彼女にそっくりな女が現れた。その女がポーレットさんに触れると、ポーレットさんの姿は跡形もなく消えてしまった。

そのとき、私はようやく理解した。あれは、「人形」だ。「あいつ」の城にいた、役立たずの人形。「あいつ」はああやって私たちを、人形と取り替えるのだ。やがて、他の召使いたちの背後にも彼らにそっくりな人形が現れ、彼らを追い回し始める。そして、人形に触れられた者は、次々と消えていく。「あいつ」はその様子を満足げに見届けると、緑色の目玉と共に、その場から姿を消した。

私はすぐに自分の背後を見る。予想どおり、振り向いた先には「私」が現れていた。

（あれに触れられたら、連れていかれる！）

ドニエルのところへ行く。そのことは怖くはない。でも、まだ、捕まるわけにはいかない。まずは王子様を、どうにかしなければ。

私は大広間の中央に倒れた王子様を抱え、階段を下りて、中庭に出た。衛兵たちに混乱を知らせて、王子様を託そうと思ったのだ。しかし目の前の光景は、城の隅々にまで混乱が及んでいることを私に知らせた。料理人たち、庭師たち……みなが逃げまどう。衛兵たちはそれぞれに剣を抜き、自分そっくりの人形に切りつけるが、その試みも空しく、次々と消えていく。

（ああ、みんな、さらわれていく）

私は仕方なく、主塔の中へ引き返す。王子様をどこへお連れすれば？　少しでも安全なところへ、と思ったが、もう、安全なところなど、どこにもない。やがてすぐ近くに、再び「私」が姿を現す。私は逃げたが、王子様を抱えているせいか、息が切れてくる。

私はもう、考えることができなくなっていた。そして気がつくと、王子様の部屋へと走っていた。私は部屋の扉を開け、王子様をベッドに寝かせた。そして上から、シーツをかぶせる。

（かわいそうな王子様。どうか、みんなが戻るまで、ご無事で）

　私は部屋中の窓を閉め、カーテンを閉じる。少しずつ、追っ手の足音が近づく。私は急いで王子様の部屋を出て、扉を閉める。

　廊下の向こうにいる、私そっくりの人形と目が合う。いよいよ、「あいつ」のところへ行くときだ。私は腰に手をやり、腰から下げた巾着袋の中身の感触を確かめる。「これ」は、絶対に持って行かなくてはならない。これがなければ、きっと、何もできずに殺される。そうなったら、仇が討てない。

　うつろな目をした「私」が、私に向かって近づいてくる。こちらに手を伸ばす人形に、私はこう言った。

「さあ、お望みどおり、私に触れるがいい。でもね、あんた、王子様にひどいことをしたら、戻ってきたときにバラバラにしてやるから」

　すぐに、布とも石ともつかない、ひやりとした感触を首筋に感じた。そして私は、気を失ったのだった。

◆

（私以外のみんなは、あのときのことを忘れている。そして、何事もなかったと思い込まされている）

　カッテリーナには、なぜ自分一人が「術」から抜け出せたのか、その理由は分からない。しかし、昔まったく同じ目に遭ったことがあるからではないかと思う。一度流行り病にかかった人間が次にはかかりにくくなるようなことが、この術についても起こるのかもしれない。

　とにかく、自由に動ける状態でいられたのは幸運だった。これなら、まだ希望がある。しかし頭は、まだ混乱している。

（まず、『目的』をはっきりさせないと……。いつも、大伯母様に言われていたように）

　カッテリーナは思い出す。大伯母ベアーテの言う「目的」というものが、最初はまったく理解できなかった。しかしそれは仕方がなかった。その頃のカッテリーナにとっては、「目の前で起こっていること」がすべてだったからだ。日が昇る。風が吹く。花が咲き、蝶が飛ぶ。大伯母様が歩いたり、座ったりする。それだけしか、彼女の中にはなかった。しかしやがて、「目の前で起こっていること」に加えて、「昨日起こったこと」「その前に起こったこと」が心の中に積み重なっていく。目の前の出来事とは違う、過去の出来事が、頭に浮か

ぶようになる。

　それからしばらくして突然、カッテリーナは「忌まわしい記憶」を自分の中に見つけた。そしてそれに伴って、自分が「あいつ」を殺す場面が浮かんできた。深く考えずとも、カッテリーナは、その場面が記憶ではないことを知っていた。自分が「あいつ」を殺す場面は、過去に起こったことではなく、自分の心が作り出したものなのだ。

　わたし、もどる。ドニエル、ころす。

　目の前で起こっていることとも、過去の記憶とも違う。それは自分が思い描いた「望み」だった。

　それに気づいたカッテリーナは、大伯母ベアーテの言うことが以前よりも分かるようになった。大伯母も自分と同じように、「望ましいこと」を頭の中に持っている。そしてそれを、「目的」と呼んでいる。大伯母の目的が分かるということは、手伝いをうまくやるための第一歩だった。

　カッテリーナは考える。それで、今の私の目的は何？

　（ドニエルを殺す。それは変わらない。でも、今はそれだけじゃない）

　城の人たちがここにいる。彼らをどうにかして、ここから逃がさなくてはならない。それも、誰一人失うことなく、一刻も早く。

　カッテリーナは、経験から知っている。目的が二つ以上あるときは、要注意なのだ。目的が一つだけのときは、ただそれを目指して動けばいい。もしドニエルを殺すという目的しかないのであれば、ただそれを実行に移せばいい。その結果、どうなろうとかまわない。ドニエルを殺せるなら、自分の命さえ惜しくない。

　（でも、私が動くことで、みんなが傷ついたり、死んだりすることがあってはならない。もっと、よく考えるんだ。大伯母様に言われていたように）

　カッテリーナの頭に、大伯母ベアーテの言葉が浮かぶ。

　──カッテリーナ、「目的」が決まったら、次にするのは「計画を立てる」ことだ。目的を達成するために、何を、どういう順番で、どんな方法で、そして何に気をつけながらやるのか、決めるんだよ──

　「計画を立てる」。それはカッテリーナにとって、「目的」を理解する以上に難しいことだった。なぜなら、計画を立てるには、「こういう場合は、こうなる」ということを、たくさん知っておかなければならないからだ。

　「こういう場合は、こうなる」──城で働くようになってから、カッテリー

ナは「因果関係」という言葉を知った。つまり「原因」と「結果」の関係だ。

　たとえば、卵を乱暴に割ると、卵料理の中に殻が混じってしまう。そして、卵料理の中に殻が混じっていたら、食べた人が不快に思う。こういった因果関係を知っていれば、卵を割るときに、丁寧に割らなければならないということが分かる。このように、「原因と結果」を考えることは、「目的」——つまり望ましい結果に到達するための道しるべであり、望ましくない結果を生まないための予防線でもあるのだ。

　ベアーテに教えられたり、カッテリーナが自分で発見したりした「因果関係」には、さまざまなものがあった。それらの中には自然界に関するものや、社会の慣習、人の気持ちに関するものがあった。また、それらの中には、「こういう場合は*必ず*こうなる」のような「法則」もあれば、「こういう場合はこうなる*ことが多い*」のような「傾向」、また「*少なくとも過去に一度*、こういう場合にこうなった」のような「経験則」もあった。

　たとえば、お客が一人だったところに、もう一人来ると、二人になる。これは、「*必ず*こうなる」の例だ。ガラスの器を高いところから床に落としたら、割れやすい。これは「こうなる*ことが多い*」の例。

　ドニエルに関しては、「*少なくとも過去に一度*、こういう場合にこうなった」ということしか分からない。しかしそれは、衝動的に動こうとする自分を引き留めるのに十分だった。

　（そう、少なくとも前は、そうだった。さらわれていた大人の一人が『早まった』んだ。そしてそのときから、あの悪夢が始まった）

　ドニエルは八年前も、最初のうちはさらった者たちを自由にさせていた。数日は「術」の支配下に置き、その効力が切れた後は忠誠を誓わせ、自分のために働かせた。しかしある日、大人の一人が城から逃げようとして、捕まった。ドニエルはその者だけでなく全員を拘束し、さっきの部屋の台——そう、「実験」のための台——に載せて、殺していったのだった。

　きっとドニエルは、遅かれ早かれ、全員を「あの台」に載せるつもりだったのだろう。しかし、あの大人の行為がその時期を早めたことは確かだ。

　この経験から分かること。それは、自分がドニエルを確実に殺せるそのときまで、意図を気づかれてはならないということ。それから、仲間たちを逃がした後か、逃がす準備が整った後で、行動を起こすべきだということだ。

　（まずは、『術』が解けていないふりをしながら、『逃げ道』を探さなくては）

八年前、母が自分を逃がした「あの階段」。あそこから、みんなを逃がすことができる。まずは記憶をたどって、階段の位置を確かめなければ。

さあ、カッテリーナ。何食わぬ顔でこの通路を通るんだ。「あいつ」に気づかれないように。「あいつ」はきっと、私を覚えていない。覚えていたとしても、この私が「あの子供」——あいつの「失敗作」だとは気づくまい。あいつがそれを知るのは、私の「紫色の針」があいつの心臓を貫く時だ。

カッテリーナは一度深呼吸をして、通路の光の中に一歩を踏み出した。

◆

聖者ドニエルは、虎の毛皮で飾られた長椅子に深く腰掛け、部屋の壁に映し出された「同時像」を眺めていた。

彼はここ数日、この上なく満足していた。二百年以上生きてきたが、これほど満ち足りた日々はなかったかもしれない。邪神アトゥーから不死の体を手に入れたとき、また自分の王国を築き上げたときすらも、これほど愉快ではなかった。

（実にすばらしい従者たちだ）

同時像から見える、城の者たちの動き。料理人、召使い、仕立て人、兵士、各所の管理人、そして家令。各人が自らの役割を完璧にこなしながら、全体として最高の仕事をする。ドニエルはこれまでにもたびたび人間をさらってきて下僕にしたが、これほど見事な働きをする者たちは見たことがない。

彼らの精神は今、ドニエルの術の支配下にある。彼らはこの城を自らの仕事場とし、ドニエルを主人とみなしている。クリオ城とは間取りの異なるこの城にも、問題なく適応している。厨房を映し出す同時像を見ると、彼らは何の疑いもなく、何の不自由もなく、食事の準備をしている。なんという適応力だろう。しかし、この術の効力はいずれ消える。繰り返し術をかけることもできるが、回数を経るごとに持続時間は短くなってしまう。ドニエルは今ほど、それを残念に思ったことはない。しかしまだ、数日は余裕がある。

ドニエルはふと、のどの渇きを覚えた。この国——ドニエルの王国は地底にあり、その広さは地上のいくつもの大国を覆っても余りあるほどだ。地底とはいえ、天井は空と見まがうほど高く、魔術によって作り出した二つの太陽によって、地上の昼間と変わらないほどの明るさがある。水も豊富にあり、植物も動物も育つ。しかしながら空気の状態だけは、思うようにならないことがあ

る。今日は、いつもよりも空気が乾燥しているようだ。

　ドニエルは、長椅子の脇にある「合図盤」に手を伸ばそうとして、やめた。普段、人形たちに「決まりきった命令」をするために使っているものだが、今、城内で働いている人形はいない。飲み物を持ってこさせるには、誰かを呼ぶ必要がある。

　そのとき、同時像の一つ、今彼がいる部屋の近くの廊下を映し出す像に、若い女の召使いの姿が映った。飲み物の載った盆を手に、彼の部屋に近づいてくる。やがてドニエルの背後、開け放した扉から「お飲物をお持ちしました」という声が聞こえてきて、ドニエルは振り向く。

「なぜ、私がのどの乾きを覚えていることが分かったのか」

　ドニエルは思わずそう口に出す。入室を許された召使いは、長椅子の脇にあるテーブルに丁寧な手つきで飲み物を置き、にっこりと微笑んだ。人形のそれとは違う、本物の笑み。召使いが部屋を去ると、ドニエルは飲み物に口をつける。赤葡萄酒に柑橘の果汁、そして香草を煮出した液体を混ぜた飲み物らしい。ドニエルは、その美味しさに驚く。のどの乾きが、あっという間に癒されていく。

　ドニエルは考える。ここの者たちには、あれこれ細かく言う必要がない。それなのに、まるで自分の心を読んでいるかのように、望みどおりの動きをする。いや、望みどおりという言い方は正しくない。自分が望んだ以上の結果を出してくる。

　（毎日が驚きの連続だ。きっと私は、人形どもに慣れすぎていたのだろうな）

　ドニエルの人形――正しくは、百年前に地上の国々を追われた彼が発見した自動人形は、古代の魔術師たちが作り上げたものの中でも最高のものだ。それは、ドニエルも認めている。彼らは人の言葉を理解する上、人と同じように行動することができる。その上、人のように老いたり、死んだりすることがない。さらにすばらしいのは、彼らは「学ぶ」ことができるということだ。

　彼らの「学び」は、実によくできていた。彼らが言葉を理解できるのも、その「学び」のおかげだった。かつて魔術師たちは、人形たちに言葉の意味を学ばせるときに、「言葉でもって」学ばせようとした。しかしそれはうまくいかなかった。「人」や「犬」、「木」のような簡単な言葉であっても、その意味を言葉で完全に定義することができなかったのだ。

　言葉を言葉で定義することの困難さを知った一部の魔術師たちは、別の方法

を考え出した。彼らは、言葉の意味そのものを突き詰めるかわりに、その言葉が表すものの「実例」から、人形たちが意味を学べるようにしたのだ。「犬」を例にとると、「犬とは何か」ということに対する答えを追求するのではなく、犬の実例——つまり実際の犬を多く集めて、「犬」という言葉と共に人形に見せるようにした。結果、人形たちは大量の「犬の実例」から「犬の特徴」を拾い出すようになり、やがてそのような特徴を持ったものを「犬」と認識できるようになった。

　すばらしい成果だ、とドニエルは思う。古代の魔術師たちはこの方法を使い、「犬」や「木」のような「物体」を意味する言葉のみならず、「歩く」「投げる」「持つ」「運ぶ」「押す」などの「動き」を意味する言葉も、人形に理解させることに成功した。さらに、それらの「目に見える動き」を組み合わせた動作を表す言葉——「扉を開ける」「弓を射る」なども、人形たちは理解し、実行できるようになった。

　しかし、その先が問題だった。人間の言葉には、目に見えず、耳に聞こえず、手で触れない物事を表すものが数多くある。「規則」「方法」「目的」「価値」「例外」「理論」「欲望」——こういった言葉の「実例」、しかも「人形たちに見せられる実例」は、集めることができない。「愛する」「理解する」「信じる」のような、心理的な行為も同じだ。

　さらに、「皮肉る」「嘘をつく」「間違える」のような抽象度の高い行為を表す言葉にも、同じ問題があった。深く考えなければ、これらの言葉にも具体的な「実例」があるように思える。しかしそれらには、行為者の知識状態や意図などといった「見えない文脈」が含まれている。たとえば「嘘をつく」という言葉が表す行為は、外から見れば「何かを言う」という行為と変わらない。「何かを言う」が「嘘をつく」になり得るのは、行為者が、自分が言う「何か」が真実ではないことを知っており、かつ他人に対してその「何か」を真実だと思い込ませようとしているという、見えない文脈があるときだ。しかしそれらは見えないがゆえに、人形に示すことができない。

　おそらく、「実例」に「見えない文脈」を補う方法が、まったく無いわけではないだろう。しかしながら、古代の魔術師たちの多くは、それらの言葉を人形に理解させることを早々にあきらめてしまった。彼らは、人間に分かることをすべて、人形に分からせる必要はないと考えた。つまり人形が、人間の完全な複製である必要はないのだ、と。ドニエルは、自分が古代の魔術師の一人だっ

たとしても、きっと彼らに倣うだろうと考える。そして実際に人形を手に入れたドニエルも、そのあたりは理解しているつもりだった。

　しかし、多くを求めないつもりでいても、人形たちの振る舞いには耐え難い欠点が山ほどあった。言い方を間違えたり、言葉が足りなかったりすると、彼らはとんでもない間違いを犯す。さらに困ったのは、彼らがいつ正しく動き、いつ間違えるかをほとんど予測できないことだった。たとえば、何かを持ってくるよう命令したとき、人形たちは当初、状況に応じて「いくつ持ってくるか」を判断していたが、それらの判断はほとんどの場合、ドニエルの意図に合わなかった。最初のうち、ドニエルは必死で彼らの行動を研究し、彼らを正しく働かせるために努力を惜しまなかったが、いくら時間をかけても、彼らの行動をあらかじめ予測できるようにはならなかった。そのうち、自分の方が人形たちに合わせている状況が馬鹿馬鹿しく思えてきた。とうとう彼は人形たちの「指示の解釈を、状況に合わせて変える」という高度な設定を解除し、反応が予想しやすい単純な設定に変えた。それでも人形たちに我慢ならないことには変わりなかったので、ドニエルはかなり前から、もう決まりきったいくつかのことしか人形に命令しなくなった。それも、自分で言葉を尽くして命令することはせず、「合図盤」から出る数種類の音で。いったん人形たちに「この音を聞いたら、こうしろ」という命令を与えておけば、あとは音を鳴らすだけで済むのだ。

　そのような状況で長く暮らしていたため、「心遣い」というものをドニエルは忘れていた。そんなものを望んでも、人形たちからは得られないからだ。

　（『心遣い』というものは、『共感』に基づくものなのだ。人形たちには、それがない）

　さっき召使いがドニエルに飲み物を持ってきたのは、召使いがドニエルの状態を予想し、こういう飲み物を持っていけば喜ぶのではないかと予想できたからだ。そしてそれができるのは、召使い本人が人間であるがゆえに、どんなときにのどが乾くか、そしてそういうときに何を飲めば乾きが癒されるかを経験として知っているからだ。さらに言えば、のどが乾いたとき、それが癒されたときはどんな感じがするかといった感覚や感情を自らの内部に持っているからだ。

　「乾き」や「痛み」のような感覚、「喜び」「悲しみ」「怒り」「恐れ」のような感情を人形に植え付けられるかということに関しては、古代の魔術師たちの間でも大いに議論されたらしい。ドニエルも過去にその問題について深く考え、

試したことがあった。具体的には、人形の「内部機関」に手を入れ、体を傷つけられたら顔をしかめ、傷口をかばう行動をするようにさせた。それ以外にも、罵倒されたら怒った顔をするようにさせたし、小さい子供や動物を見たら笑顔を作るようにさせた。つまり感覚や感情を、それに伴う行動として表現させるようにしたのだ。

　その結果、人形たちは以前よりも「人間らしく」自然に振る舞うようになった。しかしドニエルはいつしか、そういった試みにも興味を無くしてしまった。というのは、人形たちにいかに巧みに「感覚」や「感情」を表現したとしても、それは必ずしも彼らが「人間と同じように」感覚や感情を経験していることを意味しないからだ。

　（とくに空腹や乾きに関しては、人形たちが生存のために食べ物や飲み物を必要としていない以上、彼らに感じられるはずもない）

　そういうことを考えているうちに、ドニエルは空腹を感じ始めた。するとさっきとは別の召使いが部屋の入り口に現れ、食事の準備ができたことを告げる。ドニエルは口元をほころばせ、椅子から立ち上がって広間へと向かう。

　広間では、整然と並べられた美しい料理の数々と、きびきびと立ち回る給仕たちが彼を迎える。ドニエルは心の底から食事を楽しむ。今日はことのほか、葡萄酒も美味に感じる。食料庫の管理人が、状態の良いものを選んでいるのだろう。上機嫌のドニエルは、葡萄酒のコップを少し持ち上げて言う。

「もっと、くれ」

　そう言った直後、ドニエルは反射的に「取り消さねば」と感じた。以前同じようなことを人形に命令して、人形が「追加のコップ」を持ってきたことがあったのだ。しかし、今相手にしているのは人間だと気づいて、ドニエルは安心するとともに、自分に対して呆れる。

　（この私はどれだけ、人形どもに気を遣ってきたのだろうか）

　苦笑するドニエルの前に給仕が近づき、こう言う。

「次のお料理には、今お飲みになっているものよりも少し重めの葡萄酒の方が合うと思いますが、いかがなさいますか？」

　ああ、そうか。彼らは、ただ命令を聞くだけではなく、「提案」もするのだ。

　ドニエルは給仕の薦める新しい葡萄酒を選んだ。次の料理とともに味わうと、確かにすばらしい組み合わせであることが分かる。ドニエルは料理を堪能しながら、あれこれと思いを巡らす。

（しかし、よく考えたら、他人の感じている感覚や感情も、自分が『内側から』感じることはできない。そういった意味では、人間相手のときも、人形相手のときと同じなのだ。つまり、外側から見えるもの——表情や行いから、彼らの感覚を推測するしかなく、本当に彼らが感じている『感じ』を自分が確かめるすべはない。しかし、だ……こんなものを食べさせられてしまうと、そんな理屈はどうでもよくなってくるな）

　今のドニエルには、この従者たちが自分と同じような感覚や感情を持っているということが、疑う余地のないことのように思えた。もし人形たちが自分にこのような料理を出してきたとしたら、きっと彼らに対しても同じようなことを思うのだろう。しかしながら、人形たちがこれほどの料理を自ら作る日が来るとは考えられない。ドニエルが考えるに、おいしい料理を作るというのは、人間が人間のために行うもっとも高度な仕事の一つだからだ。

　すっかり満足したドニエルは、自室に引き上げる。壁の同時像は相変わらず、平穏な城内の様子を伝えている。まだ、「術」の支配下から抜け出した者はいないようだ。あと数日は、今の状態が続くだろう。問題は、その後だ。

　（今回こそ、『実験』がうまくいくといいが……。最高の従者たちを得た、今回こそ）

　これまでにもドニエルは、邪神アトゥーの力が強まる数年ごとに、優秀な従者を地上からさらってきた。邪神への祈りの儀式を欠かさずにしていると、邪神はドニエルの望みの叶う場所を示し、ドニエルを居城ごと、その場所の地下へと導いてくれる。そしてドニエルはほんの短い間地上に出て、望みのもの——優秀な従者たちを手に入れるのだ。しかし、幸せな日々が長く続いたことはない。従者たちはやがて「術」から目覚め、ここから出て行こうとする。ドニエルは、彼らをここに留め、自分に忠誠を誓わせるための「実験」を繰り返していた。しかしこれまでの実験は、すべて失敗している。

　そのことを思い出すと、ドニエルはやや気分が沈む。しかしすぐに、今はとにかく、幸せな気分を満喫しようと思い直した。そして、城内の同時像を映し出している水晶の玉に手を触れて、同時像を「切り替える」。こことは違う、別の場所を映し始めた壁を、ドニエルは食い入るように見つめる。それらの同時像は、クリオ城に送った人形たちの目から送られてきているものだ。それらのいくつかが、あの愚かなルーディメント王子の顔を映し出す。
「さて、本日のご機嫌はいかがかな？　王子」

ドニエルはにやにや笑いながら、壁に映ったルーディメント王子の横顔に向かって問いかける。王子のことは、従者たちを奪ったその日からずっと観察していた。もちろん、人形たちはあちこちに動くので、王子の姿は断片的にしか映らない。それでもドニエルには、王子の様子がよく分かった。

　人間の従者と人形を交換したのは、久しぶりだ。前に同じことをしたのは、いつだっただろうか。人間と人形を交換するのは、ただ人間をさらう場合よりも大きな魔力を必要とするので、めったにできることではない。しかし、それができた場合は、人形たちの「目」を通じて、外の様子――とくに、優秀な従者を奪われ、人形を押しつけられた領主の混乱ぶりを観察するという楽しみがある。しかも今回は邪神アトゥーの力によって、一人を除き、城にいる人間をすべて人形に取り替えたのだ。このような規模の「交換」は、ドニエルにとっても経験がなかった。ルーディメント王子に「王族の言葉」が使えたこと、そして同時に彼が「恐ろしく愚か」であったという幸運によって可能になったのだ。奇跡としか言いようがない、とドニエルは思う。

　そして期待に違わず、連日の王子の混乱ぶりは、ドニエルにとってこの上なく愉快なものだった。王子が苛立ったり喚いたりするたびに、ドニエルは腹を抱えて笑った。同時像には、あのパウリーノの姿もときおり映った。たいていの場合は黒猫の姿だが、一瞬、人間に戻った姿が映ったこともある。ドニエルは、アトゥーの力と王子の「王族の言葉」をもってしても、パウリーノを完全に獣に変えられなかったことにやや驚いていた。それはおそらく、彼の魔力が、予想以上に強かったからだろう。しかし、あの美しい青年が完全に獣と化してしまうのも時間の問題だ。いい気味だ。焦りと絶望にさいなまれているであろう彼の心境を察して、ドニエルは楽しい気分に浸った。

　さらにドニエルにとって興味深かったのは、王子が何らかの窮地に立たされているらしいということだ。細かいことは分からなかったが、とにかく彼がひどく困っているということは伝わってきた。それに関連してのことかどうかは不明だが、数日前、王子は一人の老婆を城に招き入れた。彼女は料理人らしく、その日から毎日厨房で料理をしている。そして王子は大広間や中庭やらで、毎日何かをしている。しかし、なかなかうまくいかないようで、王子はしょっちゅう頭を抱えたり、ため息をついたりする。

　今日の王子も、大広間と中庭を行き来し、大広間で食卓に座ったり立ったりしていた。ドニエルはそれを興味深く眺めながら、王子が困った顔を見せるの

を待った。しかししばらく見ていても、今日の王子はあまり表情を崩さない。むしろ、平静を保っているように見える。

（何だ？　人形たちに振り回されすぎて、ついに諦めの境地に達したのか？）

ドニエルはもう少しよく見たかったが、今日に関しては人形たちもあまり王子の方を向かない。そのような命令をされているのだろうか。王子の姿を探すのに熱中しているそのとき、ドニエルはふと、背中に視線を感じた。そしてすかさず後ろを向く。

部屋の入り口。開け放した扉の向こうには、誰もいない。ドニエルは急いでそちらへ行き、廊下を見回すが、近くに人の気配はない。彼は長椅子まで戻り、壁の同時像をクリオ城内から自分の城に切り替える。自室の近くの同時像をくまなく見るが、誰の影も映っていない。

（おかしい。確かにさっき、誰かが私を見ていたと思ったが）

ドニエルは他の同時像も見渡す。まさか、早くも誰かが「術」から抜け出したのか？　しかし、それならそれで、もう少し別の反応をするはずだ。これまでにさらった者たちも、術が切れると決まって混乱したり、騒いだりしたものだった。今のところ、そういう兆候を見せている者は一人もいない。

いずれにしても、そういう者は見つけ次第、捕まえて「実験台」にするまでだ。ドニエルには、おかしな動きをする者はすぐに見つけられる自信があった。彼は再び長椅子に身を深く沈め、クリオ城の様子を眺め始めた。

◆

カッテリーナは、塔の階段を見上げる。

（間違いなく、ここだ。この上に、出口がある）

自分の姿が影から出ないようにしながら、階段をのぞき込む。階段の両側には「蛇の頭」の彫像がめぐらされているので、とくに注意が必要だ。

八年前、カッテリーナの母親は彼女を抱いて、この階段を上った。母親の涙はすでに枯れて、顔面に付いた血は固まっていた。

「塔の階段の上に、地上につながる扉がある」。カッテリーナの家族と一緒に連れてこられた大人の一人が、ある日そのことを突き止めた。大人たちは密かに話し合い、逃げる計画を立てていた。幼いカッテリーナには細かいことは分からなかったが、今思うと、全員が安全に逃げられる機会を探っていたのだろうと思う。

しかし、計画は失敗に終わった。大人の一人が、自分だけ逃げようとしたからだ。その行動はドニエルの「目」によって捕捉され、彼はすぐに捕まった。そして——彼が自分で言ったのか、ドニエルに言わされたのか分からないが——逃亡計画はドニエルの知るところとなり、まもなく全員の自由が奪われた。十人すべてがあの「台」に縛り付けられたのだ。

　あの「台」のことを考えると、カッテリーナはまたひどい頭痛に悩まされる。台の上、天井からいくつもミミズのように伸びる、紐状のもの。それらの先には針が付いていて……。カッテリーナは影の中でうずくまり、頭を抱える。頭の中に容赦なく刺さり込んでくるあの針の感覚は、まだ彼女の中に生々しく残っているのだ。それとともに蘇ってくるのは、自分と同じ目に遭っていた周囲の大人たちの絶叫。「針」のせいで、カッテリーナの中の世界は色を無くしていったが、それでも周囲の大人たちが次々に命を落としていることは分かった。そしてそのたびにドニエルが彼らをどこかへ「捨てて」いることも。そしてとうとう、残ったのはカッテリーナを含めて三人になった。

　悪夢の日々の、最後の日。すでにカッテリーナは、自分が誰なのかすら分からなくなっていた。ただ見えるものを見て、聞こえてくるものを聞く。それらが「どういうことか」を解釈する力を失いつつあったそのとき、突然、カッテリーナの体が「台」から解放された。

　数日ぶりに起きあがったカッテリーナの目に入ってきたのは、同じように台から解放された、二人の大人の姿だった。そしてカッテリーナはかろうじて、彼らが自分の両親であることを「認識した」。彼らは痩せこけ、青白い顔には幾筋もの細い血の跡があった。よろけながら母親の方に行こうとしたカッテリーナを、母親が制した。

「カッテリーナ、来ちゃ駄目！」

　立ち止まったカッテリーナの背後から、声がした。カッテリーナが振り向くと、「あいつ」が立っていた。

「母親の方は、失敗か。娘も、どうやら『失敗作』らしいな。では父親の方は、どうかな？」

　ドニエルはそう言うと、カッテリーナの父に向かって命令した。

「目の前の女を締め殺せ」

　するとカッテリーナの父は、母の方ににじり寄った。その顔には、表情が無かった。母親は異常を感じて後退しようとしたが、それよりも早く、父親の両

手が母親の首をつかんだ。

「あな……た……やめ……」

　母親の言葉が途切れ、その手が肩からだらりと垂れ下がったとき、カッテリーナは言うべき言葉を思い出した。

「お父さん！」

　すると、父親は突然、母親の首から手を離した。母親は床に崩れ落ち、激しくせき込んだ。カッテリーナは母親に駆け寄る。ドニエルが叫ぶ。

「何をしている！　お前の妻を殺せ！」

　カッテリーナは母親にぴったりと寄り添いながら、父の顔を見上げた。父はまた、その両手を母親に伸ばそうとする。しかしその手は途中で止まった。無表情だった顔の筋肉がぴくりと動く。やがて父は苦しげに顔を歪め、のどから言葉を絞り出す。

「にげ……ろ……」

　横の方から、ドニエルの舌打ちが聞こえる。

「ああ、こいつも期待はずれだったか」

　ドニエルがそう言い終わらないうちに、父親は母親に向かって、はっきりと叫んだ。

「マデリン、カッテリーナを連れて、逃げるんだ！　早く！」

　そう言うと、父親はドニエルに向かって突進した。母親は弾かれたように動き、カッテリーナをその両腕に抱いて立ち上がった。しかし、その目は父親とドニエルに釘付けになっている。ドニエルに飛びかかろうとした父の背中に十字の切れ目が入り、血が吹き出したのは、その直後のことだった。父はドニエルの足下に崩れ落ちる。

「あなた！」

　ドニエルは父を見下ろしながら言った。

「ああ、私に刃向かいさえしなければ、たとえ『失敗作』であってももう少し長く生かしてやったものを。なぜ人間は、こうもすぐに反抗するのか？
　どうだ、マデリン？　お前の夫はもう死ぬが、お前はどうするのだ？　私に忠誠を誓いさえすれば、娘と二人、殺さずにおいてやるが」

　母親はカッテリーナを抱いたまま後ずさりする。ドニエルは父親の体をよけ、こちらへ一歩踏みだそうとする。そのとき、父親の右手が動いて、ドニエルの右足に触れた。ドニエルは目を大きく見開き、そして崩れるように膝を

つく。

「貴様、何を……！」

　カッテリーナの父親は、ドニエルの右足に触れた手を離し、ぶるぶると震えながら体を起こす。彼の背中の傷から、さらに血が流れ出る。それもかまわず父親は、ドニエルに向かって右手を振り上げる。その右手から、小さな石が落ちて転がった。紫色に光り輝くそれを見て、ドニエルが叫ぶ。

「それは、何だ！」

　父親は声を絞り出す。

「やはり……相容れないのだな……太陽の光を吸収してできる、この石と……」

　ドニエルの右足が、下の方から変色していく。ドニエルの顔には恐怖の色があった。父親は再び、石に手を伸ばそうとしたが、その前に力尽きた。

「マデリン、カッテリーナ……戻れ、地上へ」

　それが父の、最期の言葉だった。

　それから後の記憶は、細切れになっている。はっきり覚えているのは、カッテリーナを抱えて塔の階段を上る母の心臓の動悸と、荒い呼吸の音。壁の両側から次々に伸びてくる、石の蛇の頭。母はそれらを振り切りながら階段を上りきり、塔の扉を開いたが、それをくぐる直前にとうとう「蛇の頭」に捕らえられた。母は石の蛇に体中を嚙まれ、おびただしい血を流しながら、力を振り絞ってカッテリーナを——カッテリーナ一人を、扉の向こうへ押しやった。

「お母さん！」

　振り向いたカッテリーナが最後に見たのは、閉じかけた扉の向こうで数百もの石の蛇たちに絡みつかれながら、安堵の笑みを浮かべて息絶えている母の姿だった。その場で気を失ったカッテリーナは、すぐに保護された。というのは、その場所は、マクマイ公の居城の敷地内だったからだ。つまり、さらわれた場所と同じだったのだ。父、そして母は、自分の命と引き換えに、カッテリーナを救ったのだった。

（この階段の上で、お母さんは死んだ）

　階段の下に潜むカッテリーナには、今もここに母の血の匂いが漂っているような気がした。彼女は目を開き、腰から下げた袋に手を入れる。取り出したのは、磨いた木でできた「裁縫道具入れ」だが、縫い針も糸も入っていない。そのかわり、細く研いだ、長い紫太陽石の針が入っているのだ。この石は、地上ではそれほど珍しいものではない。後から大伯母に聞いたところ、父は、母と

の結婚の記念として、この石を身につけていたという。しかし父の「推測」と「発見」は、驚くべきものだった。ドニエル本人ですら、それが自分を傷つけるということを知らなかったのだから。

（そして今そのことを知っているのは、この世で『あいつ』と私だけ）

　必ず目的を果たさなくては。カッテリーナは廊下を引き返す。そして物置きの一つから掃除道具を取り、ドニエルの居室の一つへ向かう。今ドニエルは広間で食事中で、部屋にはいない。カッテリーナは掃除に熱中しているふりをしながら、ドニエルの部屋の「同時像」を横目で見る。

（相変わらず、あいつは私たちを、こうやって監視している）

　長椅子の脇の小さなテーブルの上にはたきをかけたとき、カッテリーナの腕が、その上に載った水晶玉に触れた。すると水晶玉が輝き、部屋の様子が変わった。驚いたカッテリーナが顔を上げると、壁一面に、さっきとは違う同時像が映っていた。それはまぎれもなく、あのクリオ城のものだった。

（王子様！）

　同時像の一つ、表門近くの中庭を映したものの中に、ルーディメント王子の姿が映っていた。彼は緊張した面もちで、表門の方に顔を向けている。表門の両側から彼の方に向かって、衛兵たちが整然と並ぶ。王子に付き従っている二人の衛兵は、ハルヴァ王国の旗と、ソラッツィ主教会の旗を持っている。

（王子様、いったい、何を……？）

　ただならぬ様子に、カッテリーナの目は釘付けになる。やがて王子は何かを決意したような顔で、口を開いた。音は聞こえないが、何か大声を出していることが分かった。やがて、表門がゆっくりと開いていく。

　そのとき、廊下から足音が聞こえてきて、カッテリーナは慌てて壁から目を離した。掃除を続けていると、部屋をのぞき込む者があった。さいわいそれはドニエルではなく、アン＝マリーだった。彼女はカッテリーナに奥の部屋を掃除するように言いつけて、広間の方へ向かっていった。カッテリーナはそっと胸をなで下ろし、もう一度水晶玉に触れる。同時像は、この城の内部に切り替わる。

　奥の部屋へ移動しながら、カッテリーナは王子のことを考えていた。

（今、王子様の周りには、人形しかいないはず。そんな状況で、何をなさっているのかしら）

　カッテリーナは、初めて王子を見たときから、彼に親近感のような、同情の

ようなものを感じていた。彼はひどくわがままな子供だったが、その心の奥に、自分と似たような「傷」があるように感じたのだ。そして王子は明らかに、大人になることを恐れ、現実を直視することを恐れていた。

　しかし、さっき見た王子の顔は、彼女のよく知っているそれとは少し違っていた。彼女は思う。

　（きっと、王子様は戦っていらっしゃるんだ。世界と、そして、自分自身と）

　入っていく「奥の部屋」は例の「実験室」だ。しかし、あの「実験台」を見ても、もうカッテリーナは頭痛を起こしたりしない。そこにある忌まわしい記憶は、もはや彼女を悩ませず、ただ背中を押すのみだ。カッテリーナは決意する。必ずドニエルを殺す。そして、みんなを無事に、王子様のもとへ帰す。

❖

　王子はたった一人で、城の表門を向いて立っていた。

　彼の両側には、甲冑を日の光に輝かせた衛兵たちがずらりと並んでいる。それでもやはり、王子は一人だった。

　王子には、この日が来たこと、そして自分がこうしてここに立っていることが信じられなかった。これが現実であることを思い出しては、頭から血の気が引いていく思いがした。そんな王子の目の前を、黒猫のパウリーノが横切る。

　（ああ、そうだ。僕は一人じゃない。僕には、パウリーノがいるじゃないか。ベアーテさんもいる）

　王子は一度深く呼吸をして、ぐっと背筋を伸ばす。パウリーノが顔を高く上に向けて、鼻をヒクヒクと動かし、短くニャーと鳴いて庭の端の物陰まで走っていく。これは「来るぞ」という合図だ。人間よりも鋭い猫の感覚が、城に近づいてくる人の気配を察知したのだ。王子は三回、素早く瞬きする。すると左の視界——表門の外を映す同時像に、城への道を上ってくる一行が映った。白いローブに身を包んだソラッツィ主教会の聖職者たちと、着飾った騎士たちが、馬に乗り、二列に並んでやってくる。

　とうとう、来た。一行が城門に近づくのを見届けて、王子は叫んだ。

「開門！」

　少し声が裏返ったにもかかわらず、衛兵人形たちは整然と動き、表門を開く。門をくぐり、こちらへ近づいてくる来訪者たちを、王子は正面から見据える。もう、逃げることはできない。王子の戦いが今、始まった。

敵と客人

（いよいよだな）

　ハルヴァ王国国王の弟にして、広大なサザリア地方の領主であるサザリア公は、馬の背に揺られながらクリオ城表門へ続く山道を登る。斜め前には、立派な白馬にまたがった副大主教、キーユ・オ・ホーニックの後ろ姿が見える。この「切れ者の坊主」との関係をここまで築くために、彼は実に長い時間と労力を費やしていた。ソラッツィ主教会へはことあるごとに寄進をし、その額がつねに兄王を上回るように配慮しつつ、そのことを兄に知られないよう細心の注意を払った。腹心の部下や妻の親類の子息を何人も主教会へ入れ、情報収集を怠らなかった。主教会の真の実力者がこの副大主教であることが分かってからは、彼に近づくための方策を練った。「旅する副大主教」と呼ばれるほど、キーユ・オ・ホーニックは主教会本部にほとんど腰を落ち着けず、精力的に各国を旅しては、神の教えを説いて回っていた。よってサザリア公も、副大主教が出向く先に足繁く通うことを心がけた。今のように、ようやく親しく話をする仲になったのは何年前だろうか。

　それもこれも、自分がハルヴァ王国の王位を受けるための工作だ。しかしサザリア公は、やや悠長に構えすぎたと考えている。少し前に兄王から、近くフォルサ帝国に旅立つ旨の連絡を受けたとき、彼は慌てた。兄王の第一の目的は、フォルサ帝国皇帝テネー二世との同盟関係を、「地上における神の代理人」たる現大主教ピアトポス八世のもとで堅固にするというものだ。しかしその他に、王子のルーディメントがこのハルヴァ国の正統な王位継承者となること

を、公の場で大主教に認めてもらう意図があるのは疑いようもない。そうなれば、王位は自分から遠のいていく。

　今回、副大主教がリリアモ公国訪問からの帰路の一つに、わざわざ自分の領地サザリアに近いナーナイ僧院を選び、しばらく滞在することになったのは実に幸運だった。彼はこの機会に、副大主教にルーディメント王子の無能さ、愚鈍さを印象づけようと考えた。副大主教の進言はその上に立つ大主教ですら無視できない。またこの副大主教が近く大主教に就任すること、そしてそうなれば今の大主教の決定など簡単に覆せることを、サザリア公はよく知っていた。よって彼はナーナイ僧院にて副大主教を迎えると、何日も贅を尽くしたもてなしをし、その間に副大主教本人、あるいは同行の僧たちに王子の悪い噂をそれとなく吹き込んだのだった。

「いやあ、甥の勉強嫌いは本当に困ったものでして。一族の人間としては恥ずかしい話なのですが、十一歳にもなるのに、まだ字も読めないのです」

「何もかも、家令のガリアッツィや召使いたちに任せっぱなしで、自分は指一本動かさないのです。少しでも気に入らないことがあるとだんまりを決め込むので、城の者たちも困っておりまして」

「私は兄に王子を甘やかし過ぎないよう忠告しているのですが、親というのは、子供のこととなると正しい判断ができなくなるものなのでしょうなあ」

「叔父としては、どうにかまともな人間に育ってほしいと願っているのですが、私の力にも限りがありますのでねえ」

　こういったことを、いかにも甥の行く末を心配する叔父の顔で話したのだ。副大主教は眉間にしわを寄せながらそれらの話に耳を傾けていた。そしてまもなく、「ルーディメント王子の人となりを、この目で見たいものだ」と言い出した。それはサザリア公にとっては渡りに船で、「兄王が留守なので、お迎えの準備がまともにできますかどうか」などとクリオ城側を気遣うようなそぶりを見せつつも、思い直したように「いや、家令のガリアッツィや、教育係のパウリーノがしっかりしているので、その点は大丈夫でしょうな」と言い、訪問の準備を着々と進めた。城に訪問の詳細を知らせる手紙に、副大主教自ら「王子に接待役をしていただくように」との文言を付け加えさせたとき、サザリア公はいよいよ自分に運がめぐってきたと感じた。

　クリオ城の城壁が見えてくる。サザリア公はつくづく思う。

　（いい城だ）

クリオ城は、要塞として実によい条件を備えていた。城の北側は切り立った崖で、流れの速いユノー川に面し、城の南側は木の生い茂る急斜面だ。城にたどり着くには、東側の表門に続く比較的ゆるやかな山道と、西側の裏門に至る狭く険しい山道の二つしかない。裏門は近隣の村の者たち——服装が身軽で、野良仕事で鍛えた強靭な脚力の持ち主たる老若男女が「近道」とし使っているが、馬が通れないのはもちろんのこと、重い鎧を身につけた兵士が登れるような道ではない。つまりこの城を攻めるには、「表門から」という選択肢しかない。そして表門は屈強な衛兵たちがつねに目を光らせている。

　（この城なら、少ない人数でも十分に守れる）

　しかも城内には屋内と屋外に井戸が一つずつあり、籠城戦になったとしても水には事欠かない。城内には家畜の飼育場に加えて畑も果樹園もあるし、貯蔵庫にはつねに大量の食料が備蓄されている。兄王が王子を置いて長旅に出られるのも、この城あってのことだ。

　いずれこの城は自分の物になる。そう思うと、サザリア公の口元はほころぶ。あの城壁の向こうでは、今頃ガリアッツィとパウリーノが焦っているだろう。家令ガリアッツィの長年にわたる兄王への忠誠と、その抜け目のなさ、頭の切れ具合は、サザリア公も一目置いているところだ。またパウリーノに関しては、本人の魔術の力もさることながら、高名な魔術師ベルナルドを始め、「西方の魔術師たち」との深いつながりも無視できない。たとえ兄王の留守中でもサザリア公が簡単に戦いを仕掛けられないのには、城の攻めにくさに加えて、あの二人の存在があった。

　しかしいくら彼らが有能でも、今回は「あの王子」をどうにかしなければならないのだ。王子は彼らの言うことを聞こうとはしないだろうし、万一王子が彼らの操り人形のように動いたとしても、その愚鈍さは隠しようがない。他の人間ならともかく、副大主教キーユ・オ・ホーニックが相手では……。つまり、今のこの城の弱点は、王子の存在そのものなのだ。

　目の前の景色が開け、表門の外側に出迎えの兵士たちが並んでいるのが見えた。サザリア公は彼らにさっと目を走らせる。

　（さて、どいつだ？　どいつが『人形』なのだ？）

　長年の忠実な部下である密偵グレアが、「クリオ城に自動人形がいるかもしれない」と報告してきたのは数日前のことだ。サザリア公の指示で城壁の様子をうかがっていた彼は、衛兵たちが長時間交代せずにいることに気がついた。

グレアも四六時中見ていたわけではないが、少なくとも二日間、昼夜にわたって、城門周辺を守る衛兵たちの顔ぶれがまったく変わらなかったという。

　それを聞いたとき、サザリア公はその情報が吉報なのか凶報なのか判断しかねた。兄王の旅に伴って減った兵士の数を補うために、ガリアッツィがそれらの人形を手配したか、パウリーノが作ったのかもしれない。サザリア公自身は「自動人形」にくわしいわけではなく、実物を見たこともない。よって、彼らがどれほど手強いのかは分からないが、疲れもせず、眠りもせずに城を守れるのであれば、それは間違いなく脅威だ。

　しかし今、その情報はサザリア公にとって「切り札」の一つとなった。グレアの情報によると、副大主教は「人形嫌い」で知られているという。

　（城に人形がいることを知れば、副大主教にとって、王子とその側近たちの印象は最悪になるはず）

　兵士たちの出迎えの列の間を通りながら、サザリア公は彼ら一人一人の顔を注意深く見る。が、今のところ、とくに変わった様子はない。この中に「人形」はいないのだろうか？

　（城壁の内側に、いるのかもしれないな）

　訪問者の列の先頭が表門の前で止まると、門がゆっくりと開いていく。二つの門扉が、ぴったりと同時に、まったく同じ速さで。ここの衛兵たちの統制の取れ方は、いつ見ても感嘆に値する。

　（しかし順調なのは、ここまでだ）

　サザリア公はにやりと笑いながら、表門の奥に見えてくる中庭の緑を見据える。

　（さあて、お手並み拝見といこうか、『王子様』）

◈

「……サザリア公殿、いかがなされた？　サザリア公殿！」

　副大主教に声をかけられて、サザリア公は我に返った。今彼がいるのは、城内の大広間。大窓から差し込む穏やかな光にあふれたその空間では、コの字型に並べられた長テーブルの上で、清潔なクロスが白く輝いている。私は、夢を見ているのか？　サザリア公は目を閉じて頭を振り、もう一度目を開ける。いや、やはり、現実だ。夢の中にいるわけではない。

「サザリア公殿、ご気分でもお悪いのか？」

隣席の副大主教のいぶかるような視線に、サザリア公は慌てて答える。
「い、いいえ、何でもございません。失礼いたしました」
「そうならばよいが。ではサザリア公殿、一言ご挨拶を」
「え？　挨拶？」
　副大主教はわずかにだが、眉をひそめる。
「聞いておられなかったのか？　たった今、ルーディメント王子が歓待の挨拶を終えられた。王子は、食事の前に是非とも叔父上に一言いただきたいと言っておられるのだが」
「え？　あ、はい。では……」
　サザリア公は立ち上がった。しかし頭の中は真っ白で、自分でも何を言っているのか分からない。出てくる言葉も、しどろもどろだ。こちらを見ているみなの視線が、少しずつ冷ややかになっていく。焦るサザリア公は挨拶を早めに切り上げ、すぐ席に座る。みなの戸惑いを示すかのような、すっきりしない拍手。副大主教の顔は、今の挨拶に対する不満をあからさまに表している。いかん、今のはとんだ失態だった。私としたことが……。サザリア公が後悔する中、副大主教を挟んで向こう側にいる王子が、おもむろに席を立つ。
「叔父上には有り難いお言葉を賜り、恐縮しております。本日のように、ソラッツィ主教会副大主教キーユ・オ・ホーニック様をお迎えするという栄えある日を迎えられたのも、ひとえに叔父上のお陰であります。では改めまして、本日ご来訪くださった皆様への感謝とともに、今後の皆様のご多幸を祈念して、乾杯をさせていただきます」
　王子のよどみない言葉に、副大主教を始め、みなが感心した顔を見せる。その間に給仕たちが各人の杯に、黄金色の透き通った飲み物を美しい動作で注いでいく。飲み物は杯の中で、シューと細かい泡を立てる。乾杯の合図とともにその中身に口をつけた彼らは、揃って感嘆の息を漏らす。副大主教は目を閉じ、舌の感覚に意識を集中させているようだ。そして目を開けると、王子に向かってため息混じりに言った。
「なんというすばらしい香気。神々しいほどですな。これはただの白葡萄酒ではあるまい」
　王子はほんの少しだけ、緊張した様子を見せながら答える。
「はい、この葡萄酒は、この地方で取れる葡萄の中でも、酸味の強いものを選んで使っています。まずは、丁寧に摘んだ果実を搾り、それから……」

きっと説明を暗記しておいたのだろう。ところどころ、言葉に詰まったりしている。しかしサザリア公にとっては残念なことに、王子のそのような様子はけっして悪い印象を与えるものではなかった。むしろ、「副大主教様のために一生懸命勉強しました」というけなげな印象を与える。副大主教は王子の説明に一つ一つうなずいてみせた後、このように言う。

「王子。私はあちこち旅をしているが、このような物を飲んだのは初めてです。前にこちらへ伺ったときも、これは飲まなかった」

「はい、これは三年ほど前から、城の酒類管理人が近隣のフェーン村の民と協力して作っています。それで、今年はとくによい出来だと聞いていたので、ぜひ副大主教様にお召し上がりいただきたいと思いました。その……私は子供ですので、自分で味見できなかったのですが」

「はっはっは。あと数年もすれば、王子はよい飲み手になられることでしょう。そうなったら、ぜひこのような美酒をご一緒したいものだ」

副大主教はこの上なく上機嫌にそう言い、杯に口をつけては、その美味さに唸ってみせる。

（いったい何なんだ、この展開は）

サザリア公は、悪夢を見ているとしか思えなかった。正餐の最初の一皿が運ばれてきて、腹を空かせたみなが食べるのに集中し始めたとき、彼は自分の記憶を反芻し始める。

そもそも、城門をくぐったあたりから何かがおかしかったのだ。開かれた表門の向こうで、正面に立ってこちらを出迎えたのは、なんと王子一人だった。正確に言えば、王子と衛兵たちのみで、家令ガリアッツィの姿も、教育係パウリーノの姿もなかった。サザリア公はまずそこで面食らった。

そしてさらに追い打ちをかけるように、王子は副大主教の前で胸に手を当て片膝をついて——高位の聖職者に対する正式の挨拶の作法で——すらすらと出迎えの言葉を述べたのだった。それに驚いたのは、副大主教も同じだったらしい。こんな子供一人に立派に出迎えられて、彼はしばらく言葉を失っていた。そして思い出したように、王子に敬意を表しつつ、感謝の言葉を述べた。その後、王子に先導されて主塔へ向かう折り、副大主教がこちらに一瞬冷ややかな目線を投げたことを、サザリア公は確かに感じ取っていた。

副大主教の目は確かにこう言っていた。お前の話と違うではないか、と。

歩きながら、副大主教は王子にしきりに話しかけた。王子の人となりをもっ

とよく確かめようとしているのが、端からも見て取れた。副大主教は、中庭が美しいとか、十五年前の思い出がどうのとか、そういうことを口にした。王子はそれに対して少々緊張しながらも、はい、以前副大主教様がお見えになったときにお庭をお気に召されたと聞きましたので、城のみなで一日がかりで雑草を抜いたのです、などと答える。そして自らの手のひらを示して、はにかんだ顔を見せながら、実は私も手伝いましたと付け加える。副大主教は目を見開き、なんと、王子様に草むしりをしていただくとは、あまりの光栄に神罰が当たりそうです、などと言いながら、喜びをあらわにする。

どう考えてもおかしい。サザリア公が最近王子に会ったのは、少し前の狩りのときだ。この城に近い森で、兄王に招かれての狩りだった。そのときの王子は相変わらず、頭の悪い、わがままな子供だった。そのときには自分以外にも兄王と親しい領主が数人参加していたが、彼らが王子に挨拶してもろくに返せず、みなを呆れさせたものだった。今のように、大人とまともに話ができるなどとは、とても思えなかった。

しかし、彼の思惑とは正反対のことが次々に起こり続ける。美しく装飾された大広間の正面に設けられた席は、三つ。王子と副大主教、そしてサザリア公のための席だ。その両側に縦に並んだ長テーブルにも、連れてきた従者の人数分しか席がない。つまりクリオ城側の人間で正餐の席に着くのは、王子ただ一人ということだ。そしてここにも、ガリアッツィとパウリーノの姿はない。副大主教が王子に尋ねる。

「今日は、家令のガリアッツィ殿は同席されないのですか？」

「はい、家令ガリアッツィならびに教育係パウリーノには、けっして広間に顔を出さぬよう命じております。いただいたお手紙のとおりに、本日は私一人でおもてなしをしたいと考えましたので。恥ずかしながら、この広間の飾り付けも、私が考えました。もちろん、私は未熟者ですので、周囲に意見を聞きながらのことですが」

広間の装飾は白を基調に、瑠璃色と黄色を差し色として部分的に使っていた。あちこちに飾られた花、広間正面の巨大な壁掛け布もこれらの三色を同じ割合で含んでいた。そして両脇の壁には、ソラッツィ主教会の成立の歴史を表す連作の絵画が、目立ちすぎず遠慮しすぎない間隔で並んでいる。

副大主教はすぐさま、これらの装飾の意味を見抜いた。絵画の意味するところは明らかだが、白、瑠璃色、黄色の三色はそれぞれ、ソラッツィ主教会、ハ

ルヴァ王国、そしてサザリア公領を象徴する色だ。つまり王子は、これら三者の親睦の象徴として、このような装飾にしたのだ。感心する副大主教の横で、サザリア公は内心「してやられた」とうなだれる。ガリアッツィか、パウリーノか、どちらの考えか知らないが、実にやってくれたものだ。

　その後も似たようなことが続き、すっかり動揺したサザリア公は茫然自失のまま席に着き、さきほどの「失態」に至ったのだった。そこまで思い出して、サザリア公は我に返る。早くも料理は四皿目に移ろうとしている。それを待つ間、空腹が少し落ち着いたためか、副大主教始め同席の者たちが次々に、前の三皿への賛辞を送る。サザリア公はどれもほんの少し食べただけで、ろくに味わえてもいない。

（味わっている場合ではない）

　今のところ、サザリア公の目論見は完全に裏目に出ている。副大主教は王子をすっかり気に入ってしまったようで、しきりに料理について質問しては、王子の説明に耳を傾けている。どうにかして、事態を打開しなければ。しかし、どうすれば……？

（そうだ、まだ切り札があった。人形だ。だが、普通に考えて、人形がこの場にいるとは考えにくい）

　無駄だろうと思いながらも、サザリア公は給仕の召使いたちに目をやる。中にはよく見知った顔もいる。リーダー格の中年の女と、若く美しい女の二人だ。彼らは人形ではないだろう。よく知らない召使いたちにも目をやるが、どう見ても人形には見えない。

（やはり、給仕たちの中に、人形がいるはずがない。衛兵の頭数を増やすのに人形を使うならともかく、人形に給仕をさせる意味などないからな）

　だとしたら、あとは帰り際にでも、外にいる衛兵の中から人形を見つけだすしかない。しかし、さっきも見つけられなかったものを、見つけられる保証はない。では、もう、「切り札」も無くなったことになるのか？　サザリア公は、四皿目の料理——美しい緑色と赤色のソースのかかった、香ばしいカワカマスの揚げ物に手をつけることなく、紋織りの絹で仕立てた美しい上衣の下で、体中に冷や汗が流れるのを感じていた。そんなとき、王子との会話に夢中になっていた副大主教が突然こちらを向いた。

「サザリア公殿は、この一皿をどう評されますかな？　……おや？　まだ一口も食べておられないのか？」

サザリア公は動揺のあまり、手に持っていたナイフを床に落としてしまった。金属が床にぶつかる音が広間中に響き、食事をしていた者たちはみな、一瞬体をビクリと動かす。

「も、申し訳ありません。手元が狂ってしまって……」

　おそるおそる副大主教を見ると、彼は呆れたような顔をしていた。

（ああ、まずい。また失態をさらすとは……おや？）

　副大主教の向こうにいる王子の顔を見て、サザリア公は妙な印象を受けた。王子は、ひどく動揺した顔をしていたのだ。そしてやがて何か決意したように眉間にしわを寄せると、口元を小さく動かした。それは明らかに、何かを食べている動きとは違っていた。

（何か、言っている。小声で）

　副大主教がサザリア公に言う。

「サザリア公殿。私の顔に何かついているか？」

「い、いいえ」

　サザリア公は慌てて目をそらす。それと同時に、そばにいた召使い――よく見知った若く美しい女が、彼の足下のナイフを拾い上げ、配膳室へと戻っていった。しばらくして彼女は新しいナイフを持ってきてサザリア公の前に置いたが、その場所がやや皿に近すぎたこともあって、彼女の指先がサザリア公の腕に一瞬触れた。サザリア公は、そのひやりとした感触に驚く。

　何だ、今のは。人間の手にしては、冷たすぎる。

　女はサザリア公から離れて従者たちのテーブルの方へ行くが、彼は彼女を見つめ続ける。サザリア公は思い出す。彼女は確か、ポーレットとかいう名前の召使だ。記憶では、ポーレットは若いながら給仕の腕は見事なもので、彼も以前、彼女に賛辞を送ったことがある。いつもの彼女なら、サザリア公がナイフを落としたら一秒も置かずに拾うはずなのだ。それなのに、さっき彼女は、ナイフを五秒、いや十秒は放っておいた。さらに、新しいナイフの置き方は、明らかに彼女らしくなかった。そして、あの「手の感触」。

（もしかして、人形なのか？）

　つまり、彼女はポーレットではなく、ポーレットそっくりの「人形」なのではないか？　だとしたら、「切り札」になる。サザリア公の心に、かすかな希望が見え始める。

（しかし、慌ててはいけない。まずは証拠をしっかりと固めなければ。もし

違ったら、私の方が決定的に墓穴を掘ることになる）

彼女のナイフの置き方が悪かったり、手が冷たかったりするのには、他の理由も考えられる。単に体調が悪いとか、そういうことが原因かもしれないのだ。もう一度、彼女の手に触れられれば人間のそれかどうかがはっきりするかもしれないが、彼女は今従者たちの方に給仕するため、離れたところに行ってしまった。それに、たとえ近くに来たとしても、むやみに触ろうとしたり、さっきのようにナイフを落として拾わせるのは不自然だ。副大主教の目もあるし、すでにこれまでに失態を積み重ねてきている自分としては、さらに「おかしな行動」を取って評判を落とすことは避けたい。

（しかし、もしあの女が人形なら、グレアの言っていた『あの方法』が使える。あれならきっと、人形をあぶり出せるはずだ）

彼はようやく、料理に手をつける。とにかく食事が終わってからが勝負だ。

❖

美しい花が生けられた大きな花瓶。その影の中から、黒猫は広間の様子をうかがっていた。パウリーノから見えるのは、並んだ三つの背中。王子の小さな背中と、副大主教キーユ・オ・ホーニックの大きな背中。そして少し向こうに王弟サザリア公の縦長の背中が見える。

（恐ろしいほど、うまくいっている）

猫の耳は、王子と副大主教の会話はもちろん、広間の内部のあらゆる物音を逃さない。副大主教も従者たちも料理に舌鼓を打っては、料理、そして王子に対する賛辞を口にする。副大主教は、完全に王子を気に入ったようだ。

ここまで思いどおりになるとは、パウリーノも予想していなかった。とくに、副大主教からの手紙が届いた日の混乱を考えると、ほんの数日後にこのような宴が実現したのは夢のように思われた。さらに、ここ二、三日の間に王子が出してきた「提案」がことごとく効果を上げているのは驚きだった。ガリアッツィ人形をいっさい表に出さないという提案も、もともと王子が言い出したことだ。最初パウリーノは「出迎えにも正餐の席にも、家令が付き添わないと不自然だ」と言って反対したが、王子は「僕一人の方が向こうはびっくりするだろうし、ガリアッツィ人形を操らなくてすむから楽だよ」と主張した。それを聞いてパウリーノも納得したのだった。

広間の飾り付けについても、王子は口を出した。パウリーノもベアーテも、

ハルヴァ国とソラッツィ主教会を象徴する色を取り入れることまでは提案したが、王子はそれに加えて、叔父の領地であるサザリア公領の色を入れることを提案した。王子は、もし叔父が副大主教に自分の悪口を言っているなら、自分は逆に叔父を気遣って見せた方が意外性があるし、叔父一人を悪者にできると考えたらしい。そして実際、副大主教はこの飾り付けに感心したらしく、部屋に入るなり王弟サザリア公に「王子は叔父上のことを歓迎されているようですぞ」と話しかけた。サザリア公の方はなぜかうわのそらで副大主教の言葉に気づかず、副大主教は明らかに気分を害していた。

　王子は来客を迎えてからずっと、人形たちを操っている。これは大変なことだ。右目から見える本来の視界と、左目の「遠見の瞳」の同時像の両方を見ながら、自分の口の中にしか響かないぐらいの小声で、人形たちに指示を与えているのだ。王子の命令は、人形たちの耳に入れた「通信綿」に伝わる。「通信綿」はパウリーノの片耳にも入っているので、王子が適切な指示をしていることが確認できる。王子はこれらのことを行いながら、自らも動き、挨拶をし、会話をしている。パウリーノが聞いているかぎり、副大主教への受け答えもうまくやっていて、「聡明な王子」という印象を与え続けている。あらかじめ、副大主教に質問される内容を予想してパウリーノが答えを作っておいたことを差し引いても、王子の振る舞いは見事なものだった。

　（もしかすると、本当に『聡明な王子』なのかもしれないな。戦略的に考えることもできるし、その気になれば忍耐力も注意力も発揮する）

　今のところ、人形たちの動きはとても自然だ。これは訓練の賜物だが、この効果をもたらすのには、ベアーテの「ある助言」が大きな助けになった。彼女は、複雑で長い命令を小さくまとめる方法を教えてくれたのだ。

「いい方法があるんだよ。『今後私がこう言ったら、ああしろ』って命令しておくんだ。『こう』のところには短い命令を入れて、『ああ』のところに本来やらせたい長い命令を入れる」

　ベアーテはそう言って、実例を見せてくれた。彼女は人形に向かって、こう言ったのだ。

「今後あたしが『鍋２をかきまわせ』って言ったら、左から二番目の鍋に木じゃくしを垂直に入れて、鍋の底から２サンティグアのところに木じゃくしの先端が来るようにして、その木じゃくしで十秒かけて、水平に半径28サンティグアの円を二十回描くようにしておくれ」

そのように命令された人形は、その後ベアーテが「鍋2をかきまわせ」と言うたびに、「左から二番目の鍋に……」以下でベアーテが言ったとおりの行動をするようになった。王子とパウリーノはこれに感銘を受け、給仕の人形たちにもこの方法を使って命令することにしたのだ。命令を短くできたおかげで、副大主教との会話も円滑に行われている。

（とはいえ、さっき王弟殿がナイフを落としたときは、少々焦ったな）

　あらかじめ、客がナイフや食器を落とすことも想定して、対応策を準備していた。しかし実際に起こると、王子もパウリーノも動揺した。しかし王子はすぐにポーレット人形を動かして、対応して見せたのだった。

　料理はすでに五皿目の「鴨とキノコのパイ」に入っている。この料理を見た副大主教は大いに喜んだ。「これが食べたかった」と、涙を流さんばかりの勢いだったが、みなを驚かせたのは一口食べた直後の彼の振る舞いだった。

「これは……！」

　そう言って、副大主教はなんと、席を立ち上がったのだ。そして食卓に片手をつき、もう片方の手で目を覆い隠したのだった。彼の背中は小刻みに震えていた。あまりのことに、従者の僧たちが驚いて副大主教に声をかけ、彼はようやく我に返った。席に着くなり、彼は王子に言った。

「妙な振る舞いをして、申し訳ありません。あまりにも美味しかったものですから。神が、私のような罪深い人間に、このようなものを口にする機会を与えてくださった。そのことに涙を流していたのです。それにしても、この『鴨とキノコのパイ』は、十五年前にいただいたときも非常に美味でしたが、今回はそれに輪をかけてすばらしい料理に仕上がっている」

　副大主教の言葉に、王子は笑顔でこう返す。

「喜んでいただけて、光栄です。実は、十五年前にお召し上がりいただいたパイを作った料理人が、今回のご訪問に備えてさらに改良を加えたのです。その料理人はかなり前に引退していたのですが、今回のために呼び戻して、パイを作ってもらいました」

「おお、なんというお心遣い。それにしてもこのパイは、前回のものと何が違うのですかな？　前回の味ははっきり記憶しているが、今回のこれは、旨みがさらに深くなっているように思えます」

「今回は鴨の肝臓をすりつぶして、パイ生地とソースの両方に加えたと聞いています。さらに、ソースに使っている赤葡萄酒にも秘密があって……」

王子の説明に耳を傾けながら、副大主教は一口一口、大切そうに食べている。他の従者たちも同じだ。ただ一人、王弟サザリア公だけが料理にほとんど手をつけず、広間の一点に顔を向けている。

（王弟殿は、何を見ているんだ？）

　パウリーノの位置からは、王弟の表情はよく見えない。しかし、先ほどまでの取り乱した様子は消えていた。パウリーノの中に一抹の不安が生じる。

（この後、例のチーズと珈琲と茶が出て、宴は終わりだ。最後まで、何も起こらないといいが）

　王弟以外の全員が「鴨とキノコのパイ」を平らげると、給仕の人形たちは「しめくくりの一皿」の準備を始めた。珍しい二種類の飲み物が運ばれてくるのを見るや、副大主教は王子に尋ねた。

「まさかとは思うが……これは『珈琲』ですかな？」

「はい。そしてもう一つは、『茶』です」

「おお、貴重な飲み物を、二種類も！　なんと贅沢な！」

「前回お召し上がりいただけなかったと聞いておりましたので」

　副大主教は両方の飲み物に次々に口をつけると、感激のあまり、まるで子供のように首を縦にぶんぶんと振った。よほど気に入ったのだろう。何度も感嘆の息を漏らす彼の前に、チーズを載せた皿が置かれる。

「おや？　これは……」

　王子は待ちかまえたように言う。

「これは、作りたての白チーズに栗の蜂蜜をかけたものです。私は珈琲も茶も大好物なのですが、私がこれまで試したかぎり、これらの飲み物にはこの蜂蜜がけのチーズが最高に合いました。ぜひともどうぞ、お試しを」

「ほう。王子がそうおっしゃるなら……」

　半信半疑といった様子でチーズを口に入れた副大主教は、ぴたりと動きを止めた。そしてそのまま、動かない。パウリーノは、やや不安になる。

（まさか、気に入らなかったのか？）

　しかしそれは杞憂だった。副大主教は数秒後に、外国語で何かをつぶやいた。パウリーノにはそれが、ソラッツィ主教会で使われる祈りの言葉の一部であることが分かった。その意味は「罪深き私は神を讃える」だ。どうやら飲み物とチーズの組み合わせのすばらしさに感動して、つい口走ったようだ。心配顔の王子に対し、副大主教はすぐに微笑んで見せ、自分がいかにこの組み合わ

せを気に入ったかを話した。話しては、飲み物とチーズを味わい、この上なく幸福そうな顔をした。そしてすべての料理を食べ終えると、こう言った。

「王子。本日のお料理は、大変すばらしかった。十五年前もすばらしかったが、今回はそれ以上の感銘を受けました。とくに、この最後の一皿には、あなた様のお人柄を見たような気がします。チーズも蜂蜜も、材料だけを考えれば珍しいものではありませんが、どちらも最高の材料で丁寧に作られている。そしてそれらを組み合わせることで、珈琲にも茶にも合うすばらしい一皿になる。過度に飾る必要がないほど質がよく、まっすぐで、しかも大胆だ。私はこれから数ヶ月かけてソラッツィ主教会に戻りますが、この一皿の思い出とともに、あなたの印象を持ち帰ろうと思います。そして我らが大主教にあなたのことを、ハルヴァ国の将来を担うすばらしい若者であると伝えましょう」

　副大主教の賛辞に、王子は顔を赤くしながら感謝の言葉を述べた。長時間神経をとがらせていたパウリーノは、ようやく体の緊張を解く。

（とりあえず、宴は成功だな。……おや？）

　パウリーノだけでなく、みなが広間の一角に注目する。サザリア公が、不意に立ち上がったからだ。彼は副大主教と王子に向かって言う。

「本日は、私も大変楽しませていただきました。すばらしいおもてなしに、私にも一つ、花を添えさせていただきたいのですが」

「ほう、サザリア公殿。いったい何をするおつもりかね？」

「私の従者たちによる、『旅路の邂逅』の寸劇を披露したいと思いまして」

　怪訝な顔をしていた副大主教の顔が、にわかにほころぶ。

「おお、そういえばここ数日、ナーナイ僧院の僧たちに手ほどきを受けながら、練習をされていましたな。あれは異国の人々や、文字を読めない民にも神の尊さを知らしめるためのものだが、堅苦しくなく愉快な劇でもある。この楽しき場のしめくくりにうってつけですな。ぜひ拝見したい」

「お許しいただきありがとうございます。では、早速準備を」

　恭しく礼を述べる王弟の口元がわずかに歪んだのを、パウリーノは見逃さなかった。

（あれは……何かを企んでいる。しかし、何だ？）

　彼が考えている間にも、王弟の従者のうちの四人が席を立ち、寸劇の準備を始める。王弟は「給仕の方々も手を休まれて、ぜひ鑑賞なさるよう」と声をかける。王子はすばやく口を動かして、人形たちを位置につかせた。本来、見送

りのときにこうしようと予定していた配置で、人形たちを広間の左右の壁際に並ばせるというものだ。その手際は悪くない。しかし当の王子も何やら不安を感じているらしく、顔をこわばらせている。

　しかし、パウリーノにも分からない王弟の意図が、王子に分かるはずもない。王子は横目でパウリーノを見るが、パウリーノは「とにかく気をつけろ」とささやくほかない。とはいえ王弟は、副大主教の面前で王子を傷つけたりはしないはずだ。では、いったい何をしようというのだ？

　王弟が、四人の「演者たち」に合図する。うち一人が前に進み出て、口上を述べ始めた。

◈

　王子は不安を感じながら、寸劇を見ていた。彼が警戒していたのは、演者の誰かが不意に自分に攻撃してこないか、ということだ。しかしそういう気配はない。

（もしかしたら叔父上は、ただ単に副大主教様にいいところを見せたいだけなのかもしれないな）

　自分の従者たちが主教会の寸劇をうまく演じれば、副大主教の心証もよくなるだろう。きっと叔父はそれを狙っているのだと、王子は考えた。

（確かに、よく練習しているみたいだけど）

　王子も過去に何度か、この寸劇――『旅路の邂逅』を見たことがある。おおよそ一年に一度、ナーナイ僧院から僧たちが城に挨拶に来るのだが、そのときに演じられる寸劇で一番多く披露されたものがこれだ。子供である王子ですら二、三回見ているのだから、城の大人たちはもっと多く見ているだろう。

　劇の内容はこうだ。ある旅人が、旅路でさまざまな困難に出会う。そしてそのたびに、ウサギ、狐、鹿などといった動物がかわるがわる現れて、旅人を助ける。しかし旅人本人は動物たちに助けられたことに気づかず、彼らに感謝することなく旅を続ける。最後、旅人は盗賊に襲われ、身ぐるみ剝がれて暗い森の中に打ち捨てられ、瀕死の状態となる。そのとき神に助けを求めるが、現れた神はこの旅路ですでに自分が彼を何度も助けたことを明かし、それがいつだったかを思い出せば救われるであろうと告げる。実は、過去に現れた動物たちはいずれも神の化身だったのだ。旅人は死を目前にしてようやく動物たちのことを思い出し、彼らに感謝を捧げると、その土地一帯を治める大主教に見つ

けだされ、命を救われる。

　つまり「神の助けは気づきにくいところにある」ということを伝える話なの
だが、寸劇の主な見所は動物を演じる演者にある。大の男が動物の動きを巧み
に演じれば演じるほど、笑いを呼び起こす。そして今、ウサギを演じた演者の
動きは、副大主教を始め、みなの笑いを誘った。ウサギが旅人に感謝されない
ばかりか、迷惑そうに追い払われて不満げに引っ込むところでは、みなが腹を
抱えて笑う。その後も笑いの波は途絶えず、王子も、叔父への警戒を忘れ、思
わず口元をほころばせる。

　パウリーノのささやきが耳に入ったのは、そのときだった。

（おい、まずいぞ！）

　パウリーノのせっぱ詰まった声は、王子をどきりとさせた。彼は口の中だけ
で、パウリーノに言う。

（パウリーノ、びっくりさせないでくれよ。いったいどうしたのさ？）

（人形たちを見ろ！）

　王子は、左右の壁際に並んだ召使いの人形たちに目をやる。そして、すぐに
異常に気がついた。

（笑ってない……）

　席に着いた者たちが大いに笑っているのとは対照的に、人形たちはただただ
無表情で突っ立っていた。目は演者たちの方を向いて、ときおり瞬きをしたり
しているが、「笑いどころ」でもいっさい表情を動かさないのだ。

　王子は慌てて、自分の左へ目をやる。副大主教は寸劇にのめり込んで、笑っ
たり手を叩いたりしているが、その向こうにいる叔父サザリア公は壁の方を見
ている。その目がこちらを向きかけたので、王子は急いで目をそらし、副大主
教の影に隠れるように顔の位置をずらした。パウリーノがささやく。

（このままでは、不自然だ。人形を笑わせなくては）

　王子はパウリーノに同意し、口の中で人形たちに命令する。

（給仕班、面白かったら笑え）

　しかし、そう言ってすぐに、自分で自分の命令に疑問を感じた。自分は「面
白かったら笑え」と言った。でも、何が面白いか、人形たちに分かるのか？
だいたい、「面白い」って、どういうことだ？　副大主教を始め、笑っている
人たちは、何を面白いと思っているのか。そして自分もさっきまで笑っていた
が、何に笑っていたのだろう。

（僕は……あの人たちが上手に動物のまねをするのを見て笑った。それから、動物たちの助けに気づかない旅人の間抜けさにも笑った。でも、どうしてそういったことを、面白いと思ったんだろう）

王子は考えれば考えるほど、分からなくなってきた。

（おい、人形たちは笑っていないぞ。命令が分からなかったんだ）

パウリーノに言われて人形たちを見回すと、確かに誰一人表情を動かしていない。やっぱり、人形には分からないのだ。それじゃあ、どうしたら？　パウリーノが助け船を出す。

（人形に『面白さ』を判断させるのは、きっと無理だ。だから、笑うべきところをこちらが教えるしかない）

そうか。王子は命令を変えてみる。

（給仕班、これから先、僕が『今だ』と言ったら、すぐに笑え）

そう命令したすぐ後に、再び広間は笑いに包まれた。王子は慌てて「今だ」とつぶやき、人形たちの反応を見る。

壁際に並んだ人形たちは、一人残らず笑っていた。しかしそれは、王子の意図した「笑い」ではなかった。みな、声も出さず、静かに「微笑んで」いたのだ。腹を抱えて笑う客らの後ろで微笑む彼らの姿は、無表情でいたときよりも、さらに異常に見えた。

（ああ、だめだ。少しでも、声を出して笑わせないと）

（王子、こう言ったらどうだ？　『副大主教が笑ったら、同じように笑え』）

王子はその提案に従うことにした。そしてそのように命令した直後、鹿役の演者の登場に、副大主教は大いに笑った。そしてそれに伴うように、人形たちも笑う。どの人形も、副大主教と同じように声を出して笑い、手を叩く。そしてその結果、広間は先ほどまでの倍の笑い声に包まれる。

（少しやりすぎたか？）

王子は不安に思ったが、副大主教以下、客たちは気に留めていない。演者たちはむしろ、大受けに気をよくしたようだ。先ほどまでの食事で、ある程度酔いも回っているのだろう。ときおり、本来のせりふにはない、即興のせりふなども交えて演じているようだ。それが副大主教と彼の従者である僧たちには一層受けた。王子には、どのせりふが即興なのか、またそれがどう面白いのかよく分からなかったが、人形たちは相変わらず、副大主教がするとおりに、声を上げて笑っている。

どうにかやりすごせたようだ。胸をなで下ろす王子に、パウリーノが言う。

（おい、油断するな。さっきから、王弟殿の様子がおかしい。もしかすると、感づかれたかもしれん）

（何だって？）

王子はおそるおそる、自分の左側へ眼球を動かした。副大主教を挟んで向こうにいる叔父の姿が目に入る。叔父は——顔をこちらに向けて、王子を見ていた。その口元はかすかに笑みをたたえ、目には怪しげな光が宿っていた。

◈

他の客らが寸劇を楽しむ中、王弟サザリア公は王子を見つめ続けている。

（とうとう馬脚を現したな、我が甥よ）

彼の忠実な密偵、グレアの言っていた「人形の見分け方」がこれほど効果を上げるとは。「自動人形は、最高の性能を持つ種類のものであっても、自発的に笑うことができないようです」というグレアの言葉には、サザリア公自身も半信半疑だった。人の言葉を理解し、そのとおりに行動できるほどの人形が、「笑い」を理解できないのか？　その疑問に、グレアはこう答えた。

「『笑い』の難しいところは、人に笑いを引き起こすものが何なのか、よく分かっていない点です。怒りも悲しみも喜びも、その根源まで突き詰めれば、人がその生存を脅かすような危機を感知したり、逆にそういった危機から離れたりすることに関係のある感情です。つまり、生存の可能性に強く関係している。それに対して『笑い』は、一見したところ、生存可能性との関係が明確ではありません」

「だが、生き残りに関係があるかどうかはともかく、我々は『可笑しい』と感じたときに笑う。『可笑しみ』こそが、笑いの原因だ。だから、『可笑しみ』を感じたら笑うようにすればいい。それだけのことではないのか？」

サザリア公の反論に、グレアはこう答える。

「まさにその『可笑しみ』が問題なのです。我々人間がどういうときに、何を『可笑しい』と思うかが、明確ではないのです。ある者は、人は予想を裏切られたときに可笑しさを感じると言います。別の者は、人が何かに対して優越感を感じたときだと言い、またある者は人が緊張状態からにわかに解放されたときだと言います。どの説も、ある程度は正しいでしょう。たとえば『冗談』というのは、たいてい『人の予想を裏切る突飛な物言い』ですから、一つ目の説

にあてはまるかもしれません。他人の間抜けさを笑うというのは、優越感に基づくものですから、二つ目の説に当てはまるでしょう。厳かな儀式に出席しているときに限って、ちょっとしたことで笑いが止まらなくなるのは、三つ目の説によって説明できそうです。

　しかしどの説も、『もし可笑しみが生じているなら、それはこういう状況で生じている』ということは言っていても、『もしこういう状況が生じるなら、そこでは必ず可笑しみが生じる』ということは言えていません。人の予想を裏切る言動、他人の間抜けな行動、緊張からの解放のどれをとっても、それらがつねに可笑しみを生じさせるとは限らないからです。つまり『可笑しみ』の原因が不明瞭だからこそ、人形に教えることができないわけです」

　それでも、サザリア公は納得がいかない。

「だが、グレアよ。たとえ完璧に『可笑しみ』を教えられないとしても、ある程度は教えられてもいいのではないのかね？　たとえば、予想を裏切ることを言われたら笑う、とか、間抜けな行動を見たら笑う、とか」

　いいえ、と言って、グレアは首を振る。

「私の考えでは、それだけでも相当な難しさがあると思います。まず、予想が裏切られたことが分かるには、その前提として、何かを予想できなくてはなりません。しかし、少なくとも人と同程度の常識を持っていなければ、人がするような『予想』ができません。また、間抜けな行動を見てそれが『間抜けだ』と分かるには、間抜けではない行動の何たるかを知っていなくてはなりません。ここにもまた、常識の壁があるのです」

　そう言われても、サザリア公はさらに食い下がる。

「それなら、人形に『常識』をすべて教えれば済むことではないか」

「ところが、それが一番難しいことなのです」

「そうか？　私が思うに、私の知っていることには限りがあると思うぞ。全部教えることは可能じゃないのか？」

「古代の魔術師に、同じようなことを考えた者が居たそうです。聞いたところでは、三十年以上の歳月をかけて、百万以上の『常識』を人形に教えたそうなのですが、それでも人形は人間ほど賢くならなかった」

「百万でも足りないと言うのか？」

「どうやらそのようです。また、量の問題に加えて、『隠れた知識』の問題もあります。我々人間は、自覚しているよりも多くのことを知っており、暗黙の

うちにそのような知識を使っているというのです。そのような知識を人形に与えるのが難しいことは、想像するに堅くありません」

密偵グレアは隠密行動に長けているだけでなく、学問にも通じている。サザリア公は完全に納得できたわけではないが、彼の言うことを信頼することにした。そして今、現実に彼が目にしたことは、グレアの説——人形が自ら笑うことができないという説の正しさを、確かに裏付けているように思われた。寸劇が始まってしばらくの間、彼が「人形ではないか」と疑っていた若い女——ポーレットは、まったく表情を動かさなかったのだ。しかし、よく見てみると、彼女ばかりか、他の召使いたち全員が、クスリとも笑わずにいる。他の客らがこれほど笑っているというのに。

（まさか、全員が人形ということがあるだろうか？　あるいは、ただこの寸劇を可笑しいと思わない連中であるというだけのことなのか？）

判断しかねていたサザリア公に答えを与えたのは、その後の彼らの振る舞いだった。突然彼ら全員が、同時に微笑んだのだ。その不自然さは、サザリア公には不気味に感じられるほどだった。そしてその直後に、王子の狼狽ぶりが、右目の隅に入ってきた。

（焦っている）

王子は寸劇もそっちのけで、口元をしきりに動かしている。やがて給仕たちは、声を出して笑い始めた。しかし、何が面白いのかが分かった上で笑っているのではないようだ。観察していると、副大主教が笑うのに合わせて、同じように笑っている。

（なるほど、考えたな。しかし、もう遅い）

サザリア公はもうすでに、この部屋にいる召使い全員が人形であることを確信していた。そして、王子が何らかの方法を使って、人形たちに指示を与えていることも。サザリア公は副大主教ごしに、王子を見つめる。王子がわずかに顔を動かし、一瞬こちらに怯えたような視線を投げたのが分かった。

（警戒しているのだな。だが、私を止めることはできない。あとは、副大主教に告げる機会を待つだけだ）

そしてすぐに、絶好の機会が訪れた。発端は、寸劇の終盤で、盗賊に襲われた旅人が言ったこのせりふだった。

「盗賊どもよ。ここは、地上における神の代理人、副大主教様の所領の森だと聞いている。このような場所で狼藉を働いたら、神罰が下るというもの」

このせりふの「副大主教様」というところで、客らは拍手喝采した。本来の
せりふでは「大主教様」と言うところを、演者が気を利かせて「副大主教様」
に言い換えたのだ。副大主教も気をよくしたようだったが、この「言い換え」
は、直後に盗賊役の次のせりふを引き出してしまうことになった。
「ふん、副大主教などに何の力がある。あんな、神妙な顔をしてでたらめの祈
りを唱えているだけの坊主など、俺たちは怖くもなんともないぞ」
　このせりふを言った直後、盗賊役は自分が何を言ってしまったかに気づき、
非常に気まずい顔を見せた。副大主教以外の客も、ここばかりは笑えずに、顔
をひきつらせた。ただ副大主教だけが、それを大声で笑い飛ばした。副大主教
本人は、この改変を、むしろ楽しんでいるらしい。演者も客らも安堵しかけた
瞬間、彼らにとって思いがけないことが起こった。
　なんと壁際に並んだ給仕たちが、副大主教につられるようにして、大笑いを
始めたのである。
　これには、すべての客が青ざめた。そして王子は誰よりも青ざめ、慌てて口
を動かした。給仕たちはいっせいに黙り、突然無表情になる。広間を覆う、客
らの当惑と、気まずい沈黙。演者らも、動きを止めている。副大主教も怪訝な
顔で、壁際の給仕たちを見やった。そのとき王子が席を立ち、副大主教に向
かってひざまずいた。
「副大主教様、申し訳ございません！　給仕の者たちが、とんだ失礼を！」
　副大主教も慌てて席を立ち、王子をなだめる。
「おお、王子。何をなさいます。私は気にしておりませんぞ」
　今だ！　今こそ、甥の悪事を明るみに出すときだ。サザリア公は立ち上が
り、王子に向かって、高らかにこう言った。
「ルーディメントよ。他にも、副大主教様にお詫びすべきことがあるのではな
いか？」
　王子と副大主教がこちらを見る。他の客らもサザリア公に注目する中、彼は
さらに、王子を問いつめる。
「さあ、ルーディメント。地上における神の代理人たる副大主教様の前で、ご
まかしは許されんぞ。正直にお話しするのだ」
　そう言うと、王子は今にも泣き出しそうな顔をした。唇がわずかに動くが、
言葉が出てくる気配はない。副大主教がサザリア公に問う。
「サザリア公よ、どういうことだ？　王子が謝らなくてはならないとは？」

「副大主教様。私は残念でなりません。我が甥がなぜ、このようなまねをしたのか……」

「サザリア公、どうか、もったいぶらずに教えてほしい。いったい何なのだ?」

「甥が自分で口を開かぬのであれば……仕方がありません。私が言っているのは、この部屋にいる給仕たち——壁際に並んでいる者たちがみな、人形であるということです!」

　大広間に衝撃が走った。副大主教は目を大きく見開き、声を震わせる。

「人形……だと……?」

❖

　王子は広間の床に手をついて、頭を垂れていた。パウリーノの耳には、通信綿を通じて、王子のつぶやきが聞こえてくる。

（だめだ、もう）

　パウリーノも何か言おうとするが、言葉が出てこなかった。彼ですら、この状況にどう対処していいか、分からないのだ。もう、どうにもごまかしようがない。すでに副大主教は壁際に歩み寄り、給仕の一人——サンギオ人形に近づいた。そして無言で、人形の手に触れた。副大主教は体をびくりと震わせ、すぐに手を引っ込める。

「なんと……いうことだ……」

　彼は信じられないという顔で、人形たちを見回す。王弟サザリア公が言う。

「副大主教様、私の言ったことが正しかったと、お分かりいただけましたでしょうか? しかし、我が甥は、なぜこのようなことをしたのか……よりによって、人形に給仕をさせ、副大主教様を欺くとは」

　まずい。王弟は間違いなく、王子が副大主教を愚弄するために人形を使ったと印象づけたいのだ。王子が副大主教の怒りを買うように仕向け、それに成功したら、自分が次の王位に堂々と名乗りを上げる気なのだ。パウリーノは小さな体をこわばらせる。

（副大主教の支持さえあれば、王弟殿がこの城を力ずくで乗っ取ったとしても、誰も文句を言えるまい。たとえ、陛下でさえも）

　では、どうする? 今、自分が人間の姿を現して、副大主教の前に立つべきか? しかし、そうしたとして、この場をどう収拾するのだ? しかも、ここで人間に戻ったら、その後自分は人間の意識を永遠に失ってしまうのだ。

（くそっ、何も思いつかない）

　パウリーノは自分の頭脳を恨めしく思う。こんなときに、何も思いつかないとは。頭脳まで、すでに獣のそれになりかけているのか？　だが確かなのは、今何もせずにいれば、王子がますます窮地に立たされるということだ。

（とにかく人間の姿を現そう。何もしないよりは、ましだ）

　パウリーノがついに覚悟を決めたとき、耳に王子の声が入った。

（パウリーノ。これから僕がすることを、黙って見ていてほしい。絶対に、人の姿で出てこないでくれよ）

（何だと？　おい、何をする気だ！）

　パウリーノがそう言い終わる前に、王子は立ち上がり、人形たちを眺めて放心している副大主教の前に進み出た。全員が固唾を飲んで見守る中、王子は再度、副大主教の前にひざまずく。そして頭を垂れたまま、こう言った。

「副大主教様。どうか……どうか、お許しください。その、叔父上が言われたとおり、この部屋にいる給仕の者たちは、すべて人形なのです。そして……本当のことを申し上げますと、今この城にいる『人の姿をした者』は、僕と、一人の料理人を除いて、すべて人形なのです」

　王子の告白に、みなが戦慄した。パウリーノも例外ではなかった。

（なぜそれを言うのだ！　王弟殿も聞いているというのに！）

　パウリーノは王弟を見る。彼も驚きのあまり身動きせずにいたが、やがてその口元が嬉しげに歪む。

（ああ、もう、本当におしまいだ）

　そのとき、副大主教が震える声で、王子におずおずと話しかけた。

「全員が人形とは……どういうことかね？」

　王子は顔を上げる。それを見た副大主教は、はっとした表情をする。王子の顔が、涙で濡れていたからだ。王子は涙声で答える。

「はい、原因は、この僕にあるのです。魔法使いの聖者ドニエルに、城の者をすべて連れ去られたのです」

◈

　これまでの経緯を話す王子を眺めながら、サザリア公は自らの幸運に酔いしれていた。ようやく副大主教に人形のことを暴いてみせたと思ったら、今度は王子自らが、城には人形しかいないと暴露したのだ。

（なんということだ。この城は今、丸裸で建っているも同然ではないか）

　副大主教の支持を得た自分は、愚かで無礼な王子の手から、この城をやすやすと手に入れる。こうなっては、兄王でも文句は言えるまい。それでも面倒なことになりそうだったら、王子を人質にして脅せばいいのだ。

（王位はもう、手の届くところにある）

　サザリア公は、王子の愚かさに感謝の念すら抱いた。聞けば、城が人形だらけになったのは、王子本人の責任だと言うではないか。聖者ドニエルにそそのかされたとはいえ、そのような過ちを犯す愚か者が王にふさわしくないことは、誰の目にも明らかだ。

（あいつの暗殺に失敗したのは、八年前だったか。あのときは落胆したが、殺すまでもなかったのだな）

　八年前、兄王が王妃と王子を連れてサザリア公の城を訪問した際、彼はグレアに命じて王子を殺そうとした。王妃をそそのかし、一人になった三歳の王子を薬で眠らせて、領内の森にある洞窟の奥深くに捨てたのだ。身内の者を手にかけることは不吉とされていたので、直接殺すことはしなかったが、洞窟は複雑な迷路をなしていて子供に出られるわけもなく、また万一出られたとしても、狼や熊のうろつく森では一日として無事でいられるはずはなかった。実際、兄王はすぐに王子を探させたが、二日経っても見つからず、すでに死んだものと思われた。しかし三日目に王子は、ほぼ無傷の状態で見つかった。その後すぐにクリオ城へ連れ帰られ、そこでひどい病にかかったと聞いたが、それでも王子は死ななかった。その後、王子はほとんど城から出なくなり、暗殺の機会はほぼ無くなってしまった。

（だが、今の状況を考えると、むしろ生かしておいて正解だったかもしれないな。兄の留守中にこれほどの愚行を働いてくれる王子がいるおかげで、王位が転がり込んでくるのだから）

　王子は話を続ける。人形を相手にしたときの苦労。自らの行いに対する後悔と、城の者たちに対する罪悪感。父王が帰ってくるまで、この城を守らなくてはならないという決意。そこへ舞い込んできた、今回の来客の話。

「僕は……副大主教様がこの国にとって重要な方であることを知り、城を守るために、どうにかして宴を成功させなくてはならないと思いました。副大主教様が以前、よその城で人形をご覧になって、気分を害されたということを知ったときは、恐ろしくなりました。だから、絶対に、人形がいることを知られて

はならない、と」

　王子は、「通信綿」という道具を使い、人形を操る練習をしたのだと告白した。副大主教は完全に黙り込んでいる。彼の表情は、サザリア公からはよく見えない。しかしきっと、内心では怒り狂っているはずだ。ここで自分が追い打ちをかけて、その怒りを増幅させるのがよいだろう。彼は口を開く。

「ルーディメントよ。それは、弁解にはならないぞ。副大主教様を欺いたことには変わりがないのだからな。それに、城の者たちに対する非道な行いを、どうやって償うつもりなのか！？」

　王子は辛そうに目をつぶり、何かをこらえるようにぐっと口を結んだ。そして途切れ途切れに、絞り出すように言う。

「僕は……僕は、父上が戻ったら……みんなを助けに行って……」

　王子は最後まで言うことができず、うなだれて両手を床についた。背中が震え、床に涙が溜まっていくのが見える。サザリア公はさらに調子づいて王子を問いつめる。

「助けに行くだと？　とんだたわごとを！　聖者ドニエルの居場所は、誰にも分からないのだぞ？　それに運よく助けに行けても、その頃には城の者たちは無事でいるまい。いや、今もうすでにドニエルに殺されているかもしれん。それもお前の責任だ。分かっているのか、ルーディメントよ！」

　彼の言葉につられるように、副大主教の背中がわなわなと震え出す。

（よし、もう一押しだ！　副大主教から、王子に引導を渡してもらう）

　彼は、副大主教の背中に向かって叫ぶように言う。

「副大主教様！　誠に残念ではありますが、我が甥の罪はとても許されるものではありません。地上の神の代理人として、どうか正当にお裁きを！」

　副大主教は、王子を前にして佇んだまま、両の拳を握りしめた。いよいよ、副大主教自ら、怒りの鉄槌を下される──広間の誰もがそう思ったとき、予想外のことが起こった。

「なんということだ……今回も、間に合わなかったとは！」

　副大主教はそう言って両手で顔を覆うと、膝から床に崩れ落ちた。あまりのことに、従者の僧たちが副大主教に駆け寄ろうとする。しかしすぐに副大主教は顔を上げ、彼らを制する。そしてなんと、王子の肩に手を触れ、こう言ったのだ。

「王子、許してほしい。何もかも、私の責任なのだ。なぜなら三十年前、あの

ドニエルを地上に呼び戻したのは、この私なのだから」

　突然の告白に、王子も顔を上げる。パウリーノは広間の壁を縫うように走り、王子の近くに寄る。みなが注目する中、副大主教は訥々と語り始めた。

❖

「私はもともと、この国よりずっと東にある、エトロ王国の王子だった。生まれたときから何不自由なく育てられ、王位継承を目前とした十八のとき、父王との間にいさかいを起こした。発端は、王位継承に伴う結婚の話だった。隣国の姫を迎えることになったのだが、私はその数年前から、幼なじみだった家令の娘と恋仲になっていた。父はそれまで私たちの仲を黙認し続けていたが、嫁いでくる姫への気遣いから、ついにその娘を私から遠ざけた。強引に、彼女を別の男と婚約させたのだ。

　私は怒り狂った。それまでの人生で、思いどおりにならなかったことは一つもなかっただけに、私はひどい屈辱を感じた。私は怒りに突き動かされるままに、召使いたちや家臣たち、弟たち、そして王である父にまで乱暴を働き、ついには城の塔に幽閉されてしまった。それでも怒りは収まらず、塔の上からすべての者に対する呪詛を繰り返した。

　やがて父が、私を塔に閉じこめている間に、私の恋人とその婚約者との婚礼を執り行おうとしていることが分かった。私は何としてでも阻止したかったが、塔から出ることはできなかった。さらに悪いことに、父は城の中庭——わざわざ、私のいる『塔』から見える場所で、その婚礼を行うことに決めた。それは自分に刃向かった私への罰であり、かつ私に恋人を完全にあきらめさせる意図もあったのだろう。当日、にぎにぎしく婚礼が執り行われる様子を、私は塔の上から眺め、そこにいるすべての者を心の底から呪った。

　怒りと憎しみが頂点に達したとき、私にささやきかけてきた声があった。姿も見えぬ声の主は、私にこう言った。『私は地底の世界に追放された魔術師だ。私を助けてくれたら、お前の望みを叶えてやろう』、と。私はすぐに、その話に飛びついた。そして指示されるままに、こう宣言したのだ。

　『私は邪神アトゥーに望む。聖者ドニエルが再び地上に現れんことを。そして、地上にて彼の力を存分に振るわんことを』」

　副大主教はそこで一度言葉を切った。彼の顔は、苦しげに歪んでいた。広間は静まりかえっている。副大主教は意を決したように再び口を開いたが、その

声は震え、そしてかすれていた。

「私がこう言った後……空が急に暗くなり、太陽の光が遮られた。そして婚礼の人だかりの中心に、道化の姿をした男が現れた。そいつが何かを唱えると、突然、中庭の人々が倍に増えた……ように見えた。そして人々は悲鳴を上げ、逃げ始めた。しかし悲鳴はすぐに止み、人々の数は半分に減り、沈黙が訪れた。私はそのとき初めて、恐怖を感じた。

まもなく、道化の男が塔の上にいる私の方を見上げた。信じられないことに、奴は私のいる窓まで飛んできたのだ。そいつは窓ごしに私に笑いかけて見せ……こう言った。

『王子には、感謝の言葉もありません。永遠に地底に追放された私を、再び地上に蘇らせてくれたのですからね。あなたの大切な従者たちは私の城へ連れて行きますが、かわりに私の人形たちを差し上げましょう。ただ一つ残念なのは、あなたの言葉の力に限界があったことですな。せっかく私の自由を望んでくださったのに、どうやらわずかな時間しか地上にいられないようです。次に地上に来られるのは、何年か先——今日と同じ『星の巡り』の日、つまり私の主である邪神アトゥーの力が強まる日になるでしょう。それでも、地底に居続けるよりは数百倍、数千倍もましだ。それに、次にどこに現れるかという楽しみもできた。感謝いたしますぞ』

ここまで言えば……もう何が起こったか、お分かりだろう」

誰も何も言わない中、王子だけがまっすぐに副大主教の顔を見て、無言でうなずいた。副大主教の片目から、涙が一筋流れ落ちる。

「その後……私は自ら、王族の地位を放棄した。王位は弟に譲り、私は一僧侶としてソラッツィ主教会へ入った。主教会に入った目的は二つあった。一つは、私のためにドニエルに連れ去られ、おそらく死んでしまった者たちのために祈ること。もう一つは、次にドニエルが現れる時と場所を突き止め、事前にそこへ赴いて被害を抑えることだ。二つ目については、現大主教ピアトポス八世からじきじきに、私だけの秘密の任務として行うことを命じられた。私は主教会にある、魔術や天文学に関する資料を読みあさり、ドニエルの出現を予測しては、その場所に出向いた。しかし残念なことに、私の計算はいつも微妙にずれていた。時間がぴったりと予測できたのに、場所が間違っていたこともあった。そして今の今まで一度として、私はドニエルの悪行を防げられなかった。罪のない人々がドニエルにさらわれたという話を聞くたびに、私は自分の

無力、そして罪深さを思い知らされた。

　そして今回も……私はリリアモ公国にドニエルが現れると予測して、旅を始めた。幸いリリアモにはその兆しがなく、安堵して帰路についたが……ここクリオ城に奴が現れていたとは！」

　副大主教は片方の手で自分の顔面をわしづかむようにして、肩を激しく振るわせた。やがて彼の嗚咽が、広間に響きわたった。

◆

　その場で副大主教は、王子にできるかぎりの償いをすることを約束した。まずは父王がここに戻るまでの間、「全能の神ならびに栄えあるソラッツィ主教会の威光にかけて」王子とこの城を、主教会の保護下に置くと宣言した。

「とにかく、よからぬ輩がこの城に近づけないようにしましょう。私はこれから直接マヌオール僧院に行きますが、明日の朝一番にそこから二百名の衛兵をこの城に派遣します。そして大主教ピアトポス八世に伝令を送り、ルーディメント王子とクリオ城に手を出す者はただちに破門し、主教会の敵とみなす旨を、近隣の王族や領主に伝えていただく。そうすれば、お父上がここに戻られるまで、あなたの安全は保障されるでしょう」

　王子は驚く。

「そのようなことまで、していただけるのですか？」

　副大主教はうなずいてみせる。

「もちろんです。私にはその義務があるし、それを実行する権限がある」

　王子は感謝のあまり礼を言おうとしたが、副大主教は止めた。

「王子よ、どうか、私に感謝をしないでいただきたい。私は自分の罪を償おうとしているだけですから。とにかく、そうと決まればすぐに行動しなければ。我々はあなたの叔父上とともに、直ちにここを発ちます。すばらしい宴への感謝を思う存分述べられず、申し訳ない」

「いいえ、とんでもございません」

　副大主教、サザリア公とその一行は慌ただしく広間を出て、王子に案内されるまま中庭へ向かった。表門を出るとき、副大主教はもう一度衛兵たちを眺めて、王子に言った。

「この兵士たちも、みな人形なのですな」

「はい」

「これほどまでに、彼らを巧みに操るとは。今回は、あなたのお人柄をよく知ることができて、本当によかった。あなたとはきっと、また近いうちにお会いすることになるでしょう。そして、王位に就かれてからも、末永くお付き合いいただきたい」

　そう言って、副大主教は王子を前に短く祈りの言葉を唱え、王子に祝福を与えたのだった。やがて彼ら一行は、王弟サザリア公を含め、表門の向こうへと消えていった。

　門が完全に閉じたとき、近くの物陰からパウリーノが駆け寄り、中庭に立ちすくむ王子の隣に立った。誰もいなくなった中庭に一陣の風が吹き、草木がさわさわとざわめく。二人は風に吹かれながら、まだ門を見つめている。前を向いたまま、パウリーノが言葉を発する。

（帰ったな）

「うん」

（お前が洗いざらいしゃべったときはどうなるかと思ったぞ。しかし、こうなることを計算していたのか？）

「いいや、計算なんかしてないよ。ただ、賭けてみたんだ」

（賭け？）

「うん。副大主教様の『人形嫌い』っていうのに、何か理由があるんじゃないかと思ったんだ。それに、副大主教様は『地上の神の代理人』なんでしょ？だったら、正直に話すべきだと思ってさ。どんな結果になっても、神様が決めることなら仕方ない、と思った」

　パウリーノはかすかに笑った。猫の顔でどれほど笑って見えるか分からなかったが、とにかく彼は笑ったのだ。子供らしからぬ鋭い洞察。そして子供らしい素直さ。その両方が勝利を導いたことになるのだ。いずれにしても、王弟はこれでこちらに手を出せなくなった。パウリーノは、張りつめていた神経がにわかにゆるんでくるのを感じた。

（とにかく、終わったな）

「うん、終わった」

　王子はそう言い終わると、草の上にへなへなと座り込んだ。パウリーノもその場で丸くなり、すぐに寝息を立て始めた。王子はしばらく放心した後、パウリーノを起こさないようにそっと抱え上げ、厨房へと向かった。

◆

「王子様、すごいじゃないのさ。副大主教様を味方につけるなんてねえ！」

　後片付けをしながら、ベアーテが言う。王子もその横で手伝っている。

「ベアーテさんのおかげだよ、本当に。ベアーテさんの料理、どれもすばらしかった。あの料理がなかったら、副大主教様も僕のこと、あそこまで気に入らなかったと思う」

「そうかい？　だったら嬉しいねえ。今日の料理は、本当に気合いを入れて作ったからね。この料理が『王子様の言葉』の一部になると思うと、自然と奮い立つものがあったよ」

「僕の言葉の一部？」

「そうだよ。王子様は、今日のもてなし——中庭の手入れとか、大広間の飾り付け、料理の献立と質、挨拶の仕方、身のこなし——そういったもの全体をつかって、副大主教様に『語りかけた』のさ。実際に口から語られる言葉以上に、そういったものは相手に多くのことを伝えるもんだ」

　王子はベアーテの言葉を聞きながら、確かにそうかもしれない、と思った。そして同時に、ベアーテのすばらしい料理の数々は、彼女の王子への心遣いを表していたことに気がつく。

「ベアーテさん、今日は本当にありがとう」

　ベアーテは目を丸くして王子を見る。

「ああ、王子様にお礼を言われるなんて、あたしは、本当に嬉しいよ」

　そう言われて、王子はふと考えた。自分は今まで、誰かに「ありがとう」と言ったことがあっただろうか？　さっき、副大主教に感謝の言葉を述べようとしたが、それは副大主教本人に止められた。その前の宴のときにも、挨拶の中や会話の中で礼を述べたが、それは社交辞令だ。王子はつぶやく。

「僕、今初めて、人にお礼を言ったかもしれない」

「本当かい？　で、そのお礼を最初に受けたのが、あたしってことかい？　それはいくらなんでも贅沢すぎるねえ。それに、あたしよりも王子様に感謝されるべき人は、他にいるからねえ」

　ベアーテは皿を洗う手を動かしながら、顔をテーブルの上に向ける。そこにはパウリーノがうずくまって眠っている。

　（ああ、そうか）

王子は気がついた。自分は今まで一度も、パウリーノに「ありがとう」と言っていない。今回のことで、一番世話になったのは、彼なのに。

　やがてベアーテは片づけを終え、王子の夜食を作り終えると、日暮れに裏門から城を出て行った。

「明日の早朝には、僧院から応援が来るんだね？　そうなればもう安心だけど、今夜は気をつけるんだよ。あたしは明日のお昼前に来るからね」

「うん、ありがとう」

　王子はパウリーノを抱えながらベアーテを見送る。パウリーノはまだ目覚める気配がない。体を丸くして寝ているパウリーノの寝息は浅く、短くて、王子はその心許なさに不安を覚える。彼は裏門、表門の各所の衛兵人形たちに指示を送り、平常の配置に戻ったのを確認した後、主塔に戻った。階段を上り、もう人形たちしかいない大広間を横目に、パウリーノの部屋まで行く。寝室に入ると、ベッドの上にシーツを寄せて盛り上げ、中央に丸いくぼみを作って、寝ている黒猫をそっと置いた。体の上にも、小さな布をかける。

　王子はしばらくパウリーノを眺めていたが、すぐに夕日の光が弱まってきた。王子は急いでランプに火を灯す。あれほど扱いに苦労していた火打ち金も、今では何の問題もなく使える。今日も、すぐに火をつけることができた。

（これも、パウリーノに教えてもらったんだっけ）

　教えてもらわなければ、今も自分は暗闇の中で震えていたはずだ。王子は夜食を持って「遠見の部屋」に上がる。左目の同時像を消し、部屋の同時像を見回す。今夜も異常はなしだ。この部屋があるお陰で、こんなときでも、安心していられる。そしてこれも、パウリーノのお陰だった。

（どうして僕は今まで、パウリーノにお礼を言わなかったんだろう）

　王子は昼間見た「寸劇」を思い出していた。あのときは、動物たちの恩に気づかない旅人を笑ったが、あの旅人は自分と同じではないか。パウリーノが目を覚ましたら、真っ先にお礼を言おうと、王子は思った。

　しかしすぐに王子は思い直した。彼は自分の服の胸元をぐっと握りしめる。自分は、パウリーノから人間の体を奪った張本人だ。それだけではない。彼が愛していたポーレットを、地獄へ追いやったのも自分だ。

（僕は、パウリーノにひどいことばかりした。それなのに、パウリーノは……。ああ、何だ、何が『ありがとう』だ。僕には、彼にお礼を言う権利すらないじゃないか）

王子はふと、数日前にパウリーノに言われたことを思い出す。

　——取り返しのつかないことをしてしまったときに、すべきことが三つある。一つは、それ以上事態が悪化しないように全力を尽くすこと。二つ目は、状況が落ち着いた後に、起こってしまったことに対して具体的な責任を取ること。三つ目は……三つ目が何かは、お前が考えろ——

　パウリーノはそう言って、三つ目を教えてくれなかった。でも、今なら王子にも答えが分かる。それは、「謝ること」だ。

（パウリーノだけじゃない。ベアーテさんにも、城のみんなにも謝らないと）

　城の者たちに謝る機会は、もうないかもしれない。それでも……。

　考えている間に、夜の闇は深くなっていく。王子は眠気を感じたが、パウリーノが起きてくる気配がないので、自分の顔を叩いて眠気を飛ばした。今日ぐらいは、パウリーノを寝たいだけ寝かせたい、そうしなければならないと、王子は思った。王子は同時像に目を凝らしながら必死で睡魔と戦う。しかしいつしか、王子は丸テーブルの上に頭を預けて眠り込んでしまった。

　何かが軋むような音がして、王子は目を覚ました。この部屋へ続く階段を、誰かが上ってきているようだ。

「パウリーノ？」

　しかしその音は、明らかに猫のそれではない。人間だ。パウリーノが人間の姿で上ってきているのだろうか？　でも、なぜそんなことを？　王子は階段を見ようと、扉の近くまで歩み寄る。

　そのときだった。階段の闇から何かが飛び出して、王子を床に押し倒した。

「うわぁっ！　ぐふっ！」

　王子は悲鳴を上げるが、すぐに大きな手で口を塞がれた。手足をじたばたさせても、胸に相手の重い膝が載っていて、起き上がることができない。

「黙っていていただきましょうか。人形に指示を出されては困る」

　王子は恐怖にかられていたが、すぐに相手が誰だか分かった。叔父の手下——グレアだ。数日前、この城の城壁を外から伺っていた男。

（あいつだ！　僕をさらいに来たんだ！　でも、なぜ！？）

　叔父はもう、この城に手を出せないはずなのに。王子が混乱している間にも、グレアはもう片方の手で、腰につけた短剣を抜く。

（なんてことだ。さらいに来たんじゃない。殺しに来たんだ！）

　王子は必死で身をよじろうとするが、まったく動くことができない。ぎらり

と光る刃が高く振り上げられ、王子は恐怖のあまり目を閉じた。叫びたいのに、声が出せない。

（助けて！）

　そのときだった。王子の口から相手の手が離れ、押さえつけられていた胸が急に軽くなった。王子が目を開けると、短剣を持つ腕を振り上げたグレアを、羽交い締めにしている人影があった。青い目、そして、黒い服。

「パウリーノ！」

「逃げろ！　早く！」

　パウリーノはグレアを王子から引き剝がす。王子は背中で這うようにしてグレアから離れる。パウリーノは王子が離れたのを見届けると、グレアに向かって何かを唱えようとした。しかしグレアはパウリーノの拘束をふりほどいて、目玉が飛び出さんばかりに両目を見開き、こめかみに筋を立ててパウリーノに襲いかかった。

「危ない！」

　王子が叫んだときには、もう遅かった。パウリーノのわき腹に、グレアの短剣が深々と突き刺さる。

「パウリーノ！」

第  章

献身と意志

（ああ、なんてこと……）

「実験室」入り口近くの廊下の陰で、カッテリーナは青ざめていた。どうして？　どうして、あんなことに？

彼女は必死で、頭を整理する。今日のドニエルは、いつも以上に自室であの「動く絵」に見入っていた。それも、この城の中を映し出す「絵」ではなく、クリオ城の方のそれに。カッテリーナはドニエルの部屋の前を何度も通り過ぎたが、ドニエルはほとんど気にかけなかった。その理由は分かっている。

（今日、王子様がお城にお客を迎えていた。人形しかいない、あの城に。『あいつ』は、王子様がどうするか見ていたんだ）

数時間の間、微動だにせず「動く絵」を見ていたドニエルは、突然立ち上がり、よく分からないことをわめいた。何か不愉快なことがあったのだろう。しかし彼はすぐに冷静になり、食事のために大広間へ行った。

（そこまでは、いつもどおりだった。それなのに）

カッテリーナが少しドニエルから離れている間に、恐ろしいことが起こっていた。ポーレットが捕まったのだ。ポーレットは今、実験室の台の一つに寝かされている。そしてそのそばには、ドニエルがいる。カッテリーナは中の様子を伺いながら、木の裁縫道具入れ――ドニエルを殺すための「紫太陽石の針」が入ったそれを握りしめる。

（私が悪かったんだ。もっと早く、ドニエルを殺さなければならなかった。それなのに、ぐずぐずしてたから）

押し寄せる後悔。そして恐怖。

（私のせいで、ポーレットさんが）

　要領が悪く、失敗ばかりのカッテリーナをいつも励ましてくれた彼女。ポーレットはどんなことでも、カッテリーナが理解するまで、時間をかけて教えてくれた。そして何より、カッテリーナ本人も知らなかった「得意なこと」を見つけてくれたのは、ポーレットだった。

　カッテリーナは震えながら、実験室の入り口の壁際から中をうかがう。ドニエルは、部屋の奥で何やら作業をしているようだ。

　（あいつがポーレットさんを傷つけるそぶりを見せたら、その瞬間に飛びかかって殺す）

　もう、それしかない。彼女は入れ物の中から「針」を取り出す。そのとき、その手首を誰かが摑んだ。

「……！」

　思わず叫び出しそうになったカッテリーナの口を、別の手がふさぐ。恐怖に固まったまま動かした眼球に映ったのは、家令ガリアッツィの姿だった。

「カッテリーナ、早まるんじゃない」

　困惑するカッテリーナに、ガリアッツィは小声で語りかける。

「カッテリーナ。君が二日前に『正気』に戻ったことは知っていた。いいか？これから、『塔』へ行け。君が昔、ここから脱出するときに通った、あの塔の階段だ。他の者たちも、みなそこにいる。そこから、逃げるんだ」

「なぜ……」

　カッテリーナは混乱する。彼女の知るかぎりでは、自分以外の全員が、いまだドニエルの「術」の支配下にあったはずだ。カッテリーナが疑問を口にする前に、ガリアッツィは答える。

「カッテリーナ。私は早い段階から『正気』だったのだ。数ヶ月前、ソラッツィ主教会から内密に、リリアモ大公国、ルト王国宛てに、近くドニエルが姿を現す恐れがあるとの通達があった。我がハルヴァ王国への通達はなかったが、リリアモもルトも近い。だから、私は万一のことを考えて情報を集め、『対策』をしておいた。とはいえ、万全ではなかったが」

　ガリアッツィは、ドニエルがこれまでに優秀な料理人たちに目を付けてさらってきたことから、ロカッティ料理長率いる厨房班に警戒をさせていた。また、ドニエルに捕まった人たちが数日間彼の「術」に支配されて過ごすという

情報も入手し、その術にかからないようにする薬草を特定し、警戒が解けるまで厨房班に毎日飲むように指示した。結果、厨房班だけはここへ連れてこられた時から正気を保つことができた。料理長はすぐにガリアッツィにその薬草を飲ませ、毎日少しずつ仲間を正気に戻していった。そして彼らは術にかかったふりをしながら密かに話し合い、逃げる計画を練っていたとのことだった。今日はもう、全員が「正気」に戻っているという。

「でも……どうやって、『あいつ』に見つからずに、そんなことが？」

カッテリーナがそう尋ねると、ガリアッツィは自分の左目を指さす。

「ドニエルの部屋の『動く絵』のことと、それを映し出す水晶玉のことを知っているな？　あの水晶玉は『遠見の宝玉』という。私の左目には、あの水晶玉を小型にしたものが入っていて、つねにあの『絵』を見ることができるのだ。ドニエルはこういう便利な道具の存在を知らない。なぜならこれは、パウリーノ殿を通じて遠い異国の魔術師から手に入れた、最新の発明品だからな。本来、クリオ城の防衛に使おうと思っていたものだが、ここで役に立つとは思わなかった。こいつのおかげで私は、ドニエルの監視の目をかいくぐって行動することができたのだ。その上、今のクリオ城の様子も、ある程度知ることができた」

実験室からまた話し声が聞こえてくる。ポーレットがドニエルに何か話しかけているようだ。ガリアッツィがカッテリーナに言う。

「君にも作戦のことを伝えようとしたのだが、ここ数日、君をうまく見つけられなかった。きっと君が『死角』にいたせいだろう。しかし話はここまでだ。君は早く逃げろ。今、ドニエルはあの塔を見ていない」

「でも、あの塔の階段には、たくさんの『石の蛇』がいます。ドニエルが見ていなくても、蛇が……」

「ああ、それも把握している。まずはセヴェリ隊長を始め兵士たちが先頭に立ち、あの蛇どもを破壊する。剣や弓などの武器で破壊できることは、ここ数日の調査で分かっている。少々時間はかかるだろうが、安全に通れるようになるはずだ」

「でも、ポーレットさんが」

「ポーレットは自ら志願して囮になったんだ。そして私もここに残る。そうすれば、他の者はみな確実に逃げられる」

「お、囮に……！」

カッテリーナは息を飲む。ガリアッツィはなだめるように言う。

「カッテリーナ、勘違いしてはいけない。私もポーレットも、死ぬつもりはないし、生きて帰るための策は練ってある。ただ、相当の危険を冒すだろうし、最悪の事態も覚悟している。できるだけ多くの者を城に帰して王子を守るためには、誰かがその役目を引き受けなければならないのだ」

「それなら、私もここに残ります。いいえ、私だけが残るべきなんです」

　ガリアッツィは首を振る。

「君の気持ちは分かる。しかし君は若いし、もうドニエルのために十分苦しんだ。それに、君を待っている人がいることを考えろ。ベアーテさんを……大伯母様を泣かせるんじゃない。彼女には、もう君しかいないのだから」

　カッテリーナは「針」を持った手を握りしめる。あえて考えないようにしていた大伯母のことを口に出されて、彼女は動揺した。カッテリーナは思いを振り払うように、目を閉じて首を振る。

「やっぱり、いやです。私、逃げるわけには」

「カッテリーナ、よく聞いてくれ。私とポーレットの間では、今後の行動について細かく取り決めがしてある。君が下手に動けば、我々が危険な目に遭うだけだ。とにかく君は逃げるんだ。これは、クリオ城家令としての、命令だ」

　命令。カッテリーナは考える。「ドニエルを殺す」。「家令の命令に従う」。これらの「二つの目的」は、同時には達成できない。どちらかを選んで、もう片方を捨てなければならない。カッテリーナは震えながら、「針」を入れ物の中に戻した。ガリアッツィが言う。

「分かってくれてありがとう。君にこれを渡そう。この綿を、耳の中に入れるのだ。そうすれば、私たちの声が聞こえる」

　カッテリーナは、小さな綿の固まりをガリアッツィから受け取り、言われたとおりに耳の中に入れた。

「カッテリーナ、さあ行くんだ、早く！」

　その言葉に押されるように、カッテリーナは塔へ向かって走り出した。彼女の後ろ姿を見送りながら、ガリアッツィは左目の「同時像」に注意を向けた。それは今、クリオ城を映し出している。表門の外を映す像を見たとき、ガリアッツィは目を大きく見開き、わなわなと震え始めた。

「ああ、何と言うことだ……いやな予感が当たった」

　ガリアッツィはすぐに実験室の入り口から少し離れ、小声でしきりに「セ

ヴェリ！　セヴェリ隊長！」と呼びかけ始めた。

◈

　パウリーノのわき腹から流れる血は、黒い服の上にしみ出して、ランプの灯りに鈍く光る。パウリーノは青い目を大きく見開き、膝から崩れ落ちた。
「パウリーノ！」
　パウリーノに駆け寄ろうとする王子の方に、密偵グレアが顔を向ける。恐怖のあまり動きを止めた王子に、グレアはゆっくりと近づく。その手に握られた短剣から、血がしたたる。
（もう、おしまいだ）
　そのときだった。グレアの足元を取り囲むように、透明な氷の壁が床からせり上がってきた。
「何っ！？」
　驚くグレアを覆うように、氷の壁はあっという間に延びて氷柱となり、天井近くで尖りながらぴったりと閉じた。グレアは中で何か叫ぶが、もうその声は聞こえない。やがて氷の壁を叩いていたグレアの動きが鈍くなり、彼は立ったまま両の腕をだらりと下げ、眠るように目を閉じた。氷柱の向こうから、パウリーノの声が聞こえる。
「氷の……檻……もう、出られまい」
　パウリーノは片膝をついた状態で、左手でわき腹を押さえ、右手は氷柱の方に向けられていた。その顔は青白く、わき腹を押さえた左手は血にまみれている。やがて彼は仰向けに倒れた。
「パウリーノ！」
　王子が駆け寄ると、パウリーノは息も絶え絶えにこう言った。
「逃げろ……早く」
「いやだ！」
「早く……王弟殿が……攻めてくるぞ」
「一人で逃げるのはいやだよ！　パウリーノを置いていけないよ！」
　王子がそう言うと、パウリーノは震える口元を少しだけ動かした。信じられないことに、彼は笑っていたのだ。
「いいか……私はたとえ、生きていても……もう、人、に、は……」
「え、何！？」

229

次の瞬間、パウリーノの体は急激に縮み、黒猫の姿に変わる。猫になっても、その脇腹は痛々しく傷ついていた。猫はしきりに短い息をしているが、それは弱々しく、今にも途切れそうだ。

（ああ、何か！　何かできることは？　そうだ！）

　王子は思い出して、胸元に手を入れた。昨夜、パウリーノから渡された「万能薬」のことを思い出したのだ。彼はその瓶のふたを開け、黒猫の口をこじ開けて中身をすべて流し込む。

（どうか、効いてくれ、お願いだ！）

　王子は黒猫の横で床に這いつくばるようにして、懸命に祈った。すると、黒猫の体全体が青く光り始めた。王子は目を見張る。その光はやがて黒猫のわき腹——傷の部分に集まり、一瞬強く輝いた。その光が消えると、傷は最初から無かったように、完全に消えていた。パウリーノの呼吸が、少しずつ落ち着いてくる。

「た、助かった！」

　王子は安堵のあまり、ぼろぼろと涙を流した。しかしそれもつかの間、獣の遠吠えのような音が聞こえ、王子の体に緊張が走る。王子は黒猫を抱いて立ち上がり、部屋に映し出された同時像を見た。表門の外を映す同時像には、馬に乗り、武装した者たちの姿が映し出されていた。

❖

　ドニエルの居城の「塔」の階段の下から、セヴェリ隊長は上を見上げていた。たった今、兵士が三名一組になり、階段を上り始めたところだった。兵士が階段に足をかけるとすぐに、上下左右から無数の石の蛇が伸びてきて、兵士たちに襲いかかる。兵士たちは盾で巧みに蛇を防ぎ、隙間から入ろうとする蛇の首を剣で叩き切る。彼らの後方からは弓兵が、剣の届かないところにいる蛇を矢で落とす。

　塔に続く通路には、交代待ちの兵士たち、召使いや料理人たちが、それぞれ「死角」に立って息を潜めている。セヴェリ隊長は彼らに目を配りながら、蛇との戦いを見守る。

（一体一体はそれほど頑丈ではないが、あまりにも数が多い。上にたどり着くまで、あとどれほどかかるか）

　そのとき、セヴェリ隊長の耳に、家令ガリアッツィの呼びかけが聞こえてき

た。「通信綿」を通じた声だ。

「ガリアッツィ様、いかがなされましたか？」

「セヴェリ隊長、緊急事態だ。クリオ城の表門付近に、王弟サザリア公が手勢を率いて現れた。三十人ほどだ」

「な、何ですと！？」

「攻城槌を持っている。攻撃の意志は明らかだ」

「しかし、あの城を攻めるのに三十人というのは、少なすぎませんか？」

「私もそう思うが、王弟殿はおそらく、城に人形しかいないことを計算に入れている。急がなくてはならない。そっちは、あとどれくらいかかる？」

「蛇の数の多さに手こずっています。完全に通路を安全にするには、あと数十分はかかるかと」

「数十分だと！　どうにかならないか？　このままでは王子が危険だ。とにかく、王子を守ることを優先してくれ！」

　セヴェリ隊長は一度辛そうに目を閉じるが、やがてしっかりと目を見開いて答える。

「分かりました、ガリアッツィ様。私に一つ、考えがあります。しかしそれを実行した場合、ドニエルに感づかれるかもしれない。そうなったら、『全員で無事に帰る』ことは難しくなる。それでも、よろしいですか？」

　ガリアッツィはしばらく無言だった。しかしガリアッツィのかわりに、別の者の声が聞こえてくる。ロカッティ料理長だ。

「セヴェリ隊長殿。厨房班は、みな覚悟の上です。どうか我々のことは気にしないでください」

　それに返事をする間もなく、また別の者が語りかける。アン＝マリーだ。

「隊長さん。あたしたち給仕班も同じだよ。どうか王子様を優先しておくれ」

　その後に、ようやくガリアッツィがこう言った。

「そういうことだ。かまわないから、やってくれ」

「分かりました」

◈

　王子は、「遠見の部屋」の壁に映し出された、表門の外の光景を凝視する。武装した、三十名ほどの兵士たち。彼らのうち十名ほどは、大きな丸太を手にしている。そして彼らの後方に、馬に乗った王弟サザリア公の姿があった。

（叔父上！）

　とうとう、やってきたのだ。王弟サザリア公は、密偵グレアを王子の暗殺に寄越すだけではなく、本格的にこの城を乗っ取ろうとしている。

（なぜ？　副大主教様が、僕を攻撃することを禁止したのに！）

　王子が混乱している間にも、王弟の兵士たちは、丸太を持って表門に突撃し始める。表門を破壊するつもりなのだ。

（信じられない。でも、今僕が見ていることは、本当なんだ）

　彼らは今や、はっきりとした「敵」なのだ。ならば、敵からこの城を守らなくてはならない。王子は心を決めて、腕に抱いたパウリーノ——気を失ったままの黒猫を、丸テーブルの上にそっと置く。そして、表門付近を映し出す同時像を正面から見て、そこを守る衛兵人形たち——「第一班」に命令する。

「第一班！　敵を剣で攻撃しろ！」

　王子は衛兵人形たちが動き出すのを待った。しかし、彼らは動かない。

「何をしているんだ！　第一班、敵を剣で攻撃しろ！」

　同時像に、かすかに赤い光が映った。あれは、人形たちの目から放たれているのだろうか。だとしたら……。

（僕の命令に、分からないところがあるんだ。でも、どこが？）

　敵を剣で攻撃しろ。敵を、剣で……。「敵」！

（まさか、『敵』が分からないのか？）

　ああ、そうだ。王子は思い出す。

　——「時と場合によって、人がものに貼り付けたり剝がしたりする言葉」は、人形に理解できない——

　中庭の草むしりの時、人形たちは「雑草」を理解できなかった。「雑草」は、人が都合によって、草に貼り付けたり剝がしたりする言葉だから。そして、「敵」もそうだ。

（ああ、それじゃあ、何と言えば？）

　表門の人形たちから王子の姿が見えない今、王子が彼らに「指さし」で敵を示すことはできない。しかも、敵の兵士たちの装備は衛兵人形たちと似ていて、これと言って目印になるようなところもない。だったら……。王子は同時像に映る衛兵人形たちに向かって叫ぶ。

「第一班、丸太を持っている奴を全員、剣で攻撃しろ！」

　王子のこの命令に、ようやく人形たちが動いた。彼らはいっせいに剣を抜

き、丸太を持つ十人ほどの兵士に襲いかかる。

「よし！」

　人形たちが動き出したことに、敵は驚いたようだった。しかしすぐに、兵士たちは丸太を手放し、剣を構える。王子は考える。相手はおそらく手練れの兵士だろうが、戦力としては人形もかなり強いはずだ。きっと互角に戦える。しかし王子の期待は、次の瞬間、打ち破られた。

　なんと、衛兵人形たちが揃いも揃って、動きを止めてしまったのである。

「なんで、やめるんだよ！」

　その間に、敵の兵士たちは人形たちに襲いかかる。さいわい、剣の鋭い一撃を食らっても人形たちはびくともしないが、攻撃を仕返すこともない。敵はそれを見て取ったのか、また数人が丸太を持ち上げ、表門に叩きつける。

　丸太の衝撃で表門が動き、わずかな隙間が開く。そのとき、動きを止めていた人形たちが、再び動き出した。自分を攻撃している兵士には目もくれず、丸太を持った兵士たちへ向かっていくのだ。そのとき王子は、なぜ彼らがそうするかを悟った。

（そうか、僕が、『丸太を持っている奴を攻撃しろ』って言ったからだ）

　表門が少し開いたのを見るや、敵の兵士たちは丸太を手放す。すると、彼らに向かっていっていた人形たちも動きを止める。王子は苦悶の表情を浮かべ、人形たちに命令する。

「第一班！　自分を攻撃した奴を剣で攻撃しろ！」

　この命令には効果があったように見えた。実際、人形たちは的確に、敵の兵士を攻撃し始めた。敵の兵士も応戦するが、じりじりと後退している。

（しめた！　これで、追い返せるぞ！）

　しかし実のところ、敵の兵士たちは「わざと」後退していたのだ。そして第一班の人形たちは、敵に誘導されるままに、表門から離れていく。その間に、別の兵士たちが表門を押して隙間を広げようとしているのが見えた。

（何てことだ！　人形たちを戻さないと！）

　王子は第一班に呼びかける。すでに彼らの姿は、表門の「同時像」からも遠く、小さく見えている。

「第一班、表門に戻れ！」

　しかし、遅かった。敵を深追いした人形たちは、南側の急斜面近くに誘導されていたのだ。敵は急斜面の境界近くで人形たちの攻撃を巧みにかわし、人形

たちを斜面に突き落とした。人形たちは急斜面をしばらく転がり落ち、動きを完全に止めてしまった。

「なぜ！　ああ！」

王子は何度も第一班に呼びかけるが、彼らは動く様子もない。王子は、自分の失敗を後悔した。しかし、落ち込む暇はない。表門の同時像で、敵の兵士が中庭に入ろうとしているのが見えたからだ。

（もう、中庭で止めるしかない）

王子は、表門の内側付近にいる「第二班」に命令する。

「第二班！　A13 地点から A25 地点まで表門を向いて横一列に並べ！　そして、表門から中庭に入ってくる奴を弓で攻撃しろ！」

A13 地点、A25 地点というのは、中庭の区画につけた名前だ。パウリーノの発案で、衛兵人形をうまく配置するために、中庭をいくつもの小さな区画に分け、すべての区画に文字と番号を組み合わせた名前をつけたのだった。王子はそれを必死で覚え、人形たちにも覚えさせた。その甲斐あってか、第二班の人形たちは、ほぼ王子の思いどおりに隊列を組む。そして表門から一人の兵士が姿を表したとき、第二班全員がそいつに向けて弓を構えた。兵士は危険を悟ったのか、すぐに表門の向こうに身を隠す。次の瞬間、十数本の矢が表門に当たって落ちた。

ようやく防御らしい防御ができて、王子はほんの少し息をついた。一人に対して全員が弓を射るのは大げさだったかもしれないが、これで敵も、簡単に中に入れないことが分かったはずだ。しかし、安心もつかの間、またすぐに表門から敵の兵士が顔を出す。再び放たれる、多数の矢。しかし矢が届く前に、敵は身を隠す。そしてそれが、何度も何度も繰り返される。同じことが、何度続いただろうか？

（どうして、何度も同じことをするんだ？　いくら中庭を覗いても、状況は変わらないことが分からないのだろうか）

しかし実際のところ、状況は変わっていた。第二班の人形たちが持つ矢が、減っていっていたのだ。王子がそれに気づいたのは、衛兵人形全員の矢筒が空になったときだった。

（ああ、これを狙っていたのか！）

王子の絶望と同時に、表門から数人の敵兵が姿を表す。その一人が果樹園の方角へ向けて走り出すと、王子は慌てて指示を出した。

「第二班！　走っている奴を止めろ！」

　すると、第二班の人形たちは、全員がその一人の兵士を追いかけ始めた。隊列が乱れた隙に、他の敵兵たちが表門を次々と抜けてくる。

「ああ、第二班！　他の奴が……ああ！」

　王子はもう、何と言ってよいか分からなかった。同時像を見ると、表門だけではなく、城壁の上からも侵入してくる敵兵の影があった。どうやら、ロープか何かを使って登ってきているようだ。王子は、城壁の上の兵士たち——第三班を動かそうとするが、それよりも早く、敵は中庭に着地する。ここまで来たら、この主塔に敵が入ってくるのも時間の問題だ。

（もう、この建物を守らせるしかないのか。時間稼ぎにしかならないが、仕方がない）

　王子は、裏門付近を守る第四班に向かって叫ぶ。

「第四班！　主塔の入り口に集まれ！　そして、主塔に入ろうとする者をすべて攻撃しろ！」

　同時像の中で、第四班が動き始めた。次の瞬間、雲が切れて月の光が差し、中庭がぼんやりと明るくなった。すると、第四班の人形たちはぴたりと動きを止めた。よく見ると、第四班だけではない。それまで一人の敵を遠くまで追い回していた第二班も、城壁の上の第三班も、見えるかぎりすべての人形たちが急に動きを止めたのだ。

「なぜだ！　なぜ動かないんだ！」

　王子は声の限りに人形たちに命令をし続けたが、彼らは完全に沈黙してしまっている。王子は混乱した。いったい、何が起こったのか？　王子は、空を映す同時像の一つを見て、その原因に思い至った。

（満月！　そういえば、『満月の光を浴びると二度と動かなくなる』という話がなかったか？）

　王子は必死で記憶をたぐり寄せる。そうだ、あれは、質問に答える機能を持つ「最新型の人形」に、そういうひどい欠陥があるという話だった。でも、この人形たちは最新型ではなかったはずだ。なぜなら、質問にきちんと答えられなかったから。しかし今、現実に、満月の光を浴びて動きを止めた。それはどういうことだ？

（まさか……人形たちは、最新型だったのか？　つまり、『質問に答える力』を持っていて、僕の質問に答えていたというのか？　その答えが僕にとって、た

またま変な答えだったというだけで？）

　今となっては、そうとしか考えられない。そしてそれは、王子に「絶望」の二文字を突き付けた。

（もう、だめだ）

　逃げなければ。王子は決意し、パウリーノを腕に抱える。

（でも、どこに逃げればいいんだ！？）

◆

　ドニエルの居城の実験室で、実験台の一つに寝かせられたポーレットは、天井から数多く伸びるミミズのような器具を見ながら考える。

（今、どうなっているのかしら）

　ポーレットの耳に入った小さな「通信綿」が、家令ガリアッツィとセヴェリ隊長の会話を彼女に伝えてから、数分が過ぎた。彼女がドニエルに「わざと」捕まってからは、すでに数十分が経っている。今、他の者たちがどういう状況にあるか、はっきりとしたところは分からない。分かるのは、彼女の「働き」が、他の者たちの生死を決めるということだけだ。

（私一人で、いつまで時間を稼げる？　いつまで、あいつの注意を私一人に向けられる？）

　ポーレットは思う。とにかく、意識を失うようなことは、できるかぎり遅らせなくてはならない。意識があるうちにしか、敵を確実に引きつけることはできないからだ。部屋の隅では、ドニエルが棚から道具や本を取りだしては、何やらぶつぶつとつぶやいている。

「しかし、よりによって……『最高の素材』が最初に目を覚ますとは。これは幸いなのか、そうでないのか……いや、実験が成功するかどうかに依るな。成功すれば、私はもうこれ以上、実験を重ねなくて済む。失敗すれば、私は最高の素材を失うことになる」

　ドニエルはポーレットの方に顔を向ける。ポーレットを目を開けており、ドニエルをまっすぐに見ている。

「何だ？　何か言いたいことでもあるのか？」

　ポーレットははっきりと答える。

「いいえ」

「本当か？　何か言いたげだったぞ？」

「言いたいことはありません。ただ、あなたが、私に何をするつもりなのかを考えていたんです」

「ほう」

　ドニエルは興味深げに、実験台に歩み寄る。

「私はお前に目を付けていた。クリオ城の優れた召使いの中でも、お前はとくに優秀だったからな。ほんの数日だったが、まるで心を読まれているかのように感じたことが何度もあった。そうだ、もしかすると今も、お前は私の心を読んでいるのではないか？」

「そんなことはできませんわ。私は魔法使いではありませんから」

　恐怖を微塵も感じさせずにきっぱりと答えるポーレットを見ながら、ドニエルは目を細める。

「そうか。だが、優秀なお前のことだ。私がこれから何をしようとしているか、少しは想像がついているのではないか？　どうだ？」

「……ええ、なんとなく。でも、はっきりとは分かりませんわ」

「いいから、言ってみろ。私は何をすると思う？」

　ポーレットは少しの間沈黙し、やがて口を開く。

「あなたは私から、『自由な意志』を奪おうとされているのではないですか？」

　その答えに、ドニエルは無言で動きを止める。ポーレットが尋ねる。

「私の答え、間違っていますか？」

「……いや、もう少しくわしく聞きたい。なぜそう思うのだ？」

「あなた様は、自分の言うことは何でも聞き、自分に逆らわず、逃げようともしない 僕 を得たいと考えていらっしゃる。そのために、人が持つ『自由な意志』は邪魔になる。そうお考えのでは？」

　ドニエルは感嘆の息を漏らす。

「完璧な答えではないが、見事な推察だと言える。お前に敬意を表して、少し説明してやろう。私がお前から奪おうとしているのは、正確には『自分にとっての物事の価値を判断する力』だ。人間はみな、自らが生き延びたり、目的を果たしたりするために、さまざまな物事を『値踏み』している。あるものは自分にとって価値が高く、あるものはそうでない、などとな。それを広い意味での自由な意志と呼びたければ、呼んでもいいかもしれない」

「それはつまり、自分にとって大切なものを識別する力、ということでしょうか？」

「そのとおりだ。だがそれは、私にとっては邪魔なのだ。私は、僕たちが自らの目的よりも、私の命令の遂行を優先することを望んでいる。つまり自分のために生きることを捨て、私のためだけに生きるようにさせたいのだ。そのために、これまでに何度も、人間から『値踏み』の能力を奪い、完璧な僕を得る実験をしてきた。しかし、苦労に苦労を重ねても、まだうまくいった試しがなく……」

　そのとき、ポーレットが突然、けらけらと声を上げて笑った。ドニエルは驚く。

「なぜ笑う！」

　ポーレットは笑うのをやめ、はっきりと言う。

「それは、あなた様がひどい勘違いをなされているからですわ。そんな実験で、あなた様の望みが叶えられるとは思えませんもの」

　ドニエルは目を見開く。

「どういうことだ？　私には分からんぞ」

「あなた様は、これまでに一度でも、誰かのために自分の力を使おうとした経験がおありですか？　自分以外の誰かのために、自分の持てる力を存分に発揮して、その人を喜ばせようとしたことは？　もし、そのような経験がないとしたら、私がこれから言うことは理解しにくいかもしれませんが……」

「何だ、もったいぶらずに早く言え」

「でははっきり言いましょう。私は思うのです。自分のために生きられない人間が、他人のために生きられるはずがない、と」

　ポーレットがそう言ったとき、彼女の耳の奥で、通信綿が雑音を伝えた。それと同時に、錯覚かもしれないが、実験室の床もかすかに振動したように感じられた。ポーレットの背中に緊張が走るが、彼女はそれを顔に出さない。そして当のドニエルは、ポーレットの言葉を考えるのに夢中になっている。彼はつぶやく。

「自分のために生きられない人間が、他人のために生きられるはずがない、だと……？」

「ええ、そうです。他人の言うことを聞く、他人の意に沿うことをする。そして、そうやって他人を喜ばせるというのは、『自分のために生きる』ということと反対のように思われるかもしれません。しかし、そんなことはないのです。

むしろ、自分の意志と価値観をはっきりと意識していなければ、他人のために働くことなどできません」

ドニエルは眉間にしわを寄せる。

「お前は……助かりたいがために、そのような詭弁を弄しているのではないか？」

「そう思われたいのであれば、ご勝手に。ですが、こうは思われませんか？　あなた様が僕たちに望むのは、単にあなたの命令を忠実に実行することでしょうか？　むしろ、その命令の裏にある『あなたにとって大切なこと』を彼らが理解し、それに配慮した上で、もっとも良い行動を選ぶことが望ましいのではないですか？　そしてそのために必要なのは、彼らが『自分にとって大切なこと』を判断する力を使って、『あなたにとって大切なこと』を想像することではないでしょうか？」

ドニエルは黙って聞いている。ポーレットはさらに続ける。

「もちろん、他人どうしのことですから、相手のことがつねに正しく想像できるとはかぎりません。時には、間違うこともあるでしょう。しかし、私はそれでかまわないと考えています」

「間違ってもいいというのか？　主人の意に沿わないことがあっても良い、と？」

「ええ。他人の意に沿えるかどうかには、賭けのような面があります。でも、私はそれを恐れてはいません。むしろ、真の意味で他人の意に沿うためには、結果的に相手に逆らうことになってもかまわないと思えるほどの、強固な意志と創造性が必要であると考えています。つまり、私にとってそれは、一種の芸術なのです」

「芸術……だと……？」

そのとき、実験室全体が明らかに振動した。ドニエルが怪訝な顔をする。

「何だ？　地震か？」

ドニエルは実験室を出て行く。おそらく、自室に映し出される「動く絵」を確認しに行ったのだ。ポーレットは実験台の上で唇を噛む。

（ああ、私には、ここまでしかできなかった。みんな、ごめんなさい。きっと、みんなが逃げるには、時間が足りなかったはず）

そのとき、実験室に入ってくる足音があった。顔を向けると、家令ガリアッツィの姿があった。彼はポーレットを拘束している布をナイフで切り、彼女を

自由にする。

「ポーレット、動けるか？」

「私は大丈夫です。でも、みんなは？　カッテリーナも、さっきまでそこにいたでしょう？」

「カッテリーナは私が逃がした。もう、塔に到着しているだろう。聞いていたと思うが、兵士たちの多くは王子を守るために、階段の強行突破を始めている。だが残りの者たちは、残った兵士たちによる『蛇』への対処が間に合わなければ、逃げられないかもしれない。そして今、ドニエルにも、逃げる計画を感づかれた。これから、最後の時間稼ぎだ。こうなったら私も君も、おそらく命を捨てなければならない。若い君には、本当に申し訳ないが」

「そんなことは言わないでください。私は私の役割を果たすまでです。ガリアッツィ様のお考えは、こうですね？　私を餌にして、ドニエルを引きつけるのでしょう？」

　ポーレットの言葉に、ガリアッツィは無念そうに顔を歪ませ、うなずいた。

◈

　王子は壁の同時像に目を凝らす。しかしそれが伝えてくるのは、もう逃げられないという事実だけだ。今や、王弟の手下たちのうち、二十名ほどが城壁から中庭へ入ってしまった。彼らの数人は表門に残り、別の数人は裏門の方へ走っていく。つまり、王子の逃げ道を閉ざしているのだ。そして残りの者たち数人が、物陰に潜みながら、じりじりと主塔に近づいてくる。衛兵人形たちは止まっているが、それでも敵は警戒を緩めていない。

　王子は黒猫を抱いたまま、絶望していた。もう、本当に「終わり」が来た。自分はもう、助からないだろう。王子は下を向き、残酷な現実を映し出す同時像を見ないようにした。見たところで、もう、できることは何もないからだ。

（……くやしい）

　王子は、心の中でつぶやいた言葉に、妙な違和感を覚えた。こんなときに、自分は何を考えているのだろう。王子は、自分が今、あまり恐怖を感じていないような気がした。もしかすると、感覚が麻痺しているのかもしれない。だからだろうか。今はただ、「ひどく悔しい」という思いしか出てこない。

（そうだ、悔しいんだ。せっかく、今日までこの城を守ってきたのに。僕と、パウリーノの二人で）

辛い思いをして、必死で守ってきた城。それが今、敵の手に落ちようとしている。王子の腕に、気を失った黒猫の体から、かすかな動きが伝わった。パウリーノはまだぐったりとしているが、それでもその小さな体で懸命に息をしていた。王子は考える。

　（ここは、みんなの城だ。パウリーノが元気になって、みんながドニエルのところから戻ってきたときのために、この城だけは守らなきゃいけない。たとえ……僕一人がいなくなったとしても）

　王子は心を決めた。そして急いで「遠見の部屋」を出て、階段を下りる。王子はパウリーノの書斎を抜け、寝室へ行き、パウリーノをベッドの上にそっと置く。そして、パウリーノが寒くないようにシーツをふわりとかける。

「パウリーノ。今までありがとう。そして、ごめんなさい」

　王子は「さようなら」と言いながら、黒猫の小さな額を指でそっと撫でた。王子の目から、涙があふれ出す。王子はそれを手で拭い、黒猫に背を向けると、走って寝室を出た。そして再び階段を駆け上り、「遠見の部屋」に戻る。

　「遠見の部屋」で、王子はペンを手にして、何かを紙に書き付けた。同時像は、警戒しながら主塔に迫る敵の姿を映し出している。王子は焦る心を抑えながら、懸命に書き物を続けた。そしてそれを終えたとき、敵のうち二、三人が主塔の入り口に近づき、中を覗こうとしているのが見えた。王子はそれを横目に見ながら、紙を手に持ち、上へ続く階段を上る。そして主塔の最上部——あの祭壇のある場所に出る。そこで王子は、あの小鳥、ヒュッテを呼ぶ。

　（頼む、早く来てくれ）

　王子の望みどおり、すぐにバタバタとした羽音が聞こえ、むくむくした茶色の小鳥が姿を表した。王子は小鳥をいたわるように撫でた後、紙を差し出す。紙はするすると小鳥の首に巻き付く。王子が「届け先」を小鳥に伝えると、鳥はバタバタと飛んでいく。

　小鳥を見送ると、王子は急に、体中の力が抜けたように思えた。冷たい風が頬に吹き付け、下の方からは男たちの声が聞こえてくる。王子は塔の縁（へり）から中庭を見下ろした。満月の明かりのために、左目を使わなくても肉眼で、敵の兵士たちが主塔へ集まってくるのが見える。もう、完全に無防備だということが分かったのか、彼らの動きは速い。彼らが自分を見つけるのも、時間の問題だ。王子は、自分の足が震えているのを感じた。

　（ああ、なんだ）

なんだ、やっぱり、僕は怖がっているんじゃないか。

　（でも、できることはもう、全部した）

　そして、もうすぐこの城とも、お別れだ。

　（パウリーノ、そしてみんな。今までわがままばっかり言って、ごめんなさい。僕のせいで、ひどい目に遭わせて、ごめんなさい。そして、ごめんなさいって言えなくて、ごめんなさい。どうか、みんなが元に戻れたときに、この城がみんなの城でありますように）

　王子は祈りながら目を閉じる。閉じた瞼の裏に、何やら光がちらつく。それを見ているうちに、王子の頭からは血の気が引いていく。王子は立っていられなくなり、祭壇にもたれて座ったが、そのまま完全に気を失った。

　中庭が騒がしくなったのは、その直後だった。兵士たちの声がひときわ大きくなり、まるで、急に人数が増えたかのようだった。王子にはもう聞こえなかったが、その中には、確かにこう叫ぶ声があった。

「クリオ城の精鋭たちよ、行け！　敵を撃退し、王子を守るのだ！」

◆

　クリオ城の表門の外で、王弟サザリア公は馬に乗ったまま、満月に照らされながら数人の部下と待機していた。表門から兵士が報告に近づいてくる。

「表門、裏門ともに安全を確認しました。中庭の人形どもは先ほど動きを止め、沈黙を続けています。これから主塔の偵察にかかります」

「分かった。グレアから連絡は？」

「まだ、何も。城のどこにいるのかすらも、分かりません」

「まったく、何をしているのだ」

　サザリア公は唇を噛む。

　（この作戦は、王子が死んでいることが前提だというのに）

　今日の昼間、王子が副大主教から保護の約束をとりつけてしまったのは大きな誤算だった。しかも副大主教は、明朝にマヌオール僧院から兵士を派遣すると言った。よってサザリア公が動けるのは、今夜しかなかったのだ。

　彼とグレアが描いた、表向きの筋書きはこうだ。まずは王子から、サザリア公宛に「人形が暴れ始めたから助けてほしい」との要請があったことにする。サザリア公は王子を助けるために少数の兵を率いてクリオ城へ向かったが、王子はすでに人形たちに殺されていた。サザリア公は暴走する人形たちを制圧す

るために、城に常駐することにした。こうすれば、彼は堂々と城を占拠し、王子が人形に殺害されたかのように工作することができる。

この筋書きに沿うように事を進めるため、サザリア公たちよりも先に密偵グレアが城に忍び込み、王子を暗殺することにした。グレアは、警備の薄い南側の斜面から城壁を登って城に忍び込むと言っていた。普段ならばけっしてそのような危険は冒せないが、今城を守っているのは人形だけなので、それも可能だろうと踏んでいた。そしてそれが成功したら、あとでサザリア公の手勢が侵入しやすいように、城壁を登るためのロープを用意しておくという手筈になっていた。

サザリア公たちが到着したとき、実際にそれらのロープは表門周辺の城壁に用意されていた。よって、グレアが城への侵入に成功したことは明らかだ。しかし問題は、彼が王子の暗殺に成功したか分からないことだ。しかも、少なくともつい先ほどまでは、衛兵人形が動いていた。このことは、王子がまだ生きている可能性を示唆している。

（グレアの奴は、何をぐずぐずしているのだ）

苛立つサザリア公のもとに、また別の兵士が報告にやってくる。

「中庭にいる人形は、今も沈黙を続けています。主塔はほぼ無防備です。これから十人程度で、中に入ります」

「分かった」

ようやくサザリア公は安堵の息を漏らす。人形が再び動き出す様子はない。とうとう、王子も力つきたのだろう。しかしその直後、城壁の向こうから、大きな「ときの声」が挙がった。

「何だ！　何だ？」

すぐに表門から、数人の兵士が外へ飛び出してきた。

「おい、何があった！」

「敵兵です！」

「敵兵だと？　人形か？」

「いいえ、人間のようです！　五十名はいます！」

「何っ？　まさか、隠れていたというのか？」

そんな、馬鹿なことがあるか？　しかし、城壁の向こうから聞こえてくる音は、兵士の報告を裏付けていた。大人数の雄叫び、そして味方のものらしき悲鳴。表門からは、さらに多くの兵士——サザリア公の手下たちが、続々と逃げ

第8章 献身と意志

戻ってくる。

「お前たち、何をしているんだ！」

「だめです、我々の人数と装備では、とても相手になりません！」

「いったい、敵は誰なんだ！」

「分かりません。しかしこのままでは、全滅します！」

　サザリア公は拳を握りしめた。いったい、何なのだ？　自分はまた、王子にしてやられたのか？

　（いずれにしても、一度退却して様子を見た方がよさそうだ）

　この作戦が失敗したとなれば、まず優先しなければならないのは、自分がこの「襲撃」に関わっていることを隠蔽することだ。

「よし、退却だ！」

「しかし、中ではまだ戦っている者たちがいます！」

「かまわん。逃げ遅れた者は、放っておけ。行くぞ！」

　馬をけしかけて山道を下る方向に向き直りながら、サザリア公は頭の中で策を練る。この襲撃に関しては、自分は知らぬふりを決め込む。今日の手勢が、自分の手下であるという証拠は何もない。彼らが捕まって何を言おうと、ごろつきどものたわごとだと決めつければいい。問題はグレアだが、あいつのことだから、きっと無事に脱出するはずだ。願わくば、王子の暗殺だけは果たしていればいいが。

　心を決めて帰路につくサザリア公の目に、向こうから上ってくる軍勢の影が目に入った。騎馬で隊列を組みながらやってくる者たちが、ざっと百人はいる。サザリア公は手勢に命令して隠れようとしたが、すでに遅かった。前方の軍勢は、あっという間にこちらに近づく。月明かりに輝く彼らの鎧を見て、サザリア公は思わず声を上げた。

「ソラッツィ主教会騎士団！」

　騎士たちはサザリア公たちの正面でいっせいに止まる。中央の者たちが前に進み出て左右に分かれ、その奥から副大主教、キーユ・オ・ホーニックが姿を現す。彼も、金色に輝く甲冑姿だ。

「な……」

　なぜだ、なぜなのだ。混乱するサザリア公に、副大主教が語りかける。

「サザリア公殿、なぜここにおられるのかな？」

　この口調は、「素朴な疑問」ではない。こちらに後ろめたいことがあると踏

んだ上での、「尋問」だ。明らかに疑われている。それでもサザリア公は、瞬時
に嘘をつきとおす決意をした。そして、心がその決意を自覚するよりも前に、
彼の体は演技を始める。彼は馬を下り、副大主教の馬の前にひざまずいて、感
極まったように訴える。

「ああ、副大主教様がここへいらっしゃるとは！ これも神の祝福か！ どう
か我々をお助けください！」

「どういうことですかな、サザリア公？」

　副大主教のいぶかしげな声色にもかまわず、サザリア公は続ける。

「実は、甥から『人形が暴れ出したので来てほしい』という連絡があり、様子
を見るためにここに来たのです。しかし、来たはいいものの、すでに城内では
何者かによる大きな戦闘が始まっており……助けを呼ばねばならぬと、山を下
り始めたところだったのです」

　サザリア公は自らを鼓舞する。とっさに思いついたにしては、うまくごまか
せているのではないか？ いや、ごまかせるはずだ。

「このままでは、王子の身が危険です。どうか我々に加勢を！」

「分かった。では分隊長、急ぎ数名に、城の様子を見に行かせるのだ」

「了解」

　分隊長が数人の騎士に指示を出す。彼らは表門の方へ馬を走らせる。

「様子が分かり次第、我々も城内へ入る。しかし、その前に……」

　副大主教が周囲の騎士たちに無言で指示を出す。すると彼らはサザリア公と
その手下たちを取り囲み始めた。驚くサザリア公に、副大主教が言う。

「サザリア公殿、悪いがしばらく拘束させていただく」

「どういうことでしょう？ 私には意味が分かりませんが」

「あなたのおっしゃることが、我々の推測と異なるのでね」

　サザリア公は青ざめる。その推測とは、何だ？

「サザリア公殿。違っていたら大変失礼なことだが、私は今夜あなたが動くの
ではないかと予想してここへ来た。昼間、私が王子に『明朝、マヌオール僧院
から兵を送る』と約束したばかりに、あなたを追いつめてしまったのではない
かと思ったのだ」

「私を追いつめる、ですと？ 何のことです？」

「この私に、あなたの意図が読めないとでもお思いか？ あなたのねらいは、
この国の王位だ。遅かれ早かれ、ルーディメント王子を廃して自分が王位に就

こうと思っていたはず」

「そんな……いったい何をおっしゃるのです！」

　サザリア公は必死で首を振る。

「ああ、これほど悲しいことがありましょうか。副大主教殿に、そのように思われていたとは！　私は甥を助けるために、ここへ来たというのに！」

　言っている間に、サザリア公の目から涙があふれ始めた。いい具合に涙が出たことは、窮地の彼を少しばかり勢いづけた。彼は副大主教に問いただす。

「副大主教殿、いったい何の根拠があって、そのようなひどいことを？」

「昼間のあなたの様子を見て、そう推測した。しかしその推測は、つい数分前に、確信になった」

　数分前だと？　数分前に、何があったのだ？　必死で考えを巡らすサザリア公に、副大主教は一枚の紙切れを広げて見せる。

「数分前、山道を登り始めたとき、クリオ城の方から小さな鳥が飛んできた。これは、その鳥が携えていた私宛の『遺言状』だ。差出人は、ルーディメント王子。そして、こう書かれている。グレアという名のあなたの刺客が自分を殺しに来た、とな。しかし、教育係のパウリーノが魔法を使って、刺客を氷の檻に閉じこめたそうだ」

　サザリア公は言葉を失った。氷の檻、だと？　副大主教は続ける。

「そのあと、あなたとその手勢が三十人ほど現れ、城に侵入したとある。王子は、自分があなたに殺されると予測した上で、自分の死後におけるクリオ城の扱いを私に委ねてきた。城をけっしてあなたに託さないこと——父王が戻るまで、ソラッツィ主教会の名の下でクリオ城を管理するよう、私に依頼している。それから、黒猫の姿で意識を失っているパウリーノの保護や、城の者たちがドニエルの元から戻ってきた場合の処遇も私に託している。あのような子供が死を前にしてこのようなものを書くとは、誠に頭が下がる」

「そんな、でたらめを！　そんな手紙、偽物に決まっている！」

　取り乱したサザリア公には、それ以外に言うことが思い浮かばない。副大主教は彼を見つめる。

「偽物かどうかは、王子の言う『主塔のさらに上にある、秘密の部屋』へ行けば分かる。そこに、氷漬けにされた『あなたの刺客』がいるかどうかを見ればいいのだ。もしいなければ、サザリア公、あなたを解放しよう。そうなった場合、あなたは私の愚行を好きなだけ、主教会本部や近隣諸国に訴えるといい。

私はけっして抵抗しないし、一人ですべての責任を取るつもりだ」

　絶望するサザリア公の両腕を、屈強な騎士たちがつかむ。彼の腰からは剣が取り上げられ、完全に無防備になった。やがて城の様子を伺っていた者たちが戻ってきて、副大主教に報告する。

「クリオ城内、中庭での戦闘は終了しています。サザリア公殿の手勢と思われる約二十名、全員死亡。ルーディメント王子の無事も確認しました！」

「おお、よかった！　しかし、死んだ者たちはいったい、誰に倒されたのだ？　人形の衛兵たちか？」

「違います。セヴェリ守備隊長以下、クリオ城の正規の衛兵たちです」

「何だと！　彼らはドニエルに連れ去られていたはずだが？」

「はい。セヴェリ隊長の報告によると、ドニエルの居城から戻ったばかりとのことです。まだ大勢の者たちが、ドニエルの城に残っているとのこと」

「何っ？　それは、急がねばならん！　急遽、セヴェリ隊長に、ドニエルの居城につながる『入り口』を確保するように言うのだ。我々もそこへ行く！」

◈

「奴ら、いつの間に、あんなことを！」

　自室の壁の同時像をクリオ城から自分の城に切り替えたドニエルは、ひどく慌てていた。してやられた。そうとしか、言いようがない。塔の階段付近を映し出す同時像の中では、大勢の兵士たちが、蛇たちの間を突破していく。そのやり方はかなり強引だ。盾を巧みに使い、鎧の頑丈さを生かしてはいるが、数名の者は蛇の攻撃を免れていない。しかし、装備の薄い部分をいくら咬まれようと、兵士たちはものともしない。そして、次々と上へたどり着き、雄叫びを上げながら扉をくぐっていく。

（蛇どもが、役に立たんとは！）

　止めに行かなければ。部屋を出ようとするドニエルの目が、壁の端に映った別の同時像を捉える。そしてそれは、ポーレットを連れて逃げる家令ガリアッツィの姿を映し出していた。

「あいつ……『最高の素材』を！」

　ドニエルの心は決まった。彼女を確保するのが優先だ。あの女だけは、無傷で取り戻さなければならない。さいわい彼女は、まだここの近くにいる。

（他の奴らを失ったとしても、あの女さえ失わなければ問題はない）

247

ドニエルは廊下に出て、実験室の前を通る。さきほどの同時像に映っていた場所はすでに無人だったが、少し先の方から足音がする。ドニエルはほくそ笑む。当然、そちらへ逃げるだろう。なぜなら、その方向が「塔」への道だからだ。ドニエルは「滑走」の呪文を唱え、風のような速さで廊下を進む。しかし音がしたあたりに、人影はない。

（何だ？　奴ら、さらに先に行ったというのか？）

　ドニエルはさらに廊下を先に進む。しかし、二人の姿は見あたらない。かわりに、彼が過ぎ去ってきた方から、再び足音が聞こえる。ドニエルは急いで引き返すが、二人の姿はない。

（どういうことなのだ？　この、腑に落ちない感じは何だ？）

　ドニエルは再び廊下を走る。しかし、自分の動きにやや違和感を覚えた。「滑走」の呪文を唱えた後だというのに、思うような速さが出ないのだ。

（気のせいだろうか。そうだといいが）

　ドニエルはさらに廊下を何度も行ったり来たりするが、動くほどに、体の動きが鈍く、遅くなっていく。そのドニエルの様子を、ガリアッツィはポーレットとともに廊下の脇の部屋を転々として隠れながら、「左目」で補捉していた。奴を塔から引き離しながらも、けっしてその意図を悟られてはならない。さいわい、ドニエルの動きは徐々に鈍くなっていく。

「ポーレット、晩餐の効果が出始めたらしいぞ。ロカッティ料理長の手柄だ」

　ガリアッツィはロカッティ料理長に命じて、ドニエルの食事に「毒」を入れさせたのだ。毒見の専門家である料理長は、同時に毒を作る専門家でもある。また彼は、毒をどのように料理に仕込めば気づかれないかも熟知していた。彼は、ドニエルの居城の周囲にある草花から数種類の毒を作り、何日も前から少しずつドニエルの食事に入れて、効果を試していた。そうやって、どの毒の組み合わせがドニエルの体に影響を与えるかを見極めたのだ。そして今日の晩餐には、それらをたっぷりと混ぜた。ドニエルは何も知らずに料理を食べ、その効果がようやく出始めたというわけだ。しかし、相手がまだ普通の人間よりも速く動けるのに変わりはない。ガリアッツィは、いつまで逃げ続けられるだろうかと考える。事態はけっして、好転していないのだ。

　そのとき、ガリアッツィの耳に、耳慣れない声が語りかけてきた。城の人間ではないが、以前聞いたことのある声だ。ガリアッツィは「左目」で同時像を繰りながら、その人物の姿を確かめた。彼は金色の鎧に身を包み、塔の下にい

る。ガリアッツィは、小声で返事をする。彼は、ガリアッツィに「あること」を伝えた。そしてガリアッツィも瞬時に頭脳を働かせ、それに答える。ポーレットも「通信綿」で、その会話を聞いていた。会話を終えたガリアッツィが、ポーレットに言う。

「聞いたか？」

「ええ。『実験室』に戻るのですね。ドニエルを引きつけながら」

　二人は部屋を出て、廊下に戻る。そしてわざと足音を立てながら、実験室へ向かって走る。やがて背後から風を切るようにして、ドニエルが追ってくるのが分かった。彼らは追いつかれる前に、どうにか実験室に入った。

（どうだ？　うまくいくだろうか？）

　ドニエルが入ってくるのを待つ間に、ガリアッツィは「左目」を見る。しかし、状況はかんばしくなかった。ドニエルは先ほどよりさらに速さが衰えているものの、思ったよりも早くここへ近づいてくる。金色の鎧の人物がここへ到着するよりも、ドニエルの方が少し早い。ガリアッツィはため息をつく。

「ポーレット。私はおそらく、奴の魔法の一撃を食らうだろう。もしその間に隙があったら、逃げてくれ。きっと君は助かる」

　ポーレットはガリアッツィを見ながらうなずきもせず、無言だった。きっと彼女は、自分の思うようにするのだろうと、ガリアッツィは考えた。すぐに彼らの目の前、実験室の入り口に、ドニエルが現れた。ドニエルは先ほどよりもやつれた表情でガリアッツィを見据えて、何かを唱え始める。

　しかしガリアッツィは、ドニエルが自分にしてくることを気にかけていなかった。むしろガリアッツィはその「左目」で、二人の息子——フラタナスとヴィッテリオが、兵士たちに守られながら「蛇の階段」を突破するところを見ていた。

（よかった。立派に育てよ、息子たち）

　ドニエルがゆるゆると、その人差し指をガリアッツィの方へ向ける。その指先は青く光り、その光は徐々に強くなっていく。覚悟を決めたガリアッツィが目を細めたそのとき、ドニエルの背後、実験室入り口の廊下に、背の低い人影が見えた。カッテリーナだ。

（カッテリーナ！　何をしているんだ！　逃げたのではなかったのか！）

　カッテリーナは何かを握った右手を高く挙げ、ドニエルの首めがけて振り下ろした。ドニエルは直前で感づき、振り向きながら体をわずかにずらす。し

かしすでに遅かったらしく、ドニエルはすぐに首の右側を押さえて悲鳴を上げた。見ると、その部分に、紫色の針が突き刺さっている。ドニエルは膝から崩れ落ちながら、後ろを向き、カッテリーナの顔を見上げた。ガリアッツィが叫ぶ。

「カッテリーナ、逃げろ！　魔法が来るぞ！」

しかし、カッテリーナは動かない。彼女は無表情でドニエルを見下ろしながら、彼女らしからぬ、はっきりとした口調で、こう言った。

「私のこと、覚えてる？　あんたの『失敗作』よ」

ドニエルは首を押さえながら、苦痛に顔を引きつらせた。首の右半分は、すでに炭のように黒ずんでいる。

「貴様……あの時の子供か！」

ドニエルは苦しげな声を上げながら、首に刺さった針を抜いた。針を触った指先も、徐々に黒ずんでいく。しかしドニエルはすぐに立ち上がる。

「これぐらいで私が死ぬと思うのか？　愚か者が！」

ドニエルはカッテリーナに襲いかかろうとする。すると、それまで動かなかったカッテリーナが、すっと廊下の右側に身を引いた。ドニエルはそれを追うように廊下へ出る。ガリアッツィはその様子を、右目の視界と、左目の同時像の両方で見ていた。そしてつぶやく。

「そうか……そういうことか！」

次の瞬間、カッテリーナの方を向くドニエルの背後に、金色の鎧をまとった副大主教が現れた。カッテリーナに気を取られていたドニエルは、彼に気づくのが遅れた。ドニエルが振り向こうとしたときにはすでに、副大主教は長剣でドニエルの背中を切りつけていた。ドニエルは悲鳴を上げ、おびただしい血を流しながら床に膝をつく。彼は息も絶え絶えに、副大主教の方を見上げる。

「貴様は……！」

「ようやく会えたな。いよいよ、お前の悪行と、我が愚行に決着をつける時だ。一千日間、一日も祈りを絶やさず太陽の力を封じ込めたこの剣を、今一度味わうがいい！」

副大主教は祈りの言葉を唱えながら、ドニエルの背中に再度、長剣を突き立てた。ドニエルは何かを唱えようとしたが、間に合わず、床にうつ伏せに倒れた。ガリアッツィが叫ぶ。

「副大主教殿！」

「ガリアッツィ殿、ドニエルは仕止めた！　この勇敢なお嬢さんのおかげで、どうにか間に合った。すぐに外に出よう！　お嬢さん方も、急いで！」

　ガリアッツィとポーレットは急いで実験室を出る。倒れたまま、背中からどくどくと血を流すドニエルを前にして、カッテリーナは膝からへなへなと崩れ落ち、気を失った。副大主教の従者の一人が、彼女を抱え上げて走り出す。ガリアッツィとポーレットも、他の騎士たちに守られるようにして、塔の方へと急ぐ。走りながら、ガリアッツィがポーレットに言う。

「まさか、生き延びることができるとは。カッテリーナのおかげだ。しかし彼女は、なぜ逃げなかったのだろうか？」

　ポーレットも走りながら言う。

「私がカッテリーナの立場だったとしても、同じことをしたと思いますわ」

「同じこと？」

「想像ですけれど、カッテリーナは、逃げずにドニエルの居間に忍び込み、隠れていたのではないでしょうか。そしてあの『動く絵』を見て、全体の状況を把握したのだと思います。そして『通信綿』でガリアッツィ様と副大主教様との会話を聞いて、自分のすべきこと――ドニエルの注意を引きつけ、私たちを救い、副大主教様が実験室に到着するまでの時間稼ぎをすることを決めたのでしょう」

「なるほどな。しかしあのカッテリーナが、私の命令に逆らってまで、そのような決断をするとは……」

「彼女は正しかったと思います。それが結果的に、ガリアッツィ様の意に沿うことになったのですから」

　ポーレットの言葉に、ガリアッツィは軽く笑みをこぼす。そして自分が、実に数日ぶりに笑っていることに気がついた。彼はまだ敵の居城にいることを思い出し、気を引き締めて走る。しかし、ドニエルが倒れている廊下から離れて行くにつれ、気持ちが軽くなってくるのを感じずにはいられない。

◆

　ドニエルは、実験室前の廊下で、刺されたときのままうつぶせに倒れていた。背中の傷は魔術で止血したが、すでにおびただしい量の血が流れている。

（なんということだ。私としたことが……このままでは、助からん！）

　どうにか、どうにかしなければ。しかし、何ができる？　動こうとすれば、

251

それだけ死が早まる。もうすでに、満足に魔術を行えるだけの力もない。あの「最高の素材」にこだわったばかりに、このような目に遭うとは。体は徐々に冷たくなってくる。

（まずい。まずいぞ！）

ドニエルは、自分に力を与えてくれる邪神アトゥーに対し、自分の命を救うよう願った。しかし、邪神は答えない。

（もうすでに、祈りすらも届かないというのか？　それとも、これほどの傷を負いながら、命を助けてほしいと願うこと自体が無謀なのか？）

邪神を動かすには、つねに祈りを欠かさずにいる必要がある。しかし、そうやって叶えられる望みは「長期的な望み」だけだ。今のように、すぐに望みを叶えてほしい場合は、大きな力が必要になる。ドニエルの力をもってしても、一人では到底、邪神は動かせない。

（もう、これまでなのか？）

これまでドニエルは、何度も窮地を切り抜けてきた。悪事の限りを尽くして捕らえられたときは、太陽の光の下で生きられない体になることと引き替えに、地底に逃げ延びた。地底をさまよって絶望しかけたとき、この城と人形たちを手に入れた。人形たちにとうとう我慢がならなくなった三十年前、あの愚かなエトロ王国の王子のおかげで、再び地上に出ることができた。あれから邪神の導きで、数年ごとに地上に出ては優秀な従者をさらい、実験を繰り返した。そして今回、もう少しで理想の生活が手に入るところだった。しかし自分の悪運も、もう尽きたというのか？

ドニエルが絶望しかけたとき、弱った彼の神経が何かを感じ取った。ドニエルは、残った力をその感覚に集中する。そして、それが意味するところを知ったとき、冷たくなった彼の体の中心に、かすかに希望の火がともった。

（まさか……そんな都合のいいことが、あるのか？　私の悪運は、それほどまでに強いというのか？）

にわかには信じがたいが、間違いはない。ドニエルの口元がわずかに歪む。

（まさか、こんなところにもう一人、『王族の言葉』を持った者がいるとはな。しかも、窮地に立たされている）

◆

クリオ城の中庭の片隅——城壁と主塔の境目にある「くぼみ」に、奇妙な空

洞があいていた。それこそが、ドニエルの居城と地上を結ぶ「通路」だ。副大主教の配下の騎士たちは、セヴェリ衛兵隊長らとともにそこを見守る。

　副大主教が数名の騎士を連れてその中へ入ってから、しばらく経った。その間にも、出口からは次々と、クリオ城の召使いや料理人らが、兵士たちに伴われて姿を現す。彼らは地上へ出ても、歓喜の声を上げたり安堵の息をついたりすることなく、ある者は王子が寝かされている部屋の方へ向かい、ある者は傷ついた兵士のために手当道具を用意する。何も知らない者が見れば、彼らがついさっきまで数日間囚われの身で、生死を賭けて這い上がってきたなどとは想像もできないだろう。ソラッツィ主教会の若い騎士たちは感心して、ひそひそとつぶやく。

「兵士はともかく、召使いや料理人たちまで、ずいぶんと腹が据わっているものだな」

「それがこの城の強みなのだろう。敵に回したくはないものだ」

　彼らの傍らでは、王弟サザリア公とその手勢が、両手を後ろ手に縛られて座っていた。つい先ほど、主塔の最上層の隠し部屋で、氷漬けになった密偵グレアが発見された。つまり、王子の「遺言」が裏付けられたのだ。

（私としたことが……どこで、どう間違ったのだ）

　サザリア公は絶望していた。これから自分がどうなるか、考えなくても分かる。ドニエルを討ちに行った副大主教が生きて戻ってくるかどうかは分からないが、あの周到な男のことだ。この城で起こったことを洗いざらいぶちまけるために、すでに複数の経路で主教会に向けて使者を飛ばしているに違いない。このあとの、自分の処遇はすでに決まっているだろう。おそらくこのまま主教会騎士団に囚われたまま、主教会本部かフォルサ帝国まで連行され、大主教と兄王、また同盟国の王たちにより断罪されることになる。そして、王族の身分を剝奪され、財産も従者も何も持たずに追放されることになるだろう。

（そのようにして生きながらえるなど、私にとっては死も同然だ）

　もう、この世のどこにも居場所はない。その事実は彼を打ちのめした。

（私の夢——一国の王になるという夢が、このような形で絶たれるとは！）

　サザリア公はうなだれ、目を強く閉じる。しかし、何も変わらない。これから始まる「絶望しかない未来」に彼はおののく。

（ああ、逃げ出したい。どこか、この運命から逃げられる場所があるのならば）

　そのときだった。耳慣れぬ声が、彼の耳にささやきかけてきたのだ。

（聞こえるか？　サザリア公よ）

　誰だ？　サザリア公は目を開けてあたりを見回すが、自分に話しかけている者はいない。しかし、声はまた語りかける。

（私はそこにはいない。言いたいことがあれば、心の中で語りかけるが良い）

　サザリア公は心の中で、声の主に尋ねる。

（誰だ、お前は）

（私は聖者ドニエル。お前を救うために話しかけている）

　ドニエルの名を聞いて、サザリア公は驚く。

（聖者ドニエル……！　しかも、私を救う、だと？）

（そうだ。私にはそれができる）

（だが、今、副大主教がお前を殺しに行っているのだぞ！）

（ああ。奴には少々傷を負わされてしまった。しかし、死んではいない。どうだ？　これから私の言うとおりにすれば、お前を救ってやるが）

（どうすればいいのだ？）

（口に出して、こう言うのだ。『邪神アトゥーよ、聖者ドニエルの命を救い給え』。小声でもいい。そうしたら、お前を助けてやることができる）

（つまり、お前の命を救うように、私が邪神に願うということか？）

（そうだ。今の私は傷のせいで、魔術が満足に行えない。しかしこの傷さえ治れば、お前を窮地から救うことができる。傷を治すには、邪神を動かさなければならないが、そのためには王族であるお前の言葉の力が必要だ）

（なるほど。取引というわけだな？）

（そのとおりだ。お前には、この話に乗る以外、助かる道はないと思うが）

　サザリア公は尋ねる。

（もし私がそのように願って、お前の命が助かったとき、お前が私を助ける保証はあるのか？）

（それは、ただ約束するとしか言いようがない。しかし、私は約束は必ず守る。信用してほしい）

　サザリア公は考える。聖者ドニエルは信用できない奴だ。おそらく、自分自身の命が救われたとたんに、こちらを裏切るに決まっている。

（ドニエルに言われたとおりにしたところで、私が得るものは何もないだろう。利用されて、それでおしまいだ。それは間違いない。なぜなら、私がドニエルの立場なら、必ず同じことをするだろうからな）

サザリア公は歯ぎしりをする。結局、自分が何をしても、自分を救うことにはならないのだ。しかし、ふと、心にひらめくものがあった。
　（……待てよ。ドニエルは、私が邪神に『聖者ドニエルの命を救い給え』と言うことを望んでいる。つまり私の言葉には、それを実現させるぐらいの力はあるということだ。それならば……）
　サザリア公は心を決める。うまくいくかどうかは分からないが、やってみる価値はありそうだ。

◆

　ドニエルは倒れたまま、全神経をサザリア公とのやりとりに集中していた。希望が見えてからは、体がみるみる冷たくなっていくのも気にならない。どれほど死に近づこうと、助かるに違いないからだ。
　（サザリア公か。王族だけあって、なかなか強い力の持ち主だ。彼の言葉なら、地上と地下という隔たりがあっても、十分に私を救えるだろう）
　ドニエルはサザリア公の「言葉」を、今か今かと待つ。しかし、サザリア公はなかなか口を開かない。ドニエルはしびれを切らし、サザリア公をせかす。
　（何をしている、サザリア公よ。早く！　早く祈りの言葉を言うのだ！　早く言わなければ、邪神にお前の言葉を届けられなくなってしまう！　手遅れになるぞ！）
　サザリア公の姿は見えない。しかしドニエルには、地上にいる彼が、ドニエルの言葉に同意したことが分かった。やはり、窮地に立たされているサザリア公には、こちらに従うより他に選択肢はないのだ。さあ、早く！　時間がない！　やがてサザリア公の言葉が、はっきりと聞こえてくる。
「邪神アトゥーよ……聖者ドニエルの命を救い……」
　（よし！）
　どうにか間に合った。ドニエルはすぐさま、体に残った力を振り絞り、「王族の言葉」を邪神アトゥーに届けるための短い呪文を唱える。しかし、自分の命を救って終わるはずのサザリア公の言葉は、次のように続いた。
「そして、ドニエルの魂をその体から引き離し……かわりに我が魂をドニエルの体に宿したまえ！」
　（何だと！？）
　欺かれた、と思ったときには、もう遅かった。すでに呪文を唱え終わり、サ

ザリア公の言葉を邪神アトゥーに届けてしまった後だった。ドニエルは必死で、サザリア公の言葉を取り消そうとする。しかし、彼の傷はみるみるうちに癒えていく。本来ならば安堵と喜びを与えるはずのその変化が、今のドニエルにとっては悪夢の始まりでしかない。そしてその悪夢は、止まることなく、筋書きどおりに進んでいく。自分の口から出る恐怖と絶望の叫びが、聖者ドニエルがこの世で最後に耳にした音となった。

◆

　地上のサザリア公は、邪神アトゥーに向けた言葉を言い終えると同時に、意識を失った。聖者ドニエルのささやきが絶叫に変わっても、もう彼の耳には届かない。次に彼が気がついたとき、彼は冷たい石の廊下に倒れていた。

　起き上がると、あたりは静まりかえり、廊下の壁から突き出た蛇の石像から放たれる光が彼を照らしていた。サザリア公は両手を閉じたり開いたりし、やがて片膝をついて立ち上がる。顔を触ると、それは今までの自分の顔と違っていることが分かった。

（うまくいったぞ！　私は、ドニエルになって逃げ延びたのだ！）

　窮地を脱した。サザリア公は、心の底からわき上がってくる喜びを噛みしめた。しかも、あの聖者ドニエルを欺いて、彼のすべてを自分のものにすることができたのだ。

「ここは、私の城！　そして私の王国だ！」

　サザリア公は興奮のあまり、廊下を走る。豪華な書斎、美しい広間を見て回っては、自分のものになったことに満足する。城の外に出ると、二つの太陽が明るく照らす広大な土地が広がる。果樹園、草原、そして森。その光景はまるで、絵画に描かれる楽園のようだ。息を切らせて駆けだしたサザリア公は、長く伸びた草に足を取られて、前のめりに転んだ。地面が右の頬を強く打ち、彼は思わずうめき声を上げる。

「……いかん。私としたことが、少々はしゃぎすぎた」

　頬を押さえて起き上がる彼の目に、美しい風景が映る。しかし、それは先ほどよりも、少し影を帯びて見えた。木々の落とす影は黒々としており、城は、まるで巨大な墓所のようだ。

「なぜ、物寂しげに見えるのだろうか？」

　サザリア公がその理由に思い当たるまで、さほど時間はかからなかった。こ

こには自分以外、誰もいないからだ。

　ここがドニエルの城ならば、従者——何でも言うことを聞く自動人形が、どこかにいるはずだ。サザリア公は野原を駆け回り、森に分け入って人形たちを探した。しかしなかなか見つからず、サザリア公は疲労と空腹を感じ始めた。空腹が我慢できなくなったとき、ようやく森の外れに巨大な納屋のような建物を見つけた。扉を開けると、薄暗く広大な空間の中で、人の形をしたものが所狭しと歩き回っている。人形たちに違いない。サザリア公は入り口にもたれかかるようにしながら、弱々しい声で彼らに話しかける。

「おい、お前たち……食事の用意をしてくれ」

　サザリア公の言葉に、歩き回っている人影がいっせいにこちらを向く。しかし彼らは目を赤く光らせただけで、まためいめいの方向を向いて歩き出す。命令を無視され、サザリア公は腹を立てる。

「お前たち、何をやっているんだ！」

　サザリア公の問いに、彼らは立ち止まる。次の瞬間、彼らの発した答えが、薄暗い空間にこだました。

「私は歩いています」「今、立ち止まりました」「私は召使いです」……

贖罪と喜び

　その日、クリオ城から数時間のところにあるマヌオール僧院では、早朝から
祈りの声が絶えることがなかった。僧院の奥にある聖堂に集った大勢の僧たち
はみな、中央に丸く区切られた一段高い「聖域」に向かって、厳かに祈りを唱
えている。聖域のすぐ外、右側には、副大主教キーユ・オ・ホーニックをはじ
めとするソラッツィ主教会の高位聖職者たちが並ぶ。そして左側には、遠方か
ら来訪した三人の魔術師たちが控える。

　ルーディメント王子は一人、聖域の手前に立ち、その上に置かれた横長の祭
壇を見据えていた。王子は右を向き、副大主教と目を合わせた。副大主教はか
すかに頭を動かして、うなずいて見せる。次に王子は左を向き、三人の魔術師
を見た。三人のうち、左にいる若い男は、あの「遠見の瞳」と「通信綿」を送っ
てくれた"G"で、右にいる老人がその師匠の"A"だ。そして中央にいる、足の
不自由な中年の男が、パウリーノの師である"B"だ。彼らは三人とも、王子に
うなずいて見せた。つまり、「その時が来た」ということだ。

　王子が聖域に上ると、僧たちの祈りの声はひときわ大きくなった。聖域の周
囲の者たちもいっせいに目を閉じ、口々に祈りと呪文を唱え始める。王子はそ
れらに突き動かされるように、横長の祭壇に近づいていく。祭壇の中央には、
小さな黒いもの——黒猫パウリーノの体がぽつんと載せられている。

　黒猫は目を閉じており、腹をかすかに上下させて、静かに呼吸を続けていた。
二ヶ月前から、ずっと変わらない。聖者ドニエルの居城に連れ去られた者たち
がみな無事に戻り、クリオ城が元どおりになってからも、パウリーノだけはま

だ「呪われた姿」のままなのだ。しかも、王弟サザリア公の密偵に刺されたあの日から、黒猫は眠り続けている。あれ以来、目を覚ますこともなければ、人の言葉を話すこともない。

　事件の後、ハルヴァ王国に到着したパウリーノの師、"B" はこう言った。
「パウリーノの『人としての意識と記憶』は、消え去ったわけではない。まだこの近くに浮遊しているが、もうこの猫の体に宿ることができないのだ。また、いかなる魔法も、またいかなる『善き神』への祈願も、パウリーノを人間に戻すことはできないだろう。だが、元に戻せる者は存在する」

　その言葉に、王子たちは希望の光を見た気がしたが、"B" はこう続けた。
「それは、彼を黒猫に変えた張本人、『邪神アトゥー』だ。つまりパウリーノを元に戻したければ、奴と渡り合わなくてはならない。これはきわめて危険であり、またこちらの目的が達せられる保証もない」

　"B" の話では、邪神といえど完全に自由ではなく、あらゆる「下級の神」と同じ規則に縛られているという。それは、誰かの願いを聞き入れてから七十日以内に、願った本人から「本来の意図と違う結果になった」という「異議申し立て」があった場合、それに耳を傾けなくてはならないということ。そして、その「異議申し立て」が正当なものだった場合、邪神は力の一部を削がれるということだ。
「王子が『異議申し立て』を望みさえすれば、邪神アトゥーを話し合いの場に引きずり出すことはできる。また、我ら魔術師三人と、ソラッツィ主教会の方々の力を合わせれば、アトゥーを呼び出すだけでなく、話し合いの間、奴がむやみに王子を傷つけたり、周囲に害をなしたりすることを防ぐこともできる。ただし、奴が呪いを取り消すとはかぎらない。むしろ、こちらに異議申し立ての取り消しをさせようと、必死になるだろう。邪神の立場からすれば、力の一部を削がれることは、何としても避けたいだろうからな。そして、もし異議申し立てが成り立たなかった場合、王子は手足のうち、どれか一本を相手に奪われることになる」

　"B" は、王子の目をのぞき込むようにして言った。
「つまり王子は、邪神をうまく『そそのかして』、奴がパウリーノの呪いを解くよう、仕向けなくてはならない。それができなければ、体を損なう。それでも、やるか？」

　王子はうなずいた。ためらいはなかった。その決意を知って、魔術師たちは

協力を約束した。しかし、良い案はなかなか浮かばなかった。そもそも、王子が邪神に伝えた「望み」――一匹の黒猫を指さしながら「パウリーノの奴を、あんなふうにしてほしい」と言ったことが、「パウリーノを黒猫に変えてほしい」という意味ではなかったなどと、どうやって主張するのか。王子は苦しみ、時に絶望したが、それでも考えるのをやめなかった。そしてついに、期限ぎりぎりになって、ある案を思いついたのだった。

　それがうまくいくかどうかは分からない。それ以前に、邪神相手に、まともに話ができるのか。周囲の者たちはみな心配したが、王子は覚悟を決めて、ここに立っている。王子は黒猫を見下ろし、その頭を指で一度軽く撫でた。

（パウリーノ。見ていてね）

　王子は一度深呼吸し、祭壇の左側――パウリーノの頭の方に回り、右側をまっすぐに見る。背後の三人の魔術師が低く、太い声で短い呪文を唱えると、聖域がびりびりと振動する。その直後、聖域は闇に覆われた。そして、周囲の者たちの祈りの声だけでなく、気配すら消えてしまった。

「……！」

　何も見えなくなった王子は、一瞬ひるんだ。思わず両手で顔を押さえそうになるのを、どうにかこらえる。王子は、自分が目を開けているのかどうかも分からなかったが、やがて祭壇の向こう側に、二つの巨大な目が浮かんだ。白目の部分が緑、黒目の部分が赤い色をしている。そして、暗闇の中に、獣がうなるような低い声と、女の悲鳴のような甲高い声が重なって、王子に語りかけてくる。

「このアトゥーを呼び出したのはお前か？」

　王子は両の拳を握りしめて、手順どおりの答えをのどの奥から絞り出す。

「私……は、ハルヴァ王国王子、ルーディメントだ。六十九日前に、お前に叶えさせた、願いについて、異議申し立てをしたい」

　王子はどうにか言い切ったが、悲しいことに、声はひどくうわずっていた。「異議申し立て」という言葉を聞いたとたん、邪神の目は大きくなり、瞬時に王子の背後に回り込む。

「異議申し立てだと？　アトゥーはそのようなものは受け付けぬ。お前がもう一言声を発すれば、アトゥーはお前を殺すだろう」

　自分の首の真後ろにその声を聞きながら、王子は震え上がった。恐ろしくて、のどが詰まる。しかし王子は必死で恐怖を抑える。

（これは、脅しだ。僕に何も言わせたくないから、脅しているんだ）

王子は口を開く。言葉は切れ切れにしか出てこない。

「ろくじゅう……く日前、私は、お前に、こう、願った。一匹の、黒、猫、を、指さしなが……ら、『パウリーノ、のやつを、ああいうふうに、して、ほしい』、と。……そして、お前は、パウリーノを、黒猫、に、変えた。しかし、その変化、は、私が望んで、いたことと、ちがう」

王子が必死で言葉を継いでいる間、それを邪魔するように、王子の後頭部に生ぬるい息がたびたび吹きかけられた。邪神の「目」は王子の周囲をぐるぐると回ったり、突然目の前に現れたり、消えたりした。しかし、王子が「異議」を唱え終わってしまうと、それらの「脅し」は終わり、目は再び祭壇の向こう側に収まった。二つの目は悔しげにつり上がり、王子を見据える。

「このアトゥーに異議申し立てをするとは、生意気な子供だ。最後まで言われたからには、お前と議論をしなくてはならない。ではまず、こちらから質問だ。お前は『パウリーノの奴を、ああいうふうにしてほしい』という願いが、『パウリーノを黒猫に変えてほしい』という意味ではなかったと言った。しかし、それは妙だ。アトゥーは、『パウリーノを黒猫に変えてほしい』という意味だとしか考えられない。他にどんな意味があるというのだ。さあ、答えよ」

◈

暗闇の中、祭壇に置かれた黒猫の体の周囲に漂っていたパウリーノの「意識」は、数十日ぶりに何かを聞き取った。最初小さく聞こえていたそれらの音は、やがて大きくなり、言葉であることがはっきりと分かるようになった。何やら議論をしているらしい。猛獣のうなりと金切り声が重なったような不快な声が、相手を怒鳴りつける。

「愚か者が！　そのような屁理屈が、このアトゥーに通じると思っているのか！」

子供の声が、それに答える。

「屁理屈じゃないよ！　本当に、それが、僕の願いだったんだ」

子供の声は震えているが、それでもはっきりとしていた。邪悪な声は、怒気を含んでこう言う。

「アトゥーを騙そうとしても、そうは行かぬ。そもそも、何かを指さして『ああいうふうに』と言うときは、指さした物そのものを指しているに決まってい

る。それなのに、お前が『指さした物の性質の一部』だけを指していたなど、信じられるものか！」

　子供の声は、負けじと反論する。

「いいや！　僕は自分が正しいと思う。僕は、母上が絵の中の女神を指さして、『ああいうふうになりたいわ』と言ってるのを聞いたことがある。でもそのとき、母上は、絵の中の女神そのものになりたいと思っていたわけじゃない。絵の中の女神のように、きれいになりたいとか、尊敬されたいとか、そういうことを思っていたんだ。つまり、『ああいうふうに』という言葉で、指した物の『性質の一部』を指すことはできるんだ。六十九日前の、僕の願いもそれと同じだ！　あの黒猫そのものではなく、あの猫の『性質の一部』を指して、パウリーノにその性質を与えてほしいと、そう願った！　猫そのものに変えてほしいと言ったんじゃない！」

　子供が「パウリーノ」という名前を出したことで、パウリーノの意識ははっきりと目覚めた。そして、今何が起こっているかを理解する。

（王子……邪神と、議論しているのか！）

　パウリーノには、王子が自分を助けようとしていることが分かった。しかし、邪神への「異議申し立て」は、必ずしも「願いの取り消し」につながらない。たとえ邪神が「異議申し立て」を認めたとしても、邪神の力を削ぐだけで、願いの結果を元に戻させることにはならない。つまり、パウリーノを人に戻すことにはならないのだ。

（それなのに王子は、なぜこのような危険なことを？　もし議論に負けたら、王子は体を損なうというのに！）

　パウリーノは、自分が死にきれなかったことを後悔した。自分が死んでいないから、王子にこのような危険な、しかも無駄なことをさせているのだ。パウリーノの後悔と不安を煽るように、邪神が笑い声を発する。

「ふふふ……子供にしては、よく考えたな。しかし、そのような言いがかりが、アトゥーに通じると思うなよ。お前の主張には、まだ他にも穴がある。たとえ『ああいうふうに』という言葉に、指されたものの『性質の一部』を取り出すという意味があったとしても、やはりお前の『異議』は認めがたい」

「ど……どういうことだ！」

「お前は先ほど、こう言ったな。『パウリーノの奴を、ああいうふうにしてほしい』という願いは、実は『パウリーノを美しくしてほしい』という願いだっ

た、と」

「ああ、そのとおりだ」

「つまりお前の願いは、指さした黒猫の一側面である『美しさ』を、パウリー
ノに与えてほしいという意味だった。そういう主張であることに、間違いはな
いな？」

「そうだ」

「だが、それは非常に『おかしい』。何かを美しくしてほしい、という願いが成
り立つには、その『何か』が美しくない、ということが成り立っていなくては
ならない。つまり、元々美しいものに対して、それを美しくしてくれと言うこ
とはできない。このアトゥーの記憶では、パウリーノという青年は、十分に美
しかった。だから、彼を美しくしてほしいという願いは成り立たないはずだ。
どうだ？　これでも、まだ反論できるか？」

　王子は一瞬だけ、言葉を詰まらせる。しかしすぐにこう答えた。

「ぼ、僕は、パウリーノを美しいと思ったことなど、一度もない。だから、パ
ウリーノを美しくしてほしいという願いは、きちんと成り立つはずだ」

　邪神の目は、それまでの倍に大きくなり、王子を見据える。

「本当か？」

「本当だよ！　だって、美しいかどうかなんて、感じ方は人それぞれだろう？」

　パウリーノの意識は、そのやりとりの意味を理解できなかった。王子は邪神
相手に、自分の意見を守り通そうとしている。しかし、何のためにそうしてい
るのだ？　邪神の目はさらに、暗闇を覆うほど大きくなり、王子に迫る。

「『美しいかどうか、感じ方はそれぞれ』。そのこと自体は、このアトゥーも認
めよう。だが、お前が本当のことを言っているかどうかは、また別の問題だ。
お前が嘘をついていたら、異議申し立ては成り立たない。つまりお前がパウ
リーノを美しいと思っていたら、お前の負けだ。それでもいいのか？」

「僕は、嘘をついていない！」

「それが本当かどうかは、すぐに分かる」

　肥大した邪神の目の緑色の部分が、にわかに血走った。そしてそれに呼応す
るかのように、黒猫の体の載った祭壇が、紫色のもやに覆われた。パウリーノ
の意識は、その「もや」の中に吸い込まれていく。パウリーノが再び目を開い
たとき、薄れていく「もや」の向こうから、王子の顔が自分を見下ろしている
のが見えた。王子は目を大きく見開いて、こちらを見ている。邪神の声が、勝

ち誇ったように言う。

「どうだ！　お前が今感じていることが、このアトゥーへの答えだ！　お前は今、この男を美しいと感じただろう。もう、ごまかしは許されぬぞ！」

　王子は邪神に向き直り、こう言う。

「それがどうした？　僕は今、パウリーノの顔を見て、美しいと思ったかもしれない。でも、僕がお前に願いをかけたときは、そうは思っていなかった。だから、僕の願いは成り立つ。さあ、どうだ、反論してみろ！」

「貴様、まだそんな言いがかりを！　アトゥーをここまで虚仮にして、許されると思っているのか！　アトゥーの怒りを買った者がどうなるか、味わってみるがいい！」

　邪神の目から緑色の部分が消え、全体が赤く、めらめらと燃え始めた。その炎が広がって王子を取り囲もうとしたそのとき、暗闇の外から祈りの声が怒濤のように流れ込み、一瞬にして闇を打ち破った。王子は真っ白な光に包まれて目がくらんだが、邪神の二つの目が苦しげに歪みながら、光の中に溶けるようにして消えていくのが見えた。やがて王子には、元どおりの聖域と、正面に並ぶ副大主教たちが見え、背後からは魔術師たちの唱える「邪神祓いの呪文」の終わりの部分がはっきりと聞こえた。

　祭壇の上では、パウリーノが——人の姿をしたパウリーノが、仰向けに横たわっていた。王子はおそるおそる、手を伸ばして、パウリーノの頬に触れた。パウリーノは青い目を動かして、王子を見る。そして言った。

「お見事でした、王子」

　それを聞いた王子は、パウリーノの胸に顔を押しつけて、わっと泣き出した。パウリーノは片手で、王子の頭を撫でる。その様子を見た周囲の大人たちは、一人残らず歓声を上げ、口々に王子を讃えた。

◈

　数ヶ月後、クリオ城の中庭で、パウリーノとポーレットの結婚式が盛大に執り行われた。真っ青な空の下で、国王と王妃はもちろん、城の者たち、また近隣の村人たちが集い、二人を祝福した。集まった者たちはみな、二人の美しさに見とれた。この日のために呼ばれた副大主教が、神と主教会の名において二人を夫婦と認めることを宣言すると、みなはいっせいに拍手を送った。

　王子は緊張した面持ちで、二人の前に進み出る。婚礼衣装をまとったパウ

リーノとポーレットに向かい合うと、王子は感激のあまり泣きそうになった
が、顔をくしゃくしゃにしながらも、立派に祝いの言葉を述べた。その言葉の
選び方の見事さ、そしてそこに込められた王子の思いの深さに、そこにいた全
員が心を動かされた。王子が祝辞を終えると、パウリーノとポーレットは感極
まって王子を抱きしめ、涙を流しながら礼を述べた。

　家令ガリアッツィの合図で、ご馳走の数々が運ばれてきた。ベアーテも、
カッテリーナと一緒に、自慢の料理をあちこちのテーブルに運ぶ。みな、ご馳
走に舌鼓を打ち、踊りや寸劇を披露して、祝いの日を楽しんでいる。王子はそ
の様子を、眩しい光を見るような面持ちで眺めていた。ベアーテがやってき
て、王子に料理を勧めながら声をかける。

「王子様、聞いたよ！　王子様がパウリーノさんを助けたんだってねえ。邪神
をうまくそそのかしてパウリーノさんを人に戻させて、その瞬間に魔法使いの
人たちと主教会の人たちのお祈りで邪神を追い払うなんて、よく思いついたも
んだよ」

「うん……本当に、よかった」

「おや？　どうしたんだい？　ちょっと元気がなさそうだけど」

　そう言われて、王子は我に返る。

「ううん、僕は、元気だよ。それに、今日という日が迎えられて、すごく嬉し
い。きっと僕が、誰よりも一番喜んでると思う。でも……」

「でも、何だい？」

「僕のしたことが、消えるわけじゃない」

　王子はベアーテを見る。ベアーテの後ろから、カッテリーナが心配そうにこ
ちらを見ている。

「僕はみんなに、ひどいことをした。みんなが無事に元に戻れたから良かった
けど、誰かが死んだりしてもおかしくなかった。僕は、それだけのことをして
しまったんだ。だから……」

　王子はそこまで言ってうつむく。ベアーテは言う。

「こういうめでたい場でも、そのことを思い出してしまうんだね？」

「うん。きっと、これから一生、ずっとそうなんだ。それなのに、僕は王様に
ならなくちゃいけない。僕みたいな、ひどい人間が……」

　しばらく沈黙が流れる。口を開いたのは、ベアーテだった。

「あたしは長く生きてるから分かるけど、人は誰でも、誰かを踏みにじって生

きているもんだ。それを自覚できるときもあれば、できないときもある。あたしだって、他人をひどい目に遭わせたことは何回もあるし、逆にひどい目に遭わされたこともたくさんある。まあ、だからといって、王子様が、自分のしたことをもう気にしなくて良いとか、逆に一生気にするべきだとか、そういうことを言うつもりはないよ。あたしだって、自分の『罪』とか『罪悪感』を、どうすればいいのか、はっきり分からないからね」

王子は黙って聞いている。

「ただ、あたしはこう思う。王子様はできるだけの償いをしたんだから、あとは、過去に自分が人にひどいことをしたっていうことを、そのまま『事実』として認めて、心の中に納めたらいいんじゃないかい？」

「そのまま、事実として……？」

「そうだよ。その『一回の事実』を膨らませ過ぎて『自分は生きる価値のない人間だ』って思うのでもなく、またその『一回の事実』を軽く見過ぎて『自分は全然悪くない』って思うのでもなく、ね。あたしたち人間は、ついついそのどちらかを選びたくなるけど、結局それは『自分自身の目から、自分自身を守りたいから』だ。そういう気持ちは大切だけど、それが強くなりすぎると、本当のことが見えなくなってしまう。

これから王子様は、自分のことも世の中のことも正しく見つめて、たくさんの決断をしていかなきゃならない。そうだろう？ そのためにも、今回のことは、事実をただ事実として受け止めるのがいいんじゃないかね？」

王子は、完全に理解できているわけではないものの、そこに何かしら真実があるように思った。そして、ベアーテの言葉を心の中で繰り返す。そのとき、二人の会話を聞いていたカッテリーナが、不意にフフッと笑った。

「カッテリーナ、何笑ってんだい。王子様の前で、失礼だよ」

「ごめんなさい。大伯母様が王子様に、まるで人形みたいになることをお勧めしているような気がしたから、つい」

「そうかい？」

「ええ。私の想像ですけど、人形たちは、一回きりの事実を、ただ事実として受け止めることしかできないんじゃないかって思うんです。昔の私、みたいに」

「ふむ。つまり、一回の事実から、『自分はこういう人間だ』とか『世の中はこういうところだ』とか『人生はこういうもんだ』とか思わないってことだね」

話を聞いていて、王子は確かにそうかもしれない、と思った。

「でも、大伯母様。人形も、こちらがきちんと教えれば、罪悪感や後悔を感じられるようになるかしら？」

「さあ、分からないねえ。そういったものを感じるには、まず『善悪』が分からないといけないけど、それは目に見えるもんじゃないし、あたしたちにとっても難しいもんだから、人形に教えるのはすごく大変なんじゃないかねえ。

　それに、罪悪感も後悔も、突き詰めれば、『これをもう一度やったら自分のために良くないからやめよう』って思うためのものだ。つまり、自分が傷ついたり死んだりしないように、行動に歯止めをかけるためにあると思うんだ。だとしたら、死ななくって、傷つくことを怖いとも思わない人形にそういうことを感じさせるのは、難しいかもしれないね」

❖

　その頃、二つの太陽に明るく照らされた地底の草原では、美しい人形たちが踊っていた。繻子織りの絹の衣を無造作にまとった彼らは、ちくちくする草をものともせず、裸足で優雅に舞う。ドニエルの姿をした王弟サザリア公は、一本の木の根元に座り、虚ろな目で彼らを見ていた。微笑みをたたえた彼らの顔を見ても、サザリア公の心は晴れない。悩みを持たず、傷つくこともなく、ゆえに乗り越えるべき課題も持たない彼ら。今やサザリア公本人も彼らと同じ境遇にあるはずだったが、彼らのように微笑むことなど、できそうになかった。苦しむことも悔やむことも知らない幸福な人形たちは、いつまでも、ただひらひらと踊り続けた。

（完）

　近年、人工知能（AI）技術の発達により知的な機械への期待が高まっていますが、私たちがそういった機械に最も期待していることは何でしょうか。多くの方は、「言うことを聞いて動いてくれること」、つまり「私たちの言葉による指示を理解し、それを遂行するために適切な行動を取れること」と答えられるのではないかと思います。実際、そのような機械ができれば、労働力不足の解消を始めとして、数多くのメリットが考えられます。それを実現するための必要条件には、当然ながら、「言葉の意味を理解できること」があります。現時点ではまだ、私たち人間と同じレベルで言葉の意味を理解できる機械は存在しませんが、もしそれができたとしたら、私たちの期待に応えられる機械が完成するのでしょうか。それとも、まだその先に何か課題があるのでしょうか？

　本作は「意図の理解」を中心に、人と機械、また人と人とのコミュニケーションにおける「意味理解の先にある課題」を主なテーマとしました。この課題を明確に描くために、本作では「人間の言葉の意味を理解し、人間の命令を実行する人形が存在する世界」を設定しています。本作の「人形」は、現実世界ではまだ実現されていないレベルの意味理解能力を持つロボットです。人形たちは、単語の意味や文の意味を理解し、さまざまな命令を聞き、さまざまな状況で動くことができます。そういった機械が存在する世界でも、「意図理解の難しさ」、中でも「言われたことを実行することの難しさ」が、解決すべき課題として存在します。本作は完全なフィクションですが、提示したそれぞれの課題は、自然言語による命令を受け、それを実行する機械を実現しようとするならば、多かれ少なかれ、避けては通れない問題です。

　この解説では以下、本作の「人形」の基本設定を紹介しつつ、言葉による意

図理解の課題について概観します。その後、「言われたことを実行すること」一般について触れ、最後に本作で取り上げたそれ以外の話題——人間と機械の「善悪の判断」および「笑い」などについても解説します。意図理解の前提となる音声認識や意味理解の説明、またこれらが現段階の技術でどのように取り組まれているかについては、川添 (2017)『働きたくないイタチと言葉がわかるロボット』をご覧ください。

1　人形の言語能力

まず、作中の人形たちは以下の意味において、単語の意味を「理解」していると仮定しています。

- 一部の語彙について、それを現実世界での対応物に関係づけることができる。
- 各語彙の辞書的な意味を知っており、またそれらの間の関係（同義関係、反義関係、上位-下位関係）などを知っている。

人形たちは、「リンゴ」や「猫」のような具体的な物体を表す言葉を、センサーによってもたらされる外界のリンゴや猫の情報と結びつけることができます。とくに視覚情報について言えば、得られた画像の中に「何があるか」という認識（物体カテゴリー認識）だけでなく、「どの部分が何であるか」という「位置」まで含んだ認識 (物体検出) ができます。また、静止像だけでなく、動画像に映っている行為や場面を、それを表す言葉と結びつけることができます。

抽象的な概念を表す言葉（「規則」「方法」「目的」）や、心理的な行為を表す言葉（「愛する」「理解する」）は、機械のセンサーのみでは十分に捉えることができないため、人形たちはその「辞書的な意味」のみを知っていると仮定しています。しかし、それだけで人形たちが人間と同じような理解に至るのはおそらく不可能であると考えられます。たとえば「善悪」「罪」「面白さ」などの言葉の意味は、機械に道徳的な判断ができ、また可笑しさを感じて笑うこと（後述）などができなければ、本当の意味で理解しているとは言えません。よって、作中の人形は、これらの語彙の意味を原則として「分かっていない」ものと仮定しています。

単語が組み合わされてできる「文」の意味については、人形たちは以下のように理解していると仮定しています。

・単語の意味と、文の構造から、文全体の意味を計算できる。

　ここで暗に仮定されているのは、「文の構造の理解」です。文というものは、単語の直線的な並びではなく、構造を持っています。まず単語と単語が組み合わされてより大きな「句」をなし、さらに単語と句、句と句が組み合わされることによって、文が形成されます。このとき、どのような組み合わせ方でも許されるわけではなく、可能な組み合わせ方と、そうでない組み合わせ方があります。言語学において「文法」と呼ばれるのは、可能な組み合わせ方を定義する規則群のことです。

　作中の人形たちは文法の知識を持っており、文に対して「可能な構造」を対応させることができます。さらに人形たちは、文の中に含まれる単語の意味と文の構造を手がかりにして、文全体の意味を理解することができます。「文の意味が分かるとはどういうことか」という問題には決着がついていませんが、ここではおおざっぱに、「その文が、どのような出来事や状況に対応しているかが分かること」としておきます。よって、「門を開けろ」のような命令を受けた人形は、その中に記述されている出来事（門を開ける）を理解し、それを実現するように行動します。

　また、人形たちは、論理的な推論の能力を持っていると仮定しています。これは「ある文が正しいと仮定したとき、ある別の文も必ず正しくなるか」といった判断をする能力です。たとえば「王子が門の中に入ろうとした」という文が正しい場合、「誰かが門の中に入ろうとした」も必ず正しくなります。「誰かが門の中に入ろうとしたら、追い返さなくてはならない。そして実際に、誰かが門の中に入ろうとした」という一連の文が正しい場合、「（そいつを）追い返さなくてはならない」も必ず正しくなります。こういった推論ができるがゆえに、人形たちは「こういう場合は、こうしろ」のような命令を理解することができます。論理的推論と意味理解の関係について、よりくわしくは川添（前掲）第5章と第6章をご覧ください。

　さらに、部分的に「意図の理解」の問題に踏み込みますが、人形たちは「単語レベルの語義の曖昧性解消」もできると仮定しています。たとえば相手が発した「食う」という単語が、「食事をする」という意味か「消費する」（例：「ガソリンを食う」など）という意味かを判断したり、「ようだ」が「比喩」か「推量」か「婉曲」かを判断するなどといったことです。この問題は、現時点の現実世界ではまだ難しい課題ですが、人形たちはそれを解決していると仮定しています。よりくわしくは川添（前掲）第7章をご覧ください。

2 言葉による意図理解

　以上の設定は、私たちが普段「この語（あるいは文）の意味を理解している」と言うときの、直感的なイメージからさほど遠くないと思います。しかしこの能力だけでは、コミュニケーションを成立させるには不十分です。機械が言葉の「意味」を理解するための能力や知識を身につけたとしても、実際に発せられた言葉（発話）に込められた話し手の「意図」が理解できるとは限らないからです。

　ここで、「意味」と「意図」は必ずしも同じではないということを確認しておきましょう。これらの間をどう厳密に区別すべきかについては諸説ありますが、ここではおおざっぱに、「意味」の方を「単語や文そのものが表す内容」とし、「意図」を「話し手が、その発話によって表している（あるいは表したいと考えている）内容」とします。言葉によるコミュニケーションの究極の目的は、「意味の理解」ではなく、「意図の理解」の方です。

　意味と意図が一対一に対応しない状況は頻繁に起こります。それに対処するには、「単語の対応物を認識できる」、「単語の辞書的な意味を知っている」、「単語の意味と文の構造から文の意味を計算できる」以上の能力が求められます。どなたにも、言い間違いをしたり、言いたいことをうまく表す表現を選べなかったりする経験はおありだと思いますが、かなり適切な文を発した場合であっても、文には思いがけない曖昧性が含まれています。聞き手は、その曖昧性を克服して、話し手の意図を推測しなくてはなりません。私たち人間は多くの場合、そのような推測をほぼ無意識に行っており、しかもかなり成功していると言えます。機械に同じことをさせようとする場合、具体的にどのような課題があるかを以下で見ていきます。

2-1 「矢を拾え」——一般名詞の解釈

　まず、「リンゴ」「机」「猫」のような一般名詞が単独で現れる場合について見てみましょう。そのような名詞の出現は、言語学では裸名詞（bare noun）と呼ばれます。裸名詞が文中に現れた場合、その解釈にはさまざまな可能性があります。作中で何度も登場した例は、次の二つです。

(1) 特定の個物を指さず、名詞の記述に当てはまる一つの個物を表す場合
(2) 特定の個物を指さず、名詞の記述に当てはまるすべての個物を表す場合

たとえば「そこに猫が（一匹）いる」と言う場合は (1) ですが、「猫は動物である」と言う場合は (2) です。裸名詞をどちらに解釈すべきかが明確でない場合は多々あります。作中では、「矢を拾え」「ページをめくれ」という例を示しました。「矢を拾え」は、「矢」という裸名詞を (1) のように「どれか一本の矢」と解釈するか、(2) のように「（今見えている）すべての矢」と解釈するかによって、異なる命令となります。作中の人形は、裸名詞に対してはデフォルトで (1) の解釈を選ぶように設定されています。どちらの解釈を選ぶべきかは状況によって変わる複雑な問題で、常識やその他の知識を利用し、指示を出す人間の意図をうまく推測しなければなりません。

また、作中では取り上げませんでしたが、裸名詞には、上の二つの他にも以下のような解釈があります。

(3) 特定の個物を指さず、名詞の記述に当てはまる複数の個物を表す場合：「近所を散歩していると、たまに猫が喧嘩しているのを見かける」
(4) 特定の個物を指さず、名詞の記述に当てはまる個物一般（例外あり）を表す場合：「私は猫が好きだ」「猫は俊敏な動きをする」
(5) 特定の個物を指さず、名詞の記述する「種類」を表す場合：「猫は世界中に分布している」
(6) 特定の個物を指す場合：「うちは、猫がたくさん食べるからペットフード代がものすごくて」「あ、猫に餌をやる時間だ」のように、「猫」という言葉で特定の猫の話をする場合など

「〜を持ってこい」のような命令を遂行する際は、(1)(2) に加え、(3) の解釈も考慮に入れ、どれが意図されているかを推測する必要があります。そして (3) の場合は、さらに状況に応じて「いくつぐらいが適当か」を絞り込む必要も出てきます。たとえば、ジャガイモが数十個入った段ボールが少し離れたところにある状況で、人から「ジャガイモを持ってきて」と言われる場面を考えてみます。もしそれを言われた場所が「野菜の出荷場」であり、言った人が「野菜を出荷しようとしている人」であれば、おそらくジャガイモを段ボールごと持ってきて渡すことが意図されているでしょう。しかしその場所が「普通の家庭の台所」であり、言った人が「料理をしようとしている人」であれば、段ボールごと持ってくるよりも、料理に必要なぶんだけ持ってくる方がその人の「意図」に即しているかもしれません。その場合はさらに、どんな料理をどれほどの量作ろうとしているかによって、持ってくるべき量が変わります。

(6) は、裸名詞が具体的な個物を指示する場合ですが、裸名詞が現れるたびに、それがどの個体を指しているかを特定しなくてはならないという難しさが

あります。作中では、「頭をなでて」「手を上げろ」と言った場合にそれが「誰の」頭あるいは手のことであるかという問題を示しました。

さらに、裸名詞がいわゆる「ロール概念」を表す場合、それが指す対象の特定は難しくなります。「ロール」すなわち「役割」を表す言葉は、状況によってその「担い手」が変化するためです。作中でも「雑草」「ごみ」「敵」によって何を指すかという問題を指摘しました。この点については、新井 (2017)「お片づけロボット」においてもユーモラスに描かれていますのでご覧ください。

2-2　何かを指し示すための言葉──指示詞、代名詞の解釈

「話し手が何を指しているか」を明確に示すには、「あれ」「これ」「それ」のような指示詞や、「あの」「この」「その」を伴う一般名詞を使って、いわゆる「指さし」のジェスチャーを伴わせるのが有効です。しかし現実には、そうやって指さされたものが、話し手が示したいものと同一視できないケースがいくつかあります。一つには、指さしによって示されたものが、それ自体、文字や写真など「何かを表すもの」である場合です。たとえば、レストランのメニューに載っている料理の名前、あるいは料理の写真を指さして「これにしよう」と言った場合、「これ」で指示されているのは指さしの直接の対象である文字や写真そのものではなく、文字や写真が表している料理です。また別のケースとして、指示詞が、指さしによって示された「個物」ではなく、その「種類」を表す場合もあります。たとえば靴屋で一足の靴を指さして「この靴、もっと大きいサイズのはありますか？」と尋ねる場合や、動物園で珍しい動物を指さして「あの動物は、アフリカにたくさんいるんだよ」と言う場合、「この靴」「あの動物」は個体ではなく、より抽象的な「種類」を表すよう意図されています。

また、指示詞や「彼」「彼女」などの代名詞には、その場にあるものを直接指示するという用法以外に、話の流れの中で前に登場した事物を表す用法があります。たとえば「花子は指輪を買った。彼女はそれをとても大事にしている」のような文章で、「彼女」「それ」がそれぞれ前の文に出てくる「花子」「指輪」を表すような場合です。このような現象は「照応」と呼ばれ、上の「彼女」「それ」のような表現は照応表現と呼ばれます。会話や文章の中の照応表現が何を表しているかを特定する課題は「照応解決」と呼ばれ、自然言語処理においては難題の一つとされています。とくに日本語の場合は、音声を伴わない「ゼロ代名詞」[★1] が存在するため、照応表現がどこにあるかを特定するところから始

　★1　ゼロ代名詞を含む会話の例を以下に挙げます。

めなくてはならないという難しさがあります。

2-3 「厚めに輪切りにする」——形容詞、副詞の解釈

　形容詞、副詞はしばしば、ものの性質や行為の「程度」を表すのに使われます。その中には「大きい」「小さい」「速く」「ゆっくり」「厚く」「薄く」のように、体積や速度や厚さなどに対応するものがありますが、特定の表現がつねに特定の体積や速度や厚さを表すわけではありません。作中では、「大きい蟻」と「大きい豚」の大きさが違うこと、「ゆっくり歩く」と「ゆっくり走る」では速度が異なること、また「厚く切る」「薄く切る」は切る対象やその他の要因によって厚さが異なることを示しました。これは私たちが考える「大きさ」「速さ」「厚さ」の標準的な程度が、どのような事物を念頭に置いているかによって異なるために起こります。形容詞や副詞が表す「程度」を正しく解釈するには、そのような標準についての知識が必要です。

　また、「もっと」や「よく」、「あまり〜ない」のような表現については、程度に関することなのか、頻度なのか、かける時間なのか、量や数なのかというふうに、そもそもどういう尺度に対応しているのかを状況に応じて判断する必要があります。

　「美しい」「おいしい」などの主観に関する表現の解釈は、個人の感覚や文化によって左右されるので、きわめて難しいものです。たとえば食べ物を皿に「きれいに盛り付けて」あるいは「おいしそうに盛り付けて」と言われたとき、相手と「美しさ」や「おいしそうな感じ」についての感覚をある程度共有できていなければ、たとえ自分の感覚で「美しく」「おいしそうに」盛り付けたとしても、相手がそのように感じてくれる保証はありません。

　また、「ジェームズ・ディーンのような」「IT企業の若社長っぽい」「読者モデル風の」「太陽みたいに」のように、何かになぞらえて比喩的に何らかの性

　　A: 映画のチケットをもらったよ。B: でも、見に行く時間ないでしょ？　A: せっかくもらったんだから、なんとかして見に行くよ。
　　これは自然な会話ですが、ゼロ代名詞にあたる部分をすべて復元すると以下のようになります。
　　A: 私は 映画のチケットをもらったよ。B: でも、あなたには 映画を 見に行く時間ないでしょ？　A: せっかく 映画のチケットを もらったんだから、私は なんとかして 映画を 見に行くよ。
　　英語のような言語では上のようなゼロ代名詞は許されず、「I got a movie ticket.」「But you don't have time to see it.」のように、明示的に代名詞を入れる必要があります。

質を表す表現も頻繁に使われますが、それらが具体的にどのような性質を表しているかを推測するのは簡単ではありません。作中では、黒猫を指さして「ああいうふうにしてほしい」と言う例で、「ああいうふうに」を「姿形を黒猫と同じように」とする解釈と、「美しさの度合いを黒猫と同じように」とする解釈があることを見ました。この他にも、「素早さの度合い」「神秘的な印象の強さ」「闇の中での隠れやすさ」など、黒猫のどの側面に着目するか、また抽象度の度合いをどれほどにするかによって、さまざまな解釈の可能性が生じます。

2-4　「襟元をゆるめて」──動詞、動詞句の解釈

　動詞や動詞句によって具体的にどのような行為が想定されているかは、作中でも頻繁に問題になったことの一つです。最も単純な例として、「回す」という言葉が、どこを中心として回すのかによって異なる動作に解釈されることを挙げました。「回す」に限らず、「つかむ」「走る」など、一見単純明快な動作一般についても同様で、私たちは状況に応じて適切な「つかみ方」「走り方」を想定しています。たとえば、何かを落とさないようにつかむのと、自分の体を支えるためにつかむのでは、おのずとつかみ方が変わってきます。健康作りのために走るのと、早く目的地に着くために走るのと、何かから逃げるために走るのとでは、走る速度もスピードもフォームも異なるでしょう。つまり、単純な動作一つを取っても何通りもの異なる行為に対応しており、状況や目的に応じてふさわしいものを選ばなくてはなりません。

　「（城を）守る」「（襟元を）ゆるめる」のように、より抽象度が高く、「結果として望まれる状況」のみを記述する動詞句は、その実現方法に多くの選択肢があります。作中の人形は、こういった動詞を解釈する際に、「デフォルトの方法」を選ぶよう設定されていました（「守れ」と言われたら体全体で守る対象を覆う、「ゆるめろ」と言われたら力ずくで引っ張る、など）。この設定でさまざまな問題が起こることは作中で見たとおりですが、状況に応じて適切な実現方法を選択するのは、機械にとっても人にとっても難しい問題です。たとえば、作中で出てきた「襟元を力ずくで引っ張ってゆるめる」という人形の行動は、王子の服を損なうという点で望ましくありませんでしたが、もし襟元が詰まりすぎていて王子が窒息しかけているなどの状況であれば、むしろ適切な行動だったかもしれません。この問題については、後の「言われたとおりに行動すること」で詳述します。

2-5 「珈琲と茶をカップに」——等位接続と数量表現

　句あるいは文レベルの言語表現を理解する上での難題の一つに、等位接続構造の解釈があります。等位接続構造は、日本語では主に「と」や「そして」、英語では and を伴う構造です。

　「冠と剣」「珈琲と紅茶」のような名詞（句）の等位接続は、「二つのものからなる集合」を表していると考えるのが普通です。しかし、これが文中の他の要素に対してどのような影響を及ぼすかによって、文は複数の解釈を持ちます。作中で見たように、「冠と剣を見つけたら、今日一日王子にしてやる」という文には、「冠と剣の両方を見つけた場合、今日一日王子にしてやる」という解釈と、「冠を見つけた場合、今日一日王子にしてやる。また、剣を見つけた場合も、今日一日王子にしてやる」という解釈があります。前者は、「冠と剣」が文中の他の要素に対して「集合的」に解釈される場合で、この解釈では、冠と剣の両方を見つけた場合のみ王子にしてもらえて、どちらかだけでは王子にしてもらえません。これに対して、後者は「冠と剣」が「分配的」に解釈される場合で、この場合は冠のみを見つけた場合も、剣のみを見つけた場合も王子にしてもらえます。

　このように、等位接続構造は多くの場合「集合的」か「分配的」かという曖昧性を持ちますが、人間であれば常識やその場の状況などから、どちらかの解釈を選び取れることがあります。たとえば「珈琲と紅茶をカップに注いで」と言われたら、通常は「分配的」に解釈して別々のカップに注ぎますし、ハンバーグを作っているときに「肉と卵をボールに入れて」と言われたら、作り方を知っている人は「集合的」に解釈して肉と卵を同じボールに入れるでしょう。

　持てる知識に限りがある場合、分配的解釈・集合的解釈のどちらを選ぶかは難しい問題です。本作の人形たちは、デフォルトで「主語が名詞（句）の等位接続である場合は分配的に解釈し」、「主語以外のものが名詞（句）の等位接続である場合は集合的に解釈する」という方略を採用しています。知識が足りない場合、人間にとっても、等位接続構造を適切に解釈するのは難しいものです。とくに、文中に複数の等位接続構造が出現している場合、それぞれの等位接続構造が分配的か集合的かという可能性（以下の1〜4）に加え、並行的解釈（5）の可能性も出てきて、さらに複雑になります。

例：太郎と花子は佐藤さんと鈴木さんに声を掛けた。

　1.　太郎は佐藤さんと鈴木さんに別々に声を掛け、花子も佐藤さんと鈴木

さんに別々に声を掛けた。

2. 太郎は佐藤さんと鈴木さんの二人に同時に声を掛け、花子も佐藤さんと鈴木さんの二人に同時に声を掛けた。
3. 太郎と花子は一緒に、佐藤さんと鈴木さんに別々に声を掛けた。
4. 太郎と花子は一緒に、佐藤さんと鈴木さんの二人に同時に声を掛けた。
5. 太郎は佐藤さんに声を掛け、また花子は鈴木さんに声を掛けた。

　ただし、等位接続構造はつねに曖昧かというと、そうではありません。文中に現れる他の要素によって、どちらかに制限される場合があります。たとえば「一緒に」などは集合的解釈を強制し、「それぞれ」や「別々に」などは分配的解釈あるいは並行的解釈を強制します。また、「喧嘩をする」「出会う」「結婚する」のような述語も、主語の集合的解釈を強制します。ただし、「鈴木夫妻と佐藤夫妻が喧嘩をした」のような場合、鈴木家と佐藤家の間で喧嘩が起こったという解釈に加え、鈴木家で夫婦喧嘩が起こり、佐藤家でも同様であったという解釈もあり得るので、単純ではありません。

　また、「二人の学生」「三つのリンゴ」のように、数を表す表現を伴う名詞句にも、分配的解釈と集合的解釈がみられます。さらにこの表現の場合、それらとは別に「指示的解釈」「非指示的解釈」の区別もあります。指示的な解釈というのは、「二人の学生」が太郎と次郎の二人を指すといったような、特定の個物（の集合）を指示する場合です。非指示的な場合は、「誰でもいいから二人の学生を連れてきてくれ」のように、特定の個物を指示せず、「二人」という数、および「学生」という属性のみを指定する場合です。これらはそれぞれに分配的・集合的解釈を持ちます。さらに、このような表現が文中に二つ以上現れた場合、上に挙げた解釈以外に「累積的解釈」も生じます。たとえば「二人の学生が十本の論文を書いた」という文の場合、「二人の学生がそれぞれ、十本の論文を書いた」という分配的解釈と、「二人の学生が共同で、十本の論文を書いた」という集合的解釈の他に、「論文を書いた学生の数の合計は二人で、学生によって書かれた論文の数の合計は十本だ」という累積的解釈が出てきます。

2-6　「門の中に、誰も入れるな」——量化表現一般の解釈

　「すべての学生」「ある学生」「誰も」「誰か」などの表現も、「二人の学生」と同じように、分配的・集合的解釈を持ちます。そして文中にこのような表現が複数現れた場合、曖昧性が生じます。王子が提出した作文の「父上は、大人たちぜんいんに、鹿を二匹つかまえるように言った」はその例の一つで、「大人

たち全員が、一人二匹ずつ鹿を捕まえる」という解釈と、「大人たち全員が全体で二匹の鹿を捕まえる」という解釈があります。

　「すべての学生が」「ある学生が」「誰もが」「誰かが」という表現の意味については、しばしば「二つの集合の間の関係を表している」という説明がなされます (Barwise and Cooper (1981))。この説明によれば、たとえば「すべての学生が満点を取った」という文は、「学生」の集合と、「満点を取った人」の集合の間に包含関係がある（つまり前者が後者に含まれている）ことを意味します。また、「ある学生が満点を取った」という文は、「学生」の集合と、「満点を取った人」の集合との間に、共通の要素が一つ存在することを意味します。ここでは、このように「二つの集合の関係を表す表現」を、量化表現と呼ぶことにします。量化表現の中には、先に述べた「二人の学生」が非指示的に解釈される場合や、「ほとんどの学生」「十人以上の学生」「30 パーセント以下の学生」「女子学生だけ」「何か」「何も」のような表現も含まれる場合があります。なぜなら、これらも広い意味では、二つの集合の関係を表していると考えられるからです。

　量化表現を解釈するときの課題の一つとして、話し手が想定している「集合の範囲」を適切に解釈できるかというものがあります。作中では、王子が衛兵人形に「門の中に、誰も入れるな」と言う例などを挙げました。ここで王子は「誰も」と言いながらも、「ありとあらゆる人間の集合」ではなく、「自分を除いた人間の集合」を想定していました。また、お腹をすかせた王子が料理長人形に「何かちょうだい」と言った時、王子は「ありとあらゆるものの集合」の中からどれか一つをくれと言っていたのではなく、「食べ物の集合」を想定していたわけです。このように、量化表現が適用される集合を暗黙のうちに制限することは、私たちの日常生活でも頻繁に見られます。

2-7　どの語がどの語に影響を与えるか──文構造の曖昧性

　文法によって許される文の構造は、一つの文に一つであるとは限らず、むしろ何通りもの可能性があるのが普通です。文の構造は、文の内部での単語の修飾関係に影響するため、同じ文に対して想定される異なる構造は、たいてい異なる意味を生じます。話し手の意図を理解するには、文に対応する複数の構造から、文脈あるいは常識から考えてふさわしいものを絞り込む必要があります。

　作中ではこの種の曖昧性についてはほとんど触れませんでしたが、簡単な例を挙げておきましょう。たとえば誰かが「太郎はまたパリに行きたがっている」と言うのを聞いたとき、「太郎は前にもパリに行ったことがあるんだな」と

思うでしょうか？　それとも「太郎がパリに行ったことがあるかどうかまでは分からないな」と思うでしょうか？　実は両方の解釈が可能です。

　ここで重要なのは「また」と「（〜し）たがっている」の関係です。「（〜し）たがっている」の意味的な影響範囲が「また」を含んでいる場合——つまり構造が「［またパリに行き］たがっている」のようになっている場合、太郎は「またパリに行く」ということをしたがっていることになるので、「前にもパリに行ったことがある」ということになります。逆に、「また」の影響範囲が「（〜し）たがっている」を含んでいる場合——つまり「また［パリに行きたがっている］」のような場合、太郎は「パリに行きたがっている」ということを「再度」しているわけです。つまり「行きたいな〜」ということを前にも言っていて、今も言っているということです。このことからだけでは、太郎が過去に実際にパリに行ったことがあるかどうかは分かりません。

　このように、構造的に曖昧な文を聞いたときにどの解釈を選ぶかは、聞き手の知識や思い込みに依存します。もし文中の「太郎」が旅行好きの大人であれば、多くの人は「前にもパリに行ったことがある」方の解釈を選ぶでしょうし、もし太郎が四歳ぐらいの子供だったら、別の方の解釈が選ばれるかもしれません。私たちが「太郎はパリに行ったことがありそうだ」と推測する要因には、年齢や性格など、さまざまなものがありますし、当然例外も考えられます。数少ないケースについてそのような推測の基準を機械に組み込むのは不可能ではないでしょうが、ありとあらゆる文の曖昧性解消に対応するのはきわめて難しいでしょう。

2-8　「お腹がすいたんだけど」——発話の適切さの理解

　これまでに示した課題は、話し手の発話に含まれる曖昧性をどう解消すべきか、という問題でした。これ以外にも、話し手の「言外の意図」をどう理解するかという課題があります。言外の意図をうまく認識するには、話し手の発話について、「話し手はなぜ、そのようなことを、そのような言い方で言ったのか」を推測できる必要があります。

　たとえば作中では、王子が「僕、お腹がすいたんだけど」という言葉で食事の準備を要求したり、「うるさいよ！」と言うことで人形たちに黙るよう命令したりしましたが、いずれも人形たちは、それらが命令であるということを理解しませんでした。「お腹がすいた」という発話が「食事を作れ」のような解釈を生じる現象は、「会話的含み」と呼ばれます (Grice (1975))。会話的含みは、文が持つ本来の意味ではなく、「なぜ話し手がその状況で、あえてそのような

文を口に出したのか」という推測から生じる「言外の意図」です。会話的含み
を理解する能力は、命令や要求の理解だけではなく、皮肉や冗談の理解、数や
量に関する状況把握など、かなり広い範囲の意図理解に影響します。

　作中の人形たちが「会話的含み」を理解できなかったのは、人形たちの設定
が「命令形の文のみを命令とみなす」ように制限されていたからです。もしこ
の制限を外して、「お腹がすいた」「うるさい」などを命令として解釈できるよ
うにすれば問題がなくなるかというと、そうではありません。むしろ、これら
の発話がつねに命令と解釈されてしまうと、多くの不都合が生じてしまいま
す。人形たちに「会話的含み」を理解させようとすると、「話し手の発話をど
のように解釈すれば、その発話が適切になるか」、という高度な考察をさせな
くてはなりません。

　発話の適切さの理解は、質問されたことに答える上でも重要です。作中で
は、人形が王子の質問に対してうまく答えを返せない場面をいくつか描きまし
た。たとえば王子が貯蔵庫で管理人に「パンはどこ？」と聞いたときに「貯蔵
庫にあります」と言ったり、大広間でうろついている人形たちに「何やってる
の？」と聞いたときに「私は歩いています」と答えたりなどです。それらの答
えはいずれも王子にとっては自明で、情報量のない答えでした。相手がどのよ
うな答えを要求しているのか、またどのような答えを返せば適切なのかを知る
には、質問が発せられた文脈や、その状況における相手の知識状態を予測でき
る必要があります。

　また、作中では取り上げませんでしたが、字面どおりに解釈しようとすると
おかしな文も、私たちの日常では頻繁に使われています。代表的なものがいわ
ゆる「うなぎ文」です。「僕はうなぎだ」「私は地下鉄です」のような文は、単
独ではおかしな文ですが、それぞれ「お店で料理を注文している」「通勤の交
通手段を答えている」という文脈が与えられれば理解できます。また、「京都
が子供を連れて来る」「麦わら帽子に殴られた」のような文も、その時の話題
が「京都にいる親戚のこと」や「麦わら帽子をかぶった人物のこと」だという
ことを知っていれば問題なく理解できます。これらの現象が示すのは、私たち
人間が、「AはBだ」のような構文やさまざまな単語に対して、文脈に合わせ
ながら実に多様な解釈を行えることです。こういったことを考慮すると、「私
は政治家だ」「麦わら帽子が好きだ」のような「一見普通の文」についても、文
脈によっては「私は政治家にだけはなりたくない」「麦わら帽子をかぶった人
のことが好きだ」のような解釈ができ、結果として解釈の可能性が際限なく広
がることが分かります。

2-9　意図を理解する機械の可能性

　以上で考慮した各要因をすべて組み合わせると、一つの文に対して、実に多くの「解釈の可能性」があることが分かります。私たちは普段、それらの可能性から「話し手の意図として適切な解釈」をほぼ無意識に絞り込んでいます。近年の人工知能技術はめざましく進歩していますが、機械が私たちの意図を理解できるようになるかどうかは、「意図の理解」として具体的に何を目指すかに依存します。

　ここで、現在の人工知能において中心的な技術である「機械学習」について確認しておきましょう。機械学習は、データから規則性を見出し、新しいデータに対して「予測」ができるようにする枠組みです。ごくごく簡単な例を以下に挙げます。

(1) 「体長、体重、生後の年月」の三つからなる「何匹かの犬猫のデータ」から、「犬はこうで、猫はこうだ」という規則性を見出し、犬のものか猫のものか分からない「体長、体重、生後の年月のデータ」に対して、それが犬か猫かを予測できるようにする。

(2) 将棋やチェスなどのゲームを何回もプレイして、「こういう局面でこの手を打ったら勝つ（あるいは負ける）」という規則性を見出し、次のゲームをプレイするときに「良い手」を予測できるようにする。

　上のような予測を可能にするために、機械学習では確率や統計が多く使われます。(1) のような課題を達成するために、「体長、体重、生後の年月」のデータに「犬」か「猫」かという正解のラベルをつけたものを機械に与え、それらを手がかりにして「新しいデータを犬か猫に分類すること」を学習させるような場合は、「教師あり学習」と呼ばれます。他方、「犬」か「猫」かという正解のついていない「体長、体重、生後の年月」のデータのみを与え、データの分布などを手掛かりにして「二つの種類に分類すること」を学習させるような場合は、「教師なし学習」と呼ばれます。いずれの学習方法においても、正しい予測が出せるようになるには大量のデータが必要です。また、(2) のような課題では、機械が何度も「とりあえずの行動」を試し、得られた報酬（ゲームの勝ち負けや得点など）に応じて最適な行動を予測できるようにする「強化学習」が使われます。強化学習では、機械が膨大な数の試行錯誤を繰り返すことによって必要なデータを獲得し、予測の質を上げていきますが、具体的にどのような行動を選択できるようにするか、また報酬をどのように与えるかは、今のところ人間がうまく決めなくてはなりません。

以上を踏まえた上で、「文」と「話し手がそれを発している状況（発話状況）」を入力とし、そこから「話し手の意図」を予測するような、「意図を推測する機械」を作ることを考えてみます。この場合、予測のもとになる「文」および「発話状況」、また正解となる「意図」の種類を少なめに限定すれば、機械学習によって「できる」可能性が高くなると考えられます。現在すでに接客サービスなどをする機械の開発が行われていますが、機械の用途を限定することで、「人間が機械に向けて発する文」と「発話状況」、そして正解となる「人間の意図」を絞り込むことができます。このような絞り込みは、機械学習のために十分なデータを得る上で重要です。

　そのような絞り込みをせず、ありとあらゆる「文と発話状況」において「意図の推測」ができる機械を作ろうとすると、頻度的にほとんど出現しないような「文と発話状況」を大量に考慮しなくてはならなくなります。すると、それらをどのような「意図」に結びつけたらいいのか、ほとんど手がかりがない状況に陥ってしまい、機械学習の強みを発揮できなくなります。よって、少なくとも今の技術の延長上では、機械が動作する環境や目的を明確にし、それに合わせて「聞き入れる命令」と「実行できる内容」をうまく絞り込み、なおかつ人間がその絞り込みを不自然に思わないようにする工夫が重要であると考えられます。

3　言われたとおりに行動すること

　また、仮に話し手の意図をある程度正しく推測できる機械ができたとしても、さらにその先には「指示を遂行するために、適切な行動を取ることができるか」という難題があります。これは、人間であっても難しいものです。そのことを示すために、作中ではカッテリーナという人物を登場させました。この人物のモデルは筆者であり、彼女が引き起こした失敗のいくつかは、筆者が実際に起こしたことのあるものです★2。人間による失敗の多くは、たいてい慣れ

★2　カッテリーナの行動については、第一稿の完成後、発達障害の症状と似ているのではないかという指摘がありましたが、本作では発達障害をモデルにしたり、テーマとして取り上げたりする意図はないことをお断りしておきます。その後いくつかの発達障害について調べ、カッテリーナの行動と共通するところが多少はあるように思われましたが、筆者の知識の範囲では「似ている」とも「似ていない」とも断言することができません。アスペルガー症候群やADHDの患者への指示について「行動を細かく教える」という方法があるようですが、作中でカッテリーナが自分の取るべき行動を細かく記録しているのは、筆者がかつて自分の行動改善のために行ったことをモデ

ない仕事をする中で起こることではありますが、言葉を理解できる私たちですら「言われたとおりに行動する」ことに困難を覚えるのは、いったいなぜなのでしょうか？

3-1　行動の選択

　以下では、人あるいは機械に指示を出す人のことを「指示者」と呼ぶことにします。指示者の指示を遂行しようとするとき、ただ指示者が言ったことだけを行えばいい場合はまれです。ほとんどの場合、指示を受けた側は、自分で手順や注意点を「補完して」実行しなければなりません。

　たとえば、作中に出てきた「卵を割って」という指示についてですが、すでに指摘したように、状況に応じて「どのような割り方をするか」「いくつ割るか」などを適切に判断する必要があります。しかしそれだけでは十分ではなく、たとえば料理においては、割った卵の中身を一時的に入れる容器が必要となることがあります。その場合、「容器を用意する」という「サブ目標」が出てきます。そしてそれを達成する上では、どのような容器を選ぶかという判断が必要になります。単に近くにあるからといって、食材を入れるのにふさわしくないような容器や、すでに何か別の食材が入っている容器を使ってしまっては問題です。ここで、「卵の中身や他の食材の質を損なわないようにする」という、「回避すべきポイント」が意識されることになります。

　指示された仕事をうまく遂行できるかは、上のような「サブ目標」や「回避ポイント」を適切に発見できるかに大きく依存します。指示者は「必要だ」と思わないかぎり、これらのことを言わないのが普通です。こういったポイントを検知するには、「こうしたらこうなる」という因果関係についての知識を持つのはもちろんのこと、指示者個人あるいは人間一般にとって「望ましい状況」と「望ましくない状況」を判断できる必要があります。

　これらの知識をすべて機械に教え込むのは難しいことですし、たとえそれができたとしても、それらの知識と周囲の状況から「サブ目標」や「回避ポイント」を論理的に選択させようとすると、いわゆる「フレーム問題」が起こります。これは、「どのポイントを考慮すべきで、どのポイントは無視して良いか」を計算することに膨大な時間が費やされてしまう、という問題です。フレーム問題は人間にも起こりますが、たいていの場合、人間はあらゆる可能性を論理

ルとしています。よって、本作におけるいかなる記述も、発達障害の発生機序や治療とは無関係であることを強調しておきます。

的に考慮するのではなく、「とりあえず行動」する方を選ぶようです★3。人間の場合、「とりあえずの行動」によって試行錯誤を積み重ね、それらの事例から学ぶことで行動を改善しているのは間違いないでしょう。上述の「サブ目標」や「回避ポイント」の発見も、成功と失敗の分析を通して行っている可能性があります。

　機械に適切な行動をさせる上でもおそらく、機械に「とりあえず行動」させ、「経験から学習させる」ことがカギとなるでしょう。現在の技術のうち、これを実現する上で有望なのは、前述の「強化学習」です。ただし、強化学習における機械の試行錯誤と、私たち人間の試行錯誤がまったく同じではないことには注意が必要です。私たちは、自分の行動が成功したか失敗したかを、実にさまざまな側面から評価します。たとえば指示者に叱られたとか注意されたといったような分かりやすいものはもちろん、周囲の人々の行動や表情、自分の心身の状態、また文化的・倫理的な知識などを意識的、あるいは無意識的に働かせて総合的に判断しています。ゲームやスポーツのように「行動の成否」や「終了時」が明確かつ客観的に判断できるわけではないので、機械で似たようなことを行うには、どの時点で、何を基準にして成否を判定すれば良いかを、人間がうまく設計する必要があるでしょう。

　また、家事ならば家ごとの、仕事ならば職場ごとの「ハウスルール」が暗に存在し、それらが行動の成否に関わってくるのはよくあることです。そういった状況に素早く対応するには、「大量のデータ」や「膨大な回数の試行」から学習するよりも、ごく少ない事例から一般化ができるような学習方法が適しているかもしれません。実際に人間は、数少ない経験から、かなり有効な一般化、つまり「一般にこうなのではないか」という仮説を得ることができます。どなたでも少し内省をすれば、「あの場所では前に危険な目に遭ったから、もう近づくべきではない」のような「一般化」を、数少ない経験から形成していることに気づかれることと思います。このような自覚的なケースだけでなく、私たちが幼い頃に無意識に行っている母語の習得などにおいても、「数少ない例からの一般化（仮説）の形成」→「仮説の修正」→「新たな仮説の形成」が繰り返されることが知られています。機械学習の分野でも、画像認識などにおいて、

★3　人間が「とりあえず行動」できるのはなぜかという問題に対して、柴田 (2001) は「感情」の役割を指摘しています。感情は、「非論理的だが合理的な判断」を瞬時に起こさせる機能を果たしており、結果としてフレーム問題を回避させる効果があるという主張です。もしこの説が正しいならば、ロボットにも「感情」を持たせる必要があるかもしれません（そして実際に、柴田はそれを「原理的には可能である」と主張しています）。

少ないデータから学習する方法の研究がなされていますが★4、より一般的な課題に適用できるかどうかについては、さらなる研究の進展が待たれます。

3-2 「よくできる人」の行動

　失敗を回避する方法としては、「よくできる他人の行動の真似をする」というものもあります。これは機械にとっても有効であると考えられ、実際に人の真似をして任務を遂行するロボットの開発も進められています。ただ、他人の真似がつねに良い結果をもたらすとは限らず、同じ場所で同じ指示が出される場合でも、さまざまな要因によって「取るべき行動」は変化します。また、お手本にすべき「よくできる他人」の行動が、つねに一貫しているわけでもありません。むしろ、状況に合わせて臨機応変に行動を変えられることが、「よくできる人」の条件であるという側面もあります。

　このような「よくできる人」の行動を決めているのは何でしょうか。個人的には、1) 指示者の指示の裏側にある「大原則」を理解できること、2) その「大原則」からトップダウンに判断ができることであると考えています。つまり、指示者の言った内容だけを聞くのではなく、「指示者が何をもっとも重視しているのか」を推測し、その大原則が達成できるように行動を選択できるということです。たとえば料理に関して言えば、「この食材はいつも7ミリ幅に切るものだ」ということよりも、「食べる人がおいしいと思うように配慮する」という基本的な原則を重視し、状況に応じてそれが達成されるように食材を扱えるということです。

　これはもちろん、万人にできるようなことではありません。このような判断を可能にするには、指示者との間で価値観を共有する必要がありますが、そのようなものは目に見えないものですから、結局は自分自身の価値観に照らして推測するしかありません。作中でポーレットが言っていたように、ここにはある種の「賭け」のような要素があり、十分な知識と経験、また指示者との信頼関係がなければ危険を伴います。よって、経験の浅い人間、また機械には、このような高度な振る舞いを要求すべきではないかもしれません。

　しかしながら、「おいしいものを作れ」とか「客が喜ぶようにもてなせ」とか「先方に失礼のないようにお断りしろ」のような漠然とした指示に応えるには、多少はこういったことができなくてはなりません。さらに、指示を忠実に実行

★4　one-shot learning と呼ばれる技術で、画像認識については Lake *et al.* (2013) 以降の一連の研究を参照。言語処理への応用も一部始められています（Vinyals *et al.* (2016) など）。

することが最善とは言えない場合——たとえば指示者の指示が目的を達成するにあたって最良の方法ではない場合や、その指示を遂行することで指示者やその他の人間に何らかの損害が及ぶ場合は、「指示をある程度無視する」ことも必要になるでしょう。それを可能にするには、指示を受けた側が自らの価値観に従って判断し、行動できる必要があります。この話題のうち、道徳的な価値判断については、「その他の話題」で改めて触れることにします。

3-3　指示者の許容度とスキルの限界

　これまでは、主に「指示を受けた側が、できるだけ自力で課題を解決するにはどうしたらいいか」ということを考えてきました。しかし、むしろ指示者の方がより分かりやすく、誤解が生じないように指示をすべきだという考え方もあると思います。そのような場合、指示者が言い間違いをしないのはもちろんのこと、自分の発する言葉がどのように解釈されうるかを把握することが重要になります。これについては相当の訓練と知識が必要になりますし、またつねに完璧に行うのは実質的に不可能です。自分の言葉の曖昧性の検知は、知識の有無、相手の知識状態の把握の可否によって制限されることが多いからです。

　たとえば、あなたが誰かにとある洗剤の製品名を伝え、お店で買ってくるように指示したとしましょう。そして、その人が台所用品の売り場でその名前の台所用洗剤を見つけ、買って帰ってきたとします。しかしあなたは、台所用洗剤ではなく、まったく同じ名前の「洗濯用洗剤」のことを言っていたのです。

　このとき、あなたはその製品名を冠した製品に「台所用洗剤」と「洗濯用洗剤」の二つがあることを知らなかったのかもしれません。もしそのことを知っていたならば、「どちらのことなのか」を明確に指定して相手に伝えることができたかもしれませんが、知らなければ自分の指示に曖昧性があることを把握することはできません。また、たとえあなたが同じ名前の製品が二つあることを知っていたとしても、相手の知識状態について「きっとこちらの関心事（洗濯用洗剤が必要なこと）を分かってくれているはず」と思い込んでいれば、あえて曖昧性を解消せずに指示をするかもしれません。このように、指示の曖昧性の検知には、ある意味「どうしようもない」側面があります。

　このような失敗をできるだけ避けるために、「聞き返すことで、指示の内容をよく確認する」「不明な点を質問する」などの行動を選択することは有効です。人と機械とのインターフェースの研究においても、機械に「聞き返す機能」を付けることの重要性が認識されています（稲邑他 (2009) などを参照）。しかし実用を考えた場合、機械は「どのような質問を」「何回まで」すること

が許されるでしょうか？ 私たちは指示を出すことで相手に仕事の一部を担ってもらいたいという欲求を持っているので、相手に指示を理解させるために多くの手間をかけることは好まないでしょう。

ましてや、私たちは一般に、商品やサービスに対しては「完璧」を求めがちです。コンピュータの起動が遅かったり、買ったばかりの家電が故障したり、電車が遅れたり、店員さんに話が伝わらなかったりすることで苛立つのは珍しいことではありません。そういったことを考慮すると、機械がユーザの許容範囲内で「聞き返し」をするには、かなりうまく利用範囲や用途を絞り込む必要がありそうです。

4　その他の話題

本作ではその他の話題として、「罪悪感」や「笑い」について取り上げました。「罪悪感」は自分が悪いことをしたという認識、すなわち道徳的な価値観に基づくものです。これまでの議論においても「価値観」という言葉がたびたび出てきましたが、ある程度自律的な機械が人間社会に入ることを考えた場合、機械に私たちと同じような価値観を持たせられるか——とくに「善悪」の判断ができるかということは、きわめて重要な問題です。

本作のロボットは善悪の判断をせず、それゆえ罪悪感を感じたり後悔をしたりするということはありませんでした。現実においても、ロボットによる善悪の理解は実現が難しい課題として認識されています。まず、柴田 (2001) が指摘しているように、ある行為や状況の善悪は、それらの物理的な性質だけからは判断することができません。つまり、機械のセンサーから得られるデータに「善か悪か」のラベル付けをし、そこから道徳的な判断を学習させようとするアプローチには限界があります。

倫理的なロボットの開発者の中には、道徳的な価値判断を伴わなくても、振る舞いさえ道徳的であれば「道徳的なロボット」と見なすべきだという意見もあるようです（Wallach and Allen (2009) など）。しかし、久木田 (2011) は、このような主張が我々の日常的な感覚と乖離していることを指摘しています。また、柴田（前掲）は、単に個々の例に対して善悪を判断するだけでは不十分で、「なぜそれが善（あるいは悪）なのか」という正当化も必要であることを指摘しており、そこまでロボットに要求するとなると、問題はさらに難しくなるでしょう。

善悪をどう判断すべきかについて、河野 (2007) は、1) ある行為が道徳的かど

うかは、その行為の影響を受ける側の利益・不利益によって決まり、2) それを第三者が正しく判断するには、影響を受ける者とコミュニケーションを取り、その者の立場に立って共感的に判断しなくてはならない、と主張しています。ロボットにおいてこれを実現するには、久木田（前掲）が主張するように「ロボットたちに何らかの仕方で利益を持たせ」、彼らにそれらの利益を「知覚させる」ことが必要であり (p.9)、なおかつコミュニケーションと「共感」によって、他者の利益・不利益を理解できることが要求されるでしょう。そのようなことが実現可能かどうかについては筆者は判断しかねますが、おそらく人間を丸ごと機械的に再現するか、それに近いことが必要になるのではないかと考えています。

　最後に、「機械の笑い」について述べます。本作で「笑い」を取り上げたのは、「人間と機械を決定的に区別するもの」を考えたときに、「可笑しみによって引き起こされる笑い」がそれなのではないか、と考えたためです。実際、笑いがどのような条件で起こり、またどのような機能を果たすのかについては、まだ不明な部分が多いようです。

　人間が笑う理由については諸説あり、Levinson (1998) は古典的な理論として、1) 期待を裏切られることで可笑しみが生じるとする「不調和説 (incongruity theory)」[*5]、2) 笑う対象を蔑む「優越説 (superiority theory)」、3) 心理的抑圧によって蓄積されたエネルギーの解放によるとする「安堵説 (relief theory)」を挙げています。上のうち、1)、2) を機械で実現するには、機械が何かに対して「劣った感じ」や「突飛さ・異常さ」を感じる必要がありますが、物事の優劣や異常の有無を判断するには多くの常識が必要です。3) については、機械が何らかの欲求を持ち、なおかつその欲求を満たすことができる状況とできない状況を、主に社会的・文化的な観点から認識できるようにする必要がありますが、これも多くの知識と判断力を必要とする、難しい問題です。また、たとえ機械がこれらの条件を認識できるようになったとしても、それらの条件を満たす状況がつねに「笑える状況」であるという保証はありません。

　ベルクソン (1991) においては、笑いは、生きている人間の中に機械的な側面（ぎこちなさ、無意識の動作、順応性のなさ）が見いだされたときに生じ、社会における「機械的なこわばり」を懲罰する機能があるとされています。ベルクソンの理論にのっとって「笑うロボット」の可能性について考察している佐金 (2009) は、ロボットが「笑う」には、それが十分に「倫理的」であり、なおかつ道徳に縛られるのでも反するのでもなく、「特定の道徳に縛られない、他の社

　★5　訳語は佐金 (2009) に従っています。以下の「優越説」「安堵説」も同様。

会的文脈が可能であることの気づき」を持つ必要性を示唆しています。佐金の仮説が正しいとすると、笑うロボットには「善悪の判断」ができるだけでなく、さらにその先――自分が従っている基準以外にも可能な基準がありうることに思いを馳せるという、自らの価値観に対する「メタな認識」も必要になるでしょう。

解説

あとがき

　人工知能について書いた本を出すのは、2017年6月に朝日出版社から上梓した『働きたくないイタチと言葉がわかるロボット』に続いて二冊目となる。二冊も本を出すのだから、よほどAIにくわしく、また関心があるのだろうと思われるかもしれないが、実際はそうではない。私は人工知能の一部である自然言語処理の、またそのごく一部に関わっていたにすぎないので、「AIの専門家」など名乗れないと思っているし、頻繁に更新される最新の成果にはあまりついていけていないし、「AIすごい」の報道にはやや食傷気味である。

　とはいえ、研究から離れて一人の生活者として考えると、自分は人工知能技術の進展にかなり「望みをかけている」と認めざるを得ない。中でもとくに、「家事ロボット」と「介護ロボット」は欲しいと考えている。私もできるだけ自分の食事の用意や身の回りのことを自分でできるようでいたいと考えているが、いつどういう理由でそれができなくなるか分からない。だから、「2025年に家事ロボットが普及する」という政府の予測などを聞くと、ああ、そうなればいいなあ、と思う。

　しかし、あくまで「そうなればいいなあ」であって、「絶対そうなるから安心だ」と思えないのが辛いところだ。自然言語の理解は人と機械のコミュニケーションの要であるにもかかわらず、これまでのところ、AI関連の議論には言語学の立場からの意見が非常に少ない。言語理解については、「コンピュータの計算能力が上がって、機械学習技術が発展すれば、どのみちできるようになるだろう」のような楽観的な意見も散見され、言語特有の課題があまり認識されていないように感じている。また、「言われたことを適切に行動に移す」という課題は、言語の問題のみならず、道徳的判断などといった哲学的な問題とも深くつながっている。このあたりの認識が不足し、バランスが取れないままAI関連の議論が独り歩きするのは望ましいことではないし、それによって引き起こされる過剰な期待、過剰な恐れ、また過剰な失望は研究の健全な発展や

多様性を脅かしかねない。そのようなことを危惧し続けた結果、できあがったのが『働きたくないイタチ〜』と本書である。

『働きたくない〜』では音声認識から意味理解、意図理解の一部までを2017年時点での技術の現状に照らして考察した。本書ではさらに、意図理解全般とそれに伴う行動を中心に、いわゆる「意味理解の先にある課題」を描くことにした。本書については、最初から物語として書くことを決めていた。というのは、意図理解にまつわる問題を、より具体的な場面設定と共に描いてみたかったからである。

物語の内容については、当初は、意図をうまく理解できない人工知能に合わせて人間の方が適応し、結果として「新しい日本語」が生まれるという、近未来ディストピア風の話を考えていた。しかし、書き始めてみたらつまらなかったので、やめた。そんなある日、入った喫茶店に『トム・ソーヤーの冒険』が置いてあり、何気なく開いてみると止まらなくなり、その日のうちに本屋で買って帰った。とくに、トムを始めとする子供たちの、子供ならではの落ち着きのなさ、素直さ、滑稽さと逞しさに魅了された。そして読み終える頃には、「王子の話」がなんとなくできあがっていた。私たちは一般に、機械やサービスに対しては完璧を求めがちであるため、もし「言葉の意味を理解して行動できる機械」ができたと聞いたら、それがいわゆる「優秀な人材」並みか、それ以上の働きをすることを当然のように期待するだろう。その状況が、「わがまま王子と人形たち」の図式にぴったりはまるような気がしたのである。ただし、本書の目的は「こうなるに違いない」という「避けられない未来予想図」を突きつけることではなく、あくまで「これから取り組まれるべき課題」を提示することであると強調しておきたい。また、物語を成立させるためにさまざまな要素を投入したため、手っ取り早く学術的な内容を知りたい方には不向きな形式かもしれないが、もしお時間に余裕があれば、一度「解説」までお読みいただいた上で、物語中の人形たちの行動をどう改善すればいいか、また登場人物たちの葛藤や行動を機械で再現できるかなどについても考えてみていただければ幸いである。

本を完成させる過程では、今回も担当編集の丹内利香さんに大変お世話になった。学術書としての方向性を決める上でも、また物語の整合性を高める上でも、丹内さんのご意見を大いに参考にさせていただいた。心より御礼を申し上げたい。

これまでに東京大学出版会から出版した『白と黒のとびら』『精霊の箱』の
ような基礎理論についての本とは違い、現在進行中の話題について書くのは、
せっかく書いたものがすぐに古くなるというリスクがある。人工知能技術の進
展は速く、この「あとがき」を書いている間にも、続々と新しい成果が出てき
ている。この本では、まだほとんど取り組まれていないか、あるいは対処に時
間がかかる課題を提示したつもりだが、本が出るまでの間に想像を絶するよう
な飛躍的な進展が起き、一気に解決の目処がついてしまう可能性もゼロでは
ない。また逆に、何かのきっかけで人工知能ブームが突如終わりを告げ、この
本が出る頃に再び「冬の時代」が訪れているということもあり得なくはない。
よって、この本が読者の皆様にどれほどの価値を提供できるかについては、ある
意味「賭け」のような側面がある。商品として売り出す以上、相応の価値を
感じていただければ幸いであるが、この本で指摘した課題があっという間に解
決されて、念願の「家事ロボット」が手に入るのであれば、それはそれで良い
ような気もする。

参考文献

[1] 新井素子「お片づけロボット」、人工知能学会（編）『人工知能の見る夢は AI ショートショート集』、文春文庫、2017 年。

[2] 石井美樹子『中世の食卓から』、ちくま文庫、1997 年。

[3] 稲邑哲也、瀬名秀明、池谷瑠絵『ロボットのおへそ』、丸善、2009 年。

[4] 川添愛『働きたくないイタチと言葉がわかるロボット――人工知能から考える「人と言葉」』、朝日出版社、2017 年。

[5] 菅豊彦『道徳的実在論の擁護』、勁草書房、2004 年。

[6] J. ギース、F. ギース（著）、栗原泉（訳）『中世ヨーロッパの城の生活』、講談社学術文庫、2005 年。

[7] 久木田水生「ロボットは価値的記号を理解できるか」、京都生命倫理研究会（配布資料）、2011 年。

[8] 久木田水生「人工知能は道徳的になりうるか、あるいはなるべきか」、人工知能学会第 29 回全国大会、2I5-OS-17b-3、2015 年。

[9] 河野哲也『善悪は実在するか　アフォーダンスの倫理学』、講談社選書メチエ、2007 年。

[10] 佐金武「ロボットのためのコメディー　笑いを哲学する試論」、京都大学文学部哲学研究室紀要：Prospectus 11、2009 年。

[11] 柴田正良『ロボットの心　7 つの哲学物語』、講談社現代新書、2001 年。

[12] E. スマジャ（著）、高橋信良（訳）『笑い――その意味と仕組み』、白水社、2011 年。

[13] F. デポルト（著）、見崎恵子（訳）『中世のパン』、白水社、2004 年。

[14] H. ベルクソン（著）、林達夫（訳）『笑い』、岩波文庫、1991 年。

[15] 牧野貴樹、渋谷長史、白川真一（編著）『これからの強化学習』、森北出版、2016 年。

[16] J. Barwise and R. Cooper. "Generalized quantifiers and natural language," *Linguistics and Philosophy* 4:159-219, 1981.

[17] G. Chierchia and S. McConnell-Ginet. *Meaning and Grammar*, 2nd Edition, the MIT Press, 2000.

[18] P. Grice. "Logic and conversation," P. Cole (ed.) *Syntax and Semantics*, vol 9., Academic Press, 1975.

[19] M. B. Lake, R. R. Salakhutdinov, and J. Tenenbaum. "One-shot learning by inverting a compositional causal process," Proceedings of Advances in Neural Information

Processing Systems 26 (NIPS 2013).

[20] J. Levinson. "Humour," *Rutledge Encyclopedia of Philosophy*, Taylor and Francis, https://www.rep.routledge.com/articles/thematic/humour/v-1, 1998.

[21] O. Vinyals, C. Blundell, T. Lillicrap, K. Kavukcuoglu, and D. Vierstra. "Matching networks for one shot learning," arXiv:1606.04080, 2016.

[22] W. Wallach and C. Allen. *Moral Machines: Teaching Robots Right from Wrong*, Oxford University Press, 2009.

著者略歴

川添　愛（かわぞえ・あい）
1996 年　九州大学文学部文学科卒業（言語学専攻）
2005 年　同大学大学院にて博士号（文学）取得
2002-2008 年　国立情報学研究所研究員
2008-2011 年　津田塾大学女性研究者支援センター特任准教授
2012-2016 年　国立情報学研究所社会共有知研究センター特任准教授
現　　在　作家
専　　門　言語学、自然言語処理
主要著書　『白と黒のとびら――オートマトンと形式言語をめぐる冒険』
　　　　　（東京大学出版会、2013）、
　　　　　『精霊の箱――チューリングマシンをめぐる冒険（上・下）』
　　　　　（東京大学出版会、2016）、
　　　　　『働きたくないイタチと言葉がわかるロボット――人工知能
　　　　　から考える「人と言葉」』（朝日出版社、2017）。
　　　　　『言語学バーリ・トゥード――Round 1　AI は「絶対に押
　　　　　すなよ」を理解できるか』（東京大学出版会、2021）

自動人形の城　人工知能の意図理解をめぐる物語
　　　　　2017 年 12 月 18 日　初　版
　　　　　2023 年 5 月 25 日　第 2 刷

　　　　　　　　[検印廃止]

著　者　川添　愛
発行所　一般財団法人 東京大学出版会
　　　　代表者 吉見俊哉
　　　　153-0041 東京都目黒区駒場 4-5-29
　　　　https://www.utp.or.jp/
　　　　電話 03-6407-1069　　Fax 03-6407-1991
　　　　振替 00160-6-59964
印刷所　三美印刷株式会社
製本所　牧製本印刷株式会社

ⓒ2017 Ai Kawazoe
ISBN 978-4-13-063368-0 Printed in Japan

白と黒のとびら
オートマトンと形式言語をめぐる冒険

川添 愛 著

A5 判・324 頁・本体 2800 円＋税

魔法使いに弟子入りした少年ガレット。彼は魔法使いになるための勉強をしていくなかで、奇妙な「遺跡」や「言語」に出会います。最後の謎を解いたとき、主人公におとずれたのは……。あなたも主人公と一緒にパズルを解きながら、オートマトンと形式言語という魔法を手に入れてみませんか？

精霊の箱 上・下
チューリングマシンをめぐる冒険

川添 愛 著

A5 判・平均 308 頁・各本体 2600 円＋税

新米魔術師になって数か月。ガレットの前にはさらなる波乱万丈の運命が——。『白と黒のとびら』第 2 弾となる本作は、チューリングマシンがテーマ。主人公をはじめとする様々な登場人物とともに、「計算」の本当の姿、またそれにまつわる数々の話題に親しんでみませんか？

言語学バーリ・トゥード
Round 1　AI は「絶対に押すなよ」を理解できるか

川添 愛 著

46 判・224 頁・本体 1700 円＋税

ラッシャー木村の「こんばんは」に、なぜファンはズッコケたのか。ユーミンの名曲を、なぜ「恋人はサンタクロース」と勘違いしてしまうのか。日常にある言語学の話題を、ユーモアあふれる巧みな文章で綴る。著者の新たな境地、抱腹絶倒必至！